国家科学技术学术著作出版基金资助出版

多时相遥感影像处理与应用

杜培军　陈　宇　郭山川　等　著

科学出版社
北　京

内 容 简 介

　　本书面向当前多时相遥感影像处理分析的学术前沿与地学应用的重大需求，介绍多时相遥感影像处理分析的框架体系和实现过程，对其中涉及的发展前沿、关键技术进行了探讨和综述。在常规遥感变化检测、多时相信息提取方法的基础上，引入深度学习、集成学习、迁移学习等新型机器学习理论方法，重点对多时相遥感影像自动变化检测、多时相遥感影像地表覆盖与地物智能分类、时间序列遥感影像分析、多时相 SAR 图像处理四个方面的内容进行深入的阐述，系统介绍了多时相遥感影像处理分析的理论基础、常用方法、实现策略和典型应用。

　　本书可作为遥感科学与技术、地理信息科学、测绘工程、资源环境与地球科学等领域的研究人员、高校师生的学习参考用书，也可为自然资源监测、生态环境评估、农业资源调查、灾害监测及国土空间规划等领域的技术人员提供阅读参考。

审图号：GS 京（2025）0470 号

图书在版编目（CIP）数据

多时相遥感影像处理与应用 / 杜培军等著. —北京：科学出版社，2025. 6.
ISBN 978-7-03-081786-0

Ⅰ. TP751

中国国家版本馆 CIP 数据核字第 2025JS8489 号

责任编辑：董　墨　赵　晶 / 责任校对：郝璐璐
责任印制：徐晓晨 / 封面设计：楠竹文化

科学出版社 出版
北京东黄城根北街 16 号
邮政编码：100717
http://www.sciencep.com
北京九州迅驰传媒文化有限公司印刷
科学出版社发行　各地新华书店经销
*
2025 年 6 月第 一 版　开本：787×1092 1/16
2025 年 6 月第一次印刷　印张：16 1/2
字数：388 000
定价：160.00 元
(如有印装质量问题，我社负责调换)

前　　言

遥感卫星按照设计的轨道持续运动，获得对同一区域不同时期观测的数据，从而为发现地表变化和理解地表过程提供稳定、可靠、综合的数据源。中国遥感事业开拓者陈述彭院士指出，"遥感主要能够解决两方面的问题：从空中的角度看地球，从历史的角度看问题"。因此，利用多时相遥感影像发现地表变化、描述地理过程、监测地球系统，已成为遥感科学与技术领域的研究热点和重要内容。

多时相遥感影像处理分析的快速发展主要归因于三个方面：一是数据源的持续增加和积累，所有遥感卫星均具有特定的重访周期，可获得多时相观测数据，地球同步轨道卫星可以实现对地表持续凝视成像，小卫星星座的发展实现了全球逐日观测，更为重要的是 Landsat 系列积累了 50 年的地球观测数据并通过多种途径开放共享，MODIS、Sentinel 等不同空间分辨率、光谱分辨率的数据也在持续积累和免费使用；二是图像处理与信息提取方法的快速发展，早期多时相影像处理通常以分类后比较、变化向量分析等方法为主，随着模式识别与机器学习技术的不断发展，决策树、支持向量机、随机森林等逐步得到应用，同时检测单元也从像元级变化检测拓展到对象级、场景级变化检测，使用的特征从光谱特征到空谱特征联合、特征表示学习等，近年来的热点是深度学习方法在多时相变化检测和时间序列分类中的应用；三是多领域应用需求的持续牵引，全球环境变化、土地利用/覆盖变化、城市扩展、森林扰动监测、灾害监测等重大需求，都对地表信息的动态变化过程及规律提出了更精细、更连续、更可靠的要求，推动了从全球、国家到典型区域多时相遥感分析与应用的发展。

近年来，国内外遥感相关期刊发表的关于变化检测、多时相分类、时间序列分析等方面的论文持续增加，以多时相遥感影像分析为主题的国际会议 International Workshop on the Analysis of Multitemporal Remote Sensing Images 已连续举办 10 届（其中 2019 年第十届会议在同济大学举办），国内外已发表了多篇极具影响力的综述论文。

尽管多时相遥感研究快速发展，发表的论文数量众多，但目前国内还缺少以此为主题的著作，特别是与遥感图像分类、数据融合、目标识别、定量遥感等方面的多部优秀著作相比，多时相遥感影像处理分析方面也急需有所突破。在目前大量学术论文发表在国外期刊的背景下，撰写一部系统、综合、全面的中文著作，对于推进该领域科学研究和深入应用更具有紧迫性。鉴于此，作者在学习参考国内外学者相关成果的基础上，以团队近 20 年来的研究成果为主体形成本书，希望能够为多时相遥感影像处理与应用贡献微薄力量。

本书在写作过程中，力图突出以下四个方面的特点：

一是框架体系的系统性。以多时相遥感影像时间维数据为基础，注重时空谱不同维度信息的综合，围绕多时相遥感影像处理信息流程主线，以变化检测、多时相分类、时序分析三项典型任务为主体，系统全面地介绍多时相遥感影像处理分析的理论、方法和典型应用。

二是算法模型的先进性。在变化向量分析、多时相分类后比较等传统方法的基础上，重视近年来快速发展的时空谱融合、机器学习、面向对象影像分析等新理论方法，特别是对集成学习、迁移学习、深度学习等在多时相数据处理应用的相关算法进行了全面的阐述。

三是典型案例的实用性。多时相遥感影像处理的目标是提取时间维、专题维信息，以支持地表变化检测、地理要素分析和地表过程理解，因此所有方法模型的应用方面均结合具体的实际案例，如土地利用/覆盖变化、城市扩展、水体监测等典型应用。

四是内容组织的综合性。本书在重点介绍作者团队研究的相关算法、模型及应用案例的基础上，注重对国内外相关进展、最新方法的借鉴与引用，力求做到领域进展、先进方法、发展趋势与作者团队成果的有机综合。

按照以上编写思路，本书以多时相遥感影像处理分析的应用需求、发展现状为切入点，介绍了影像处理分析的框架体系和实现过程，对其中涉及的发展前沿、关键技术进行了探讨和综述。在此基础上，针对多时相影像变化检测、多时相地物分类和时间序列影像处理三项典型任务，从传统方法、时空谱特征综合、改进算法、机器学习方法应用等方面，详细讲解了国内外代表性的算法模型，特别是作者团队在相关项目实施中提出的相关方法。最后，介绍了时间序列 SAR 影像处理、光学和 SAR 影像融合分析方法与应用案例。

本书由杜培军、陈宇确定编写大纲，所有作者合作编写，最后由杜培军审定全文。编写分工如下：第 1 章绪论，由杜培军、陈宇、郭山川完成；第 2 章多时相遥感影像预处理，由柳思聪、陈宇、郭山川、王欣完成；第 3 章多时相遥感影像变化检测，由杜培军、柳思聪、王欣、方宏完成；第 4 章多时相遥感影像分类与应用，由杜培军、林聪、张伟、唐鹏飞完成；第 5 章时间序列光学遥感影像分析与应用，由杜培军、郑鸿瑞、蒙亚平、王欣、郭山川完成；第 6 章时间序列 SAR 影像分析与应用，由陈宇、郭山川、杜培军完成。项目实施和书稿写作过程中，还有课题组毕业和在读的研究生，包括李二珠、罗洁琼、陈吉科、白旭宇、梁昊、栗云峰、戴晨曦、车美琴、张鹏、张鑫港、夏子龙等同学积极参加，部分内容也来源于这些同学的学位论文或发表的学术论文。

作者在二十余年从事遥感影像智能处理与地学分析研究工作的过程中，有幸得到了国内同行专家的热情支持、精心指导和大力帮助。衷心感谢李德仁院士、童庆禧院士、郭华东院士、龚健雅院士、周成虎院士、陈军院士的持续关心与指导！长期研究过程中得到了中国科学院空天信息创新研究院的张兵、刘良云、张立福等老师，中国科学院地理科学与资源研究所的苏奋振、裴韬、葛咏、陆锋、李召良等老师，北京大学的秦其明、李培军、杜世宏、范闻捷等专家，武汉大学的张良培、沈焕锋、杨必胜、张永军等老师，北京师范大学的李京、陈晋、陈云浩、张立强、刘绍民等老师，中国科学院青藏高原研究所的李新研究员，中国科学院成都山地灾害与环境研究所的李爱农研究员，同济大学的童小华、刘春、谢欢等老师，华东师范大学的黎夏、余柏蒗、谭琨等老师，中山大学的刘小平、李军老师，南京师范大学的闾国年、袁林旺、汤国安、王永君、盛业华等教授，广州大学的张新长、吴志峰、柳林等老师，以及上海交通大学的方涛教授、西南交通大学的朱庆教授、兰州交通大学的闫浩文教授、长安大学的李振洪教授、哈尔滨师范大学的臧淑英教授、首都师范大学的宫辉力教授、中国地质大学的王力哲教授、西南大学的马明国教授等持续的关心和指导，在此一并表示衷心感谢！

在长期的研究过程中，我们与国外该领域的相关学者也开展了全面的合作，这些学者一方面直接指导了相关成果的完成和论文写作，另一方面也通过合作交流、人才联合培养等助推了团队发展。他们是 Lorenzo Bruzzone、Paolo Gamba、Jocelyn Chanussot、Yifang Ban、Qian Du、Antonio Plaza、Junshi Xia、Xiuping Jia、Changshan Wu、Qihao Weng、Jon Atli Benidiktsson。

本书能够完成得益于南京大学地理与海洋科学学院、国际地球系统科学研究所的同事们的支持，许多理念和方法也是在同事们的指导和讨论中逐步成形的。感谢我的良师益友李满春教授、居为民教授、冯学智教授、鹿化煜教授、刘永学教授、程亮教授、柯长青教授、占文凤教授、王结臣教授、孔繁花教授、肖鹏峰教授、赵书河副教授、李飞雪副教授、张学良副教授等对我工作的全面支持、对研究的关心指导和对团队的持续鼓励。

本书研究工作得到了国家自然科学基金重点项目"长时间序列遥感影像智能处理与地理过程时空分析"（项目编号：41631176）支持，同时专著出版还得到了国家科学技术学术著作出版基金资助，在此一并表示感谢！

本书在写作工作中参考了国内外同行学者大量的优秀成果，我们已尽力规范引用，但疏漏之处仍在所难免。各位专家、读者若有意见建议，请发送电子邮件联系 peijun@nju.edu.cn，我将第一时间回复。

杜培军

2025 年 2 月

目　　录

第1章 绪 论

1.1 多时相遥感的机遇与挑战

遥感作为一种从空中对地球远距离观测与感知的先进技术,实现了从空间视角看地球、从历史动态视角看地球两个目标,形成了对地球表层各种要素与综合体多平台、多时相、多分辨率、多/高光谱、主被动结合的立体式观测。各种地球观测卫星按照设计的轨道运行,获得地表多时相观测数据,为理解地表构成与格局、分析地表变化与演变、探索要素分布与作用、预测系统趋势与演化提供了丰富的数据源。从多时相遥感数据中提取变化信息、区分地表类别、解释地表演变、发现动态规律、实现时空预测是多时相遥感影像处理与分析的重要研究内容。

随着地球观测进入星空地集成、大小卫星互补、多传感器协同阶段,多时相遥感数据智能处理与分析已成为遥感科学技术领域的研究热点之一。以多时相遥感影像分析为主题的国际学术会议"国际多时相遥感影像分析会议"(International Workshop on the Analysis of Multitemporal Remote Sensing Images)自 2001 年开始每两年召开一届,国内外学者围绕多时相遥感影像中的变化检测、时序数据分析、多时相分类、地表参数变化等开展研究,取得了丰富的成果,在土地利用/覆盖变化、城市扩展、防灾减灾、生态环境演化、森林及草地动态监测、农业遥感、重点工程监测等方面得到了有效的应用。

利用多源、多分辨率、多时相遥感数据对陆地表层各种地理和人文过程进行监测、分析和建模,是地理学研究的前沿论题(冷疏影和宋长青,2005)。卫星、航空和低空遥感技术为获取长时间序列(简称时序)遥感数据提供了有效的支持,特别是大量免费共享的长时间序列遥感存档数据如 MODIS、Landsat 系列等获取了陆地表层的海量多光谱、多分辨率观测数据及专题产品。如何充分挖掘长时序数据、开展地理过程综合研究、支持地理学应用需求、实现地理信息对地理过程的解释,是当前地理学研究中重要的挑战和任务,也是地理学综合研究中格局和过程耦合的重要支撑技术(傅伯杰,2014;傅伯杰等,2015)。

近年来,一系列国家和行业重大工程的开展,迫切要求利用长时间序列遥感数据提供决策需要的信息支持,特别是需要从时序图像数据中提取有地学意义的信息和知识,以支持地理过程研究,服务国家重大政策和工程,如新型城镇化、地理国情监测、生态文明建设、国土空间优化、资源环境承载力监测与预警等。

因此,多时相遥感影像智能处理、信息提取、综合分析与时空建模是遥感科学与技术、地理学等多学科研究的前沿交叉方向,也是遥感服务可持续发展目标(sustainable development goals,SDGs)、助力美丽中国和生态文明建设、支撑国家区域发展战略的重要切入点。

1.1.1　多源多时相遥感数据现状与机遇

遥感技术的快速发展为多分辨率、多模式的多时相数据获取提供了良好机遇，为科学研究和行业应用创造了充足条件。当前多时相遥感数据呈现出以下特点。

（1）以气象卫星、MODIS 为代表的低空间分辨率影像时间分辨率高、数据积累丰富，在保障气象等专题应用的同时，在全球变化、大区域陆地遥感应用方面发挥了重要作用。

气象卫星的发展已有五十余年的历史，极轨和静止轨道气象卫星长期以来获取了关于陆地、大气和海洋丰富、持续数据。例如，自 20 世纪 70 年代以来，美国国家海洋和大气管理局（NOAA）气象卫星获取的时间序列 AVHRR 数据因其 1.1km 空间分辨率、5 个波段光谱影像，已用于全球土地覆盖制图 IGBP DISCover（Loveland et al.，2000）。我国自 20 世纪 80 年代以来发射了 FY-1、FY-3 极轨卫星和 FY-2、FY-4 静止卫星，持续提供大气、陆表和海洋产品，其中陆表产品包括积雪、火点、反射率、地表温度、植被指数、干旱监测等。

搭载于 Terra/Aqua 卫星的 MODIS 影像因其 36 个波段、250/500/1000m 空间分辨率和 1~2 天的时间分辨率优势，是近 20 年来全球应用广泛的时间序列数据集之一。MODIS 提供地表温度、反射率、火点、积雪和海冰等近实时（near real-time，NRT）数据产品，以及逐年度合成数据生成的多种分类体系全球土地覆盖产品（Friedl et al.，2002，2010）。

（2）以 Landsat、Sentinel 等为代表的中分辨率开放遥感数据是当前时间序列遥感影像研究的主体，也是不同领域应用的主要数据源。

Landsat 系列卫星以其五十多年的持续运行、存档数据积累和开放共享，是目前全球应用最为广泛的时间序列遥感数据。依托从 MSS、TM、ETM+到 OLI、TRES 的不同传感器，Landsat 系列卫星以其可见光、近红外、短波红外到热红外光谱覆盖以及中空间分辨率、持续观测等优势，在地球资源环境研究与应用领域发挥了重要作用。特别是自 2008 年以来，美国地质勘探局（USGS）先后推动实施了 Web-enabled Landsat Data（WELD）、数据免费获取、分析即用数据（analysis ready data，ARD）等政策，极大地推进了 Landsat 系列数据的全球应用（Roy et al.，2010；Wulder et al.，2008，2011，2012）。

作为欧洲航天局（ESA）全球环境与安全监测系统（Global Monitoring for Environment and Security，GMES）的核心，Sentinel 系列也是当前应用最为广泛的中分辨率时间序列遥感数据（Aschbacher and Milagro-Pérez，2012；Berger et al.，2012）。Sentinel-1 的 SAR 传感器、Sentinel-2 的 MSI 光学传感器以及 Sentinel-3 的陆地和海洋 OLCI 及 SLSTR 传感器等自发射以来就面向全球用户免费提供服务，体现出显著的优势。

我国发射的 CBERS 卫星、HJ 系列卫星、ZY 系列卫星等获取的光学影像，也在不同领域的遥感动态监测中得到了广泛应用。

谷歌地球引擎（Google Earth Engine，GEE）的推出，依托云计算平台整合了 Landsat、Sentinel、MODIS、ASTER 等地球观测数据以及土地覆盖、气象、降雨、人口、地形等信息，进一步推动了多时相遥感数据分析的快速发展，已成为当前国际上最具代表性、应用最广泛的遥感云计算与地理空间分析平台（Gorelick et al.，2017）。

（3）以 ERS SAR、RADARSAT SAR 等为代表的多时相主动遥感数据既是全球和区域地面形变监测分析的基础数据，也在多云多雨区域遥感应用方面发挥了重要作用。

相较于光学遥感影像，多时相雷达影像在多云多雨区地表监测、干涉测量等方面得到了广泛应用，其中最具代表性的合成孔径雷达遥感影像是欧洲航天局的 ERS SAR 和加拿大发射的 RADARSAT SAR，其他如日本的 JERS SAR、ALOS PALSAR、ENVISAT ASAR 等数据也得到了较多应用（郭华东和张露，2019；Ferretti et al.，2007；Moreira et al.，2013）。SAR 影像一方面可以通过极化、散射、相位等特征进行定性区分和定量反演，另一方面通过相位干涉处理能够提取地表高程和形变信息，是多时相影像处理研究的热点方向（陈富龙等，2023）。合成孔径雷达遥感发展过程本质上是对微波电磁波资源的不断发掘和利用的过程，经历了单波段单极化 SAR、多波段多极化 SAR、极化和干涉 SAR 3 个阶段，目前正在进入以双/多站或星座观测、高时序高分宽幅测绘以及三维结构成像能力为代表的第 4 阶段（郭华东和张露，2019）。

（4）各种小卫星星座数据以其高时间、高空间分辨率的优势，在区域尺度的遥感应用中正在发挥越来越重要的作用。

小卫星星座因其低成本、高灵活性、多星协同、高重访率等优势获得了快速发展，特别是在多时相获取方面具有明显的优势，如国外最具代表性的 RapidEye、Planet 小卫星星座以及国内的北京一号、吉林一号、高景一号等小卫星星座。Kramer 和 Cracknell（2008）系统综述了小卫星遥感的发展过程与趋势。以 2008 年发射的 RapidEye 星座为例，以五颗卫星构成的星座提供蓝（440～510 nm）、绿（520～590 nm）、红（630～685 nm）、红边（690～730 nm）和近红外（760～850nm）五个波段 5m 空间分辨率的多光谱影像，星下点重访周期为 5.5 天，借助其侧摆功能可实现每天对全球任何地点的重访，已广泛应用于农业、植被等精准监测，如多时相 RapidEye 影像结合物候特征对城市植被类别进行细分（Tigges et al.，2013）。PlanetScope 立方星（CubeSat）星座则以近 200 颗鸽群卫星（Doves）实现了对全球 3m 分辨率的每日观测，已应用于水文过程和植被动态、关键叶片物候参数监测、湖泊动态、冰川融化等研究（Roy et al.，2021）。Planet 小卫星影像和 Landsat、MODIS 等传感器数据的时空融合也受到了研究人员的重视，如与 Landsat、MODIS 融合进行高时空分辨率的叶面积指数估算（Kimm et al.，2020；Houborg and McCabe，2018）。

（5）高分辨率卫星遥感数据不断积累，已成为地表变化检测、地物多时相分类的重要数据源。

以国外 WorldView、Pleiades 和国内高分系列卫星为代表的高分辨率遥感卫星按照既定轨道运行，以特定的重访周期持续稳定地获取地表米级/亚米级高分辨率遥感影像，并可以根据需求编程预订或通过侧摆等模式获取指定区域的数据，为同一传感器或不同传感器多时相影像分析提供坚实的基础，特别是在灾情监测等需要高空间分辨率信息支持的领域具有广阔的应用前景。

（6）无人机遥感作为一种灵活、快速的数据采集方式，是实现低成本、定时按需获取遥感影像的重要保障，可为多时相卫星遥感影像从分辨率、时相等方面提供补充。

卫星遥感虽然具有全球的宏观视野，可以实现整个地球的全覆盖，提供亚米级别的影像，但是分辨率越高，重访周期越长。无人机具备超高分辨率、高频次获取能力，相比于有人机遥感又具有较高的性价比和机动性，其实时观测能力能够满足军事国防、灾害应急响应以及生态环境监测等诸多需求。无人机遥感影像可以很容易地提供厘米甚至更高分辨率的地面信息，不存在高空间分辨率和时间分辨率的矛盾，在低成本的基础上实现了空间和时间分辨率的兼得。无人机遥感的出现及快速发展使得遥感科学研究从宏观向微观前进了一大步，让遥感数据获取进入大众化时代，真正实现面向用户（To Custom）的遥感应用（廖小罕等，2019）。

综上所述，遥感平台、传感器技术的发展，使得不同空间、光谱分辨率多时相遥感数据获取的能力显著提升，为支持不同领域的应用需求提供了坚实保障。云计算、人工智能等的发展，则使得海量、多源的多时相影像分析可以借助云服务平台进行，并充分应用各种开源的智能算法与工具，实现多时相和时间序列影像的智能化分析与应用。

1.1.2　地表过程时间维信息需求与挑战

长期以来，对多时相遥感的研究主要集中于双时相遥感数据中的变化检测，这种以像元为基本操作单元的变化检测虽然能够识别变化像元，但对于变化信息的地理解释和时空演变机理建模落后于应用需求。学术界已有大量多时相遥感数据分类和变化检测、时间序列遥感数据分析与信息提取的研究，但依然存在重变化检测轻地学解释、重数据处理轻信息分析、重稀疏时相轻连续序列等问题，遥感数据的时相组合与地理过程的动态演变缺少有机结合，对时间维属性的重视和挖掘不够，落后于地理学过程研究的需求。

针对这一挑战，时间维上的遥感影像分析正在从变化检测向时间序列深化，体现了研究范式的转变。密集时序分析能够提供关于景观变化时间维的新信息，提升遥感派生信息的质量和精度，拓展遥感可以监测的地表变化类型，发现与土地利用动态有关的生态系统健康及状态更微小、更精细的变化，从两个时间点的变化检测拓展到时间维追踪连续变化的监测（Woodcock et al.，2020）。

相对目前对空间、光谱分辨率的重视，对于时间分辨率、时间维特征和信息的重视急需加强。时间维上的遥感信号记录了特定位置地表要素或实体电磁辐射特性随时间的变化趋势，反映了地物物理属性的变化特征，包括类别的转换、定量参数如湿度温度等的变化以及语义信息的变化等。时间维特征的三个关键要素是时间分布、观测量和变化趋势，时间分布取决于观测频度即遥感数据的获取时刻，观测量取决于特定观测时刻地表的物理状态，变化趋势则由若干相邻时段观测量的变化情况确定。Bovolo 和 Bruzzone（2015）从时间变量的视角分析了特征级、决策级数据融合，重点探讨了多时相数据的应用，主要包括变化检测分析、多时相分类和时序数据趋势分析三个方面。Lunetta 等（2004）分析了时间频率对土地覆盖变化检测的影响，从不同年份间隔的角度进行比较，结果表明，监测土地覆盖变化需要 3～4 年的时间间隔，而如果时间频率能够提高到 1～2 年，则可以进一步提高变化检测的精度。

地物本身的物理属性决定了时间维的重要性。时间是描述地物特性最根本的要素之一，特别是对于地球表层的要素类型和状态参数，时间必然对应于某一特定时刻。地物变化既包括利用类别转变如裸土转变为建设用地、农田转变为建设用地等，每一类别都有对应的时间段，不同类别之间的变化具有明显的时间节点，又包括同一类型由自身物理规律引发的渐进变化，如植物生长周期和物候规律的变化，此外还包括同一类型由外界因素影响导致的阶段性变化，如农田在收获后变为裸土、耕地休耕、降雨导致的土壤湿度变化等，对不同变化模式物理机制和地学规律的认识是多时相遥感影像处理分析的基础。

随着越来越多的遥感卫星发射和不同传感器遥感数据的长时间积累，利用长时间序列遥感数据进行信息提取和地学应用已成为一个新的研究热点，特别是对于各种复杂的单要素、多要素地表过程研究而言，长时间序列遥感数据是最重要的基础信息。

Lambin 和 Linderman（2006）全面分析了土地变化科学中时间序列遥感数据的重要作用，指出时序遥感数据研究土地变化的科学问题在于：①地表属性变化的位置、时间和变化量的量化表达；②自然和人为变化的区分；③土地变化生态系统响应的评价。土地变化不一定总是逐步渐进的，也可能是快速、突然的变化，这些非线性变化通常由气候因素和土地利用因素的交互作用引发，对生态过程具有重要的影响，多年时序地表属性、精细尺度空间格局、季节演变等使得土地利用科学具有更广泛的视角，时间序列遥感数据可以充分发挥其时间、空间和光谱属性的价值。

因此，多时相遥感影像处理面临着识别具有时间维度特征的地物、检测地表变化信息、描述地表演变过程、阐明地表变化规律、发现异常变化和趋势异常等需求，这些是遥感影像处理重要的研究方向。

但是，当前多时相遥感影像处理与分析目前仍然面临着诸多挑战：

（1）多源多时相遥感数据精准预处理。空间配准和辐射校正是多时相遥感影像空谱基准统一的前提，因此对于多时相遥感影像需要实现精确的空间配准、绝对或相对辐射校正，急需发展高效、精准的预处理方法。

（2）人工智能新理论新方法的引入和多时相影像智能处理算法的结合。早期多时相遥感影像处理主要是基于数学运算、统计模式识别等理论，随着人工智能、机器学习的发展，需要设计快速、有效的智能处理算法，如基于深度学习的时间序列分类、变化检测模型等。

（3）时空谱多维特征和先验知识的综合应用。时空谱多维特征是遥感影像处理的基础，早期处理主要是基于多时相光谱特征，如何提取和挖掘时间维特征，将空间维特征用于多时相处理，将先验知识用于引导多时相影像分析，都是实际应用中需要解决的重要问题。

（4）多时相影像处理结果与地学时空分析模型的结合。如何将多时相遥感影像中提取的信息用于解释和描述地学现象、地理过程，以发现地理规律和时空趋势，需要充分应用各种地学时空分析模型和机理模型。

1.2 多时相影像处理框架体系

多时相遥感影像处理主要涵盖四大类任务：变化检测、地物分类、时间序列分析、地表变形分析。变化检测旨在发现不同时相遥感影像中发生变化的像元位置、变化类别等信息，侧重于发现变化并对变化进行解释描述。地物分类针对单一时相影像难以准确分类的地表要素，如农作物、林草地、季节性水体等，充分利用地物时相变化规律和多时相影像的时间维特征，实现地物的精准分类和典型目标的识别区分。时间序列分析是对一定时期内密集时相的遥感影像，从时间维进行分析与挖掘，发现时空异常，重建演变过程，确定关键变化断点，解释时空关联，从而对一些重要的地表过程，如森林扰动、城市扩展、海岸带演变等进行时空分析与模拟预测。地表变形分析主要是通过多时相SAR影像干涉处理，即InSAR技术，计算地表变形量，以满足城市地面沉降、地质灾害监测等应用中对几何变形信息的需求。

针对以上四类任务的特点，本节总结构建多时相遥感影像处理的技术框架，对其中若干关键技术进行探讨，以期为后续章节的相关内容奠定基础。

1.2.1 框架体系

图 1-1 为多时相遥感影像处理的总体框架体系，主要流程包括多时相数据收集、空间配准、辐射校正、融合增强、特征提取、专题信息解译、多时相分析后处理、结果分析与解释等环节。

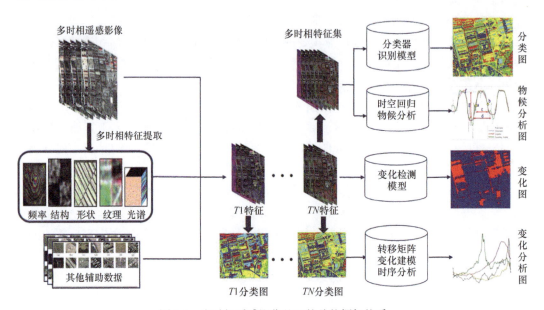

图 1-1 多时相遥感影像处理的总体框架体系

多时相数据收集是从问题定义和需求分析出发，确定需要的空间分辨率、波段配置

（光谱分辨率）和时相组合（时间跨度、影像季节和月份等），据此从美国地质勘探局（USGS）、欧洲航天局（ESA）、中国资源卫星应用中心、自然资源卫星遥感云服务平台、地理空间数据云、谷歌地球引擎（GEE）、航天宏图 PIE Engine 等机构或网站检索存档数据、预订未来编程数据，以形成能够满足需求的遥感影像数据集。通常情况下，应尽可能选择同一传感器或同一卫星系列获取的多时相遥感影像，如 Landsat TM/ETM+/OLI、Sentinel-1、RADARSAT 1/2、Planet 星群光谱影像等，或者不同传感器获取的空间、光谱分辨率相似的遥感影像，如 Landsat ETM+/OLI、Sentinel-2 和 CBERS。有时为了充分利用高时间分辨率数据的优势，选择空间分辨率差别较大的多源多时相影像，如 Landsat 系列和 MODIS，则往往需要先进行时空融合生成新的数据集用于后续处理。针对高空间分辨率遥感卫星重访周期长的限制，在实际应用中可能选择不同卫星获取的米级分辨率影像，如 IKONOS、WorldView、SPOT 6/7、高分一号/二号、资源三号等，应尽可能选择光谱范围相似的影像，如全色影像或红绿蓝近红外多光谱影像，通过几何和辐射预处理解决空谱对齐问题，通过辐射归一化后的测量值直接处理，或提取可比较的空谱特征如纹理统计量、NDVI 等进行后续处理。

空间配准是多时相遥感影像处理的前提，目标是保证不同时相遥感影像处于统一坐标系统，配准后多时相影像具有相同的空间分辨率，同一地物或像元在不同时期影像中具有相同的空间位置。空间配准的质量直接影响后续多时相影像处理与分析的可靠性。目前，同一传感器获取的多时相影像通常已由数据获取方或数据服务网站如 GEE 等进行精确空间配准，可以直接应用。但在采用多源多时相影像等未进行精确配准的数据时，仍然需要用户进行处理，其核心是选择同名控制特征、选择坐标变换模型并解算、空间重采样等，早期主要是采用同名点或地面控制点（GCP）作为配准依据，近年来线特征在空间配准中也得到广泛应用。

辐射校正是保证多时相遥感影像物理量具有统一的基准、能够可靠地进行比较与运算的基础，通常包括绝对辐射校正和相对辐射校正两种策略。

融合增强是部分多时相影像分析任务中可能需要的一个环节，目的是提高参与运算的多时相遥感影像质量，用于部分针对特定目标的多时相影像处理。融合通常是对不同空间、时间分辨率的影像进行时空融合处理，生成同时兼具高空间、高时间分辨率的遥感影像数据集，如目前广泛使用的 Landsat 系列影像与 MODIS 影像时空融合。多时相图像增强是针对特定的应用目标对图像进行增强操作，以突出对后续处理更为重要的关键特征。

特征提取是在直接利用多时相遥感影像原始观测量的同时，计算和提取物理意义更明确、区分识别能力更强、多时相可比较性更高的特征参与处理分析，以提高多时相影像之间运算的可靠性和对目标的识别能力，同时有效解决原始影像数据量大的问题。多时相影像中最常提取的特征是归一化植被指数（NDVI）、归一化水体指数（NDWI）、归一化建筑指数（NDBI）等指数，将原始数据中多个波段的信息压缩到一个特征分量，通过对该特征时间维的测度计算完成多时相影像分析，如某一像元多时相 NDVI 构成的向量，可以作为植被类别细分的依据，而多时相 NDWI 构成的向量则可以分析地表水体的动态变化。CCDC 等模型则是利用特定数学分布（如谐波分析）多时相观测向量进行建模，计算相应的数学参数，以作为时间序列分析的辅助特征。

　　专题信息解译算法是多时相遥感影像处理的核心，目的是利用特定的算法模型实现多时相遥感数据到专题信息的提升。早期多时相影像处理的算法以单一时相影像处理算法拓展为主，主要是基于数学运算、统计模式识别方法、时序数据统计分析等。随着机器学习算法的广泛应用，决策树、支持向量机、迁移学习、集成学习等在多时相影像处理中的应用领域也不断拓展、持续深化。近年来，深度学习在变化检测、多时相分类等任务中取得了快速发展，在 InSAR 数据处理、时空数据融合等方面的应用也受到了研究人员的重视。针对不同的任务要求、应用目标、数据特点，选择相应的数据处理与信息提取算法，对多时相影像处理与应用成效具有重要影响。近年来，以 GEE、PIE Engine 等遥感云计算平台为基础，利用各种开源算法工具或用户自主编程算法对平台提供的时间序列影像进行处理，充分利用云计算平台的计算资源、海量数据和开源算法，已成为多时相影像处理算法实现的主流方案。对应变化检测、多时相分类、时序分析、形变计算等不同任务，已有大量的算法模型，本书后续各章节将详细介绍。

　　多时相分析后处理是针对多时相影像处理中出现的噪声、不符合地学规律的结果等进行人工干涉处理或人机交互处理，以进一步提高解译结果的可靠性，类似于遥感影像分类中椒盐噪声的去除、部分类别的合并等。针对不同的多时相影像处理任务，后处理各有侧重，在变化检测中重点是对零散的变化像元进行滤波或对聚集的变化像元进行形态学处理等，在多时相分类中重点则是对不同时相发生变化的像元按照一定的规则确定类别（如赋予最新时相类别、以多时相类别众数确定类别等），在时间序列分析中是对时序断点进行后处理，或是对时序异常信息进一步予以区分解释，在 InSAR 处理中通常是对失相干、形变异常区进行针对性处理。通过后处理的多时相遥感解译信息，一方面噪声得到抑制，关键信息进一步增强；另一方面更契合目标任务所关注的地学规律，从而有利于后续结果分析与解释。

　　结果分析与解释是在地学规律、领域知识、时空统计、地学模型等的支持下，对多时相遥感影像处理提到的专题信息进行统计、分析、挖掘、建模和预测，实现从信息到知识的提升，从而更好地回答应用任务提出的问题，实现多时相遥感影像对具体目标的深度支持。

　　多时相遥感影像解译处理的关键技术包括多时相遥感影像空间配准、辐射校正与归一化、时空数据融合、多时相影像特征特别是时间维特征挖掘、图像处理信息提取算法模型设计与优化、遥感解译信息与地学规律模型结合的结果分析与解释等，这些将在后续章节中结合具体目标任务和实际案例进一步阐述。

1.2.2　多时相遥感影像变化检测

　　多时相遥感影像变化检测与地表演变动态分析是遥感信息处理与遥感应用的重要内容，是支持地理学变化、过程研究的重要方向之一（张永生和王仁礼，1999）。遥感变化检测通过联合处理同一地理区域不同时期获取的两期（或多期）影像以识别地表变化，主要提供以下信息：区域变化和变化率、变化类型的空间分布、土地覆盖类型的变化轨迹、特定属性（如生物量和叶面积指数等）的变化、变化检测精度评价（Singh，

1989；Lu et al.，2004，2014）。变化检测的主要研究内容如图 1-2 所示，包括数据与理论基础、变化检测过程与内容、变化检测对象和多领域应用。

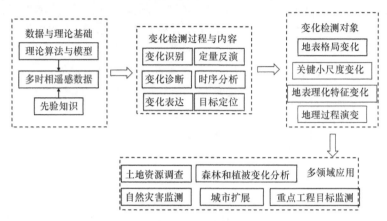

图 1-2 变化检测的主要研究内容

20 世纪 80 年代以来，许多学者就开展了遥感影像变化检测研究，Singh（1989）最早系统总结和分析评价了遥感影像数字变化检测相关技术，发表了该领域的首篇综述论文。之后，随着多时相遥感数据积累、不同应用对地表变化信息分析的需求增加，变化检测的相关研究日趋深入，一些有代表性的综述论文包括 Lu 等（2004，2014）、Chen 等（2012）和 Tewkesbury 等（2015），从不同的角度总结和分析了变化检测研究的进展、挑战和趋势。

影响变化检测精度的因素主要包括多时相遥感影像精密几何配准、辐射校正或归一化，地表真实数据可获得性，研究区景观和环境的复杂性，变化检测方法或算法、实施方案，分析者的技能和经验，对研究区的知识和熟悉程度，时间及成本限制等（Lu et al.，2004）。Lu 等（2014）将变化检测划分为问题本质描述、遥感数据选择、图像预处理、适用变量和特征选择、变化检测算法选择、精度评价等。Tewkesbury 等（2015）则认为一个完整的变化检测技术系统包括预处理的输入影像、基本分析单元、变化提取方法、变化输出四大模块。

从变化检测的结果输出来看，变化检测主要包括"变与不变"二值变化检测、"从类别到类别"变化轨迹检测、特定类型变化检测、连续变量变化检测（Lu et al.，2004）。早期的变化检测以二值变化检测和"从类别到类别"变化轨迹检测为主，前者主要采用多时相图像比较和阈值结合的方法，后者主要是通过分类后比较实现。近年来，结合特定应用的变化检测受到研究人员的高度重视。不同于传统二值变化检测或类别检测，针对具有地理、生物物理含义的连续变量［如土壤湿度、叶面积指数（LAI）、生物量等］进行变化检测，正在受到研究人员的重视（Lu et al.，2004）。

多时相数据选择是变化检测中一个重要的方面，低分辨率数据可用于大范围如全球尺度的变化检测，中、高分辨率数据则可用于区域尺度的变化检测。但是，有时获得同一传感器的多时相数据往往是非常困难的，因此融合多传感器数据的研究具有很大的挑战（Lu et al.，2004）。多传感器数据融合通过集成不同特征提供了精细探测地表覆盖变化的潜力,但在图像处理和变化检测方法选择方面存在挑战。从变化检测的数据源来看,目前变化检测处理的遥感数据正在从早期的中低分辨率遥感影像如 Landsat 系列数据、MODIS 影像等,逐步发展到高分辨率影像、高光谱影像以及 SAR 图像等。Cui 等(2016)对多时相 SAR 影像中的变化检测进行了深入分析,模拟了八种典型影像中的六类 SAR 变化,即反射性变化,一阶、二阶和高阶统计变化,线性和非线性变化,对多种相似性度量因子进行了深入分析,为多时相 SAR 影像变化检测提供了参考。Bruzzone 和 Bovolo (2013)提出了一种高分辨率遥感影像变化检测系统设计的新框架,通过辐射变化树的定义,对多时相影像中的辐射变化进行识别和建模,基于辐射变化树直接提取或间接去除获得感兴趣的变化,利用多级多层次技术从辐射变化中提取语义信息。Liu 等(2015)研究了高光谱影像中变化检测的理论,提出了序列变化检测、半监督变化矢量分析等方法。稀疏混合像元分解也在多时相高光谱变化检测中得到了应用(Ertürk et al.,2015)。结合应用需求与数据可获得性,多源、多尺度遥感影像中的变化检测正在成为新的研究热点,这也是克服遥感数据可获取性限制、适应不同地学研究空间尺度特征的主要技术途径。

诸多影响变化检测精度的因素中,几何校正导致的误差最为显著。如何降低预处理对变化检测的影响是一个重要内容,一方面需要提高配准的精度,另一方面可以充分利用空间特征,降低几何配准误差对变化检测结果的影响。Marchesi 等(2010)提出了一种对配准误差稳健的空间上下文信息敏感的多尺度技术,用于多时相高分辨率影像变化检测,借助多尺度分析、上下文信息在极坐标空间对光谱变化向量进行分析,能够有效抑制配准误差的影响。

另外,辐射变化除反映地表真实变化外,还可能受到其他因素的影响,如何分离其他因素(特别是图像获取条件和客观环境影响),从变化信息中获取真正感兴趣的变化是一个重要方面。辐射变化可划分为获取条件导致的变化(大气条件导致的变化、传感器系统导致的变化)、地表出现的真实变化(环境条件、自然灾害、人类活动、植被物候状态)。不同的辐射变化可以通过三种途径提取:基于像素的直接提取(逐像素比较二值变化提取),基于像素的模糊提取(感兴趣变化的指数比较),基于上下文的提取(利用邻域提取)(Bruzzone and Bovolo,2013)。从地表过程研究的需求来看,需要建立综合考虑遥感影像时间分辨率(获取时相等)和地表要素演变规律(如作物生长、物候特征)的变化检测模型。

变化检测算法研究一直是一个热点方向,Singh(1989)早期总结了差值法、比值法、植被指数差值、回归、主成分、变化向量分析、分类后比较等方法。Lu 等(2004)将变化检测技术分为七类:代数运算、图像变换、分类、高级模型、基于 GIS 的方法、可视化分析、其他方法。Tewkesbury 等(2015)将变化检测方法划分为算术运算、分类后比较、多时相数据分类、图像变换、变化矢量分析、混合变化检测六大类。

早期的变化检测以像元为基本处理单元,近年来基于对象的变化检测技术受到了研究人员的重视,一方面可以充分利用均质对象具有的空间和光谱特征,另一方面可以减少几何配准误差的影响(Chen et al.,2012)。Tewkesbury 等(2015)在系统分析当前地学应用变化检测需求的基础上,将多时相影像变化检测的基本处理单元分为七类:像素、核（移动窗口）、图像与对象叠置、图像与对象比较、多时相图像对象、矢量多边形、混合处理单元。

Lu 等（2014）总结变化检测采用的特征包括：光谱特征（原始和变换特征，包括植被指数、主成分分析分量、KT 变换分量等），空间信息（纹理、面向对象分割的对象特征），亚像素级信息（混合像元分解），专题信息（分类结果），生物物理变量（不透水面、叶面积指数）以及多源数据。变化检测中使用的特征或变量正在从光谱反射率（灰度值）等原始值、像元级光谱特征（如 NDVI 等）逐步发展到空间和光谱特征综合，所使用的空间特征或上下文信息可以通过纹理提取、马尔可夫随机场、形态学滤波、自适应邻域、对象属性等提取。Bruzzone 和 Bovolo（2013）强调在高分辨率影像中，需要考虑邻近像元的相关信息和图像中的多尺度信息。Volpi 等（2013）在多时相变化检测中，利用空间上下文信息（包括纹理特征和数学形态学特征）作为支持向量机的输入，提高了监督变化检测的精度。

应用需求是变化检测需要充分考虑的问题，其中涉及变化目标定义、数据源选择、特征选择、变化检测算法等多个方面，如 Xian 等（2009）、Xian 和 Homer（2010）利用 Landsat TM 影像变化检测技术实现了美国国家土地覆盖数据库（NLCD）中土地覆盖分类、不透水面产品从 2001 年向 2006 年的更新；Lu 等（2011）针对不透水面变化提出了多时相 Landsat 影像中的变化检测方法，充分考虑了不透水面的特性，并利用 Landsat、QuickBird 影像通过两层校正提高估算精度。Tewkesbury 等（2015）提出了应用驱动的变化检测框架，根据需求定义，基于尺度和专题目标选择合适的处理单元和变化比较方法。

总体来看，国内外变化检测技术的研究侧重于多时相同一传感器影像中变化像元或位置的识别，在地理解释、变化建模和过程描述方面远远不能满足地理研究的需求，这也直接促进了长时间序列遥感影像分析与地学应用的发展。

1.2.3 多时相遥感影像分类

单一时相遥感影像分类与信息提取结果可能受多种因素影响，导致分类结果不一定能够真实反映土地覆盖状态。多时相遥感影像分类能够更可靠地描述地表覆盖状态，特别是利用同一传感器或不同传感器相近时相获取的遥感影像，或者利用不同季节遥感影像分类，可以克服传感器、气象、物候等因素影响，获取更加真实的地表信息（Lhermitte et al.，2011）。图 1-3 为一种基于迁移学习的多时相影像分类方法。

Schneider 等（2010）利用一年内的 MODIS 影像时相和光谱信息，进行全球尺度 500m 分辨率城市制图，有效弥补了季节变化、云覆盖等因素的影响，提高了分类和识别的精度。Knorn 等（2009）提出了一种利用邻近时相 Landsat 影像链式分类的土地覆盖制图方法，首先选择一景具有较好训练样本的影像进行分类，然后利用与其他邻近影像重叠部分的分类结果作为训练样本辅助其他影像分类，这一思想同样适用于时间序列影像中的分类，即某一时相的影像精确分类结果作为其他时相影像分类和变化检测的训练样本。

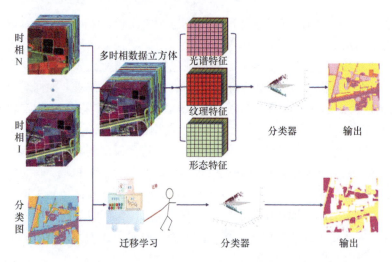

图 1-3　基于迁移学习的多时相影像分类方法

1.2.4　时间序列遥感数据分析

图 1-4 为时间序列遥感数据分析的基本流程与常用策略。

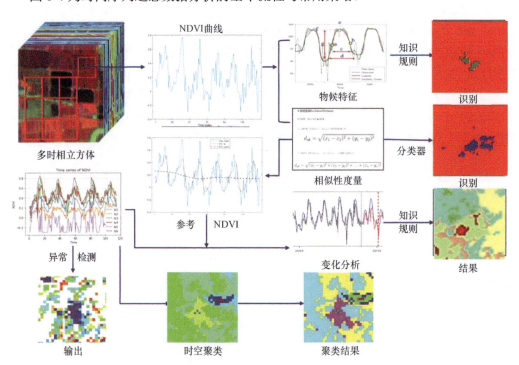

图 1-4　时间序列遥感数据分析的基本流程与常用策略

在长时序数据的变化检测中，两个时相遥感影像中提取的变化信息往往不一定对应真实的地表变化，而多个时相或长时间序列影像中提取的变化信息一方面更加可靠、真实，另一方面可以持续地反映出变化的演变过程、突发性变化发生的关键时间点等，能

够更好地用于地表过程的研究（Lhermitte et al.，2011）。Lunetta 等（2006）利用 250m
时间序列 MODIS NDVI 产品在年内、年际两个时间尺度进行了土地覆盖变化检测的研
究，表明时间序列数据在土地覆盖变化检测中的优势。

　　连续时间尺度上的时间轨迹分析（temporal trajectory analysis at a continuous
timescale）通过有效挖掘长时间序列影像，可以揭示若干时间尺度的动态格局（Lhermitte
et al.，2011）。在年内时间尺度上，植被生态系统呈现出在降雨或温度影响下物候驱动
的季节时间转变，而不同植被种群或作物类别的反应明显不同。在年际时间尺度，这种
物候循环可能因季节变化、气候变化导致的渐进变化、突然变化等而发生改变，因此时
间轨迹可以用于描述生态系统动态，识别和区分土地覆盖类型，监测土地覆盖对年内变
化、气候变化、土地利用的扰动的响应（Lhermitte et al.，2011）。

　　时间序列影像中不同信息的区分与识别是一个非常关键的问题。Hird 等（2015）
提出了一种从时间序列卫星影像中可视化非季节景观变化的简单变换方法，能够有效
地描述地表过程的演变，变换后得到的 CAT 分量进行决策树分类，可以对城市扩展进
行检测。Shih 等（2015）利用 2000~2014 年 41 个时相的 LandsatTM/ETM+影像进行逐
时相分类，通过空间、时间和逻辑滤波处理，借助建筑用地、自然植被和农田三个类别，
确定了土地利用/覆盖变化发生的类型和时间，特别是通过时态滤波准确识别了转化为建
设用地的准确位置、开始时间，实现了对地理过程关键时间节点和时间段的识别。Zhu
和 Woodcock（2014）提出了利用所有可获得的时序 Landsat 遥感数据进行土地覆盖连续
变化检测和分类（continuous change detection and classification，CCDC）的方法，在新
获取遥感影像时，一方面能够探测多种类型的连续土地覆盖变化，另一方面能够生成任
一时刻的土地覆盖分类图。

　　已有的研究主要关注土地覆盖类型转换，而忽略了同一土地类型内的土地属性改变。
土地属性改变通常导致地表异质性，有时甚至引发的类内变化超过类间变化。类内变化检
测要求在季节或年季尺度上的地表属性连续场表达，如树密度、NPP 变化、生长季的变
化等，需要空间直观的生物物理表面属性测量值，如植被覆盖、生物量、生物种群结构、
表面湿度、表面土壤有机质含量、景观异质性、植被覆盖比例、叶面积指数等的时序分析
（Lambin and Linderman，2006）。

　　时间序列遥感数据分析在不同领域已发挥了重要作用。Lawley 等（2016）针对偏远
地区生态环境监测的需求，构建了一种遥感时空分析框架，利用 25 年的 NOAA AVHRR
NDVI 数据描述植被动态并提取生态指数，分析了长时间序列中区域植被生态变化及其
空间分布。Schultz 等（2015）利用 Landsat 时间序列影像和 BFAST 模型进行热带地区
森林采伐变化检测中的误差源分析，结果表明时间序列数据能充分考虑特定区域的环境
特性，获取不同的类型渐变和突变。Tsai 和 Yang（2016）利用 1982~2012 年的 AVHRR
NDVI3g 产品，借助均值–方差分析模型（mean-variance analysis，MVA），研究了台湾
地区植被动态变化与气候变量的关系，结果表明特定时间段内植被变化与降雨、日照时
间和湿度密切相关。

　　Landsat 时间序列遥感影像是目前应用最为广泛的时序分析数据源，Woodcock 等
（2008）和 Wulder 等（2016）系统总结了当前全球 Landsat 存档数据集的详细信息，分析

了这些数据在全球变化和地学研究中的重要价值和意义。Roy 等（2010）构建了全美国的网络应用 Landsat 数据（web enabled landsat data，WELD），形成了以月、季度、年为单位的美国陆地卫星数据镶嵌集，提供了 30m 分辨率大气层顶（TOA）反射率、亮温和 NDVI，获得了土地覆盖、地球物理和生物物理产品，以用于区域尺度土地覆盖动态评价和地球系统功能研究。Krehbiel 等（2015）利用 2003~2012 年的 WELD 时间序列数据中的 NDVI 数据和 MODIS 的 LST 产品，分析了城市化和城市热岛效应对植被动态和地表物候的影响。Yan 和 Roy（2016）利用由 Landsat 5 TM 和 Landsat 7ETM+组成的逐周 30m 分辨率时序 Landsat 影像进行全美耕地提取，获得了详细的耕地分布图和相关统计信息。

针对时间序列遥感影像分析，主动学习、迁移学习等方法发挥了重要作用。Bruzzone 和 Marconcin（2009）将多时相遥感影像应用于土地覆盖图自动更新，利用邻域自适应支持向量机和循环验证策略，实现了多时相多光谱影像土地覆盖图自动更新。Demir 等（2012）提出了一种变化检测驱动的迁移学习方法用于时间序列遥感影像分类，实现了土地覆盖图更新，该方法综合了迁移学习、主动学习的优点，只需要从一个时相的影像中获取可靠的训练样本，即可实现高精度的土地覆盖图更新。

1.3 多时相遥感影像分析的发展趋势

多时相遥感影像处理将是未来遥感科学技术和地学应用的研究热点，其呈现以下发展趋势。

（1）多时相数据持续丰富，云计算平台成为时间序列遥感重要的基础设施。

当前各种对地观测卫星正在获取越来越多的遥感影像，特别是以 Planet、吉林一号为代表的小卫星星座已具备了对地球表面逐日进行观测的能力，辅以无人机遥感等快速灵活的低空数据获取方式以及地面观测网络，具有不同空间和光谱分辨率的多时相遥感影像数量持续增加，内容不断丰富，为地表要素动态监测和地球过程时空分析提供了日益充足的数据源。

多时相遥感数据量持续增加的同时，开放共享程度不断提高，分析就绪数据（analysis ready data，ARD）理念已在遥感数据提供机构中得到广泛认可。USGS 提出了 WELD，实现了时间序列 Landsat 影像的高质量预处理分析利用。中国高分辨率对地观测系统也引入 ARD 理念，提出了高分卫星数据 ARD 的总体设想并初步以高分一号 WFV 数据为例进行了试验，采用了与 Sentinel 2 多光谱影像相同的标准瓦片（tiles）和投影系统 Military Grid Reference System（MGRS，军事网格参考系统），每一像素都具有质量控制元数据，并提供了几何校正和辐射交叉定标后的大气层顶反射率/入瞳反射率和大气校正后的地表反射率（surface reflectance，SR）（Zhong et al.，2021）。

针对时间序列遥感数据的特点和 ARD 的优势，数据立方体（data cube）正在成为多源多时相数据的有效组织方式，如 Ferreira 等（2020，2022）介绍了 Amazon 网络服务（AWS）云计算环境下地球观测数据立方体的建立方式，对巴西遥感大数据立方体的实现进行了详细探讨。数据立方体已成为时间序列数据组织的核心方式，也是当前主流遥感云计算平台如 GEE、PIE Engine、AWS 等普遍采用的数据组织模式。刘涵和宫鹏

（2021）构建了全球逐日 30m 数据立方体，用于土地利用动态、城市扩展、环境变化等时间序列分析。

时间序列遥感数据也在逐步从同一传感器向多传感器异构数据发展，如早期变化检测是针对同一传感器获取的多时相影像，而时间序列数据则是 Landsat 系列影像或 MODIS 影像等。近年来，变化检测也从单一传感器发展到多传感器影像变化检测，如多传感器多光谱影像或光学与 SAR 影像，时间序列分析也逐步拓展到多传感器时间序列数据。其中，最具代表性的是 Landsat TM/ETM+/OLI 和 MODIS 影像时空融合影像、Landsat OLI 和 Sentinel-2 融合生成的 HMS 数据集。

随着海量数据的积累，高空间分辨率影像、高光谱分辨率数据也已成为多时相分析的主要数据源，相关的算法与应用将受到更多重视。Planet Labs 小卫星数据已基本实现 3m 分辨率全球地表逐日数据获取，必将成为多时相数据处理与应用的重要数据，其他小卫星遥感系统也提供高时间、空间和光谱分辨率的遥感数据。以高分、国土、环境等为代表的国产中高分辨率数据近年来高度重视数据预处理、校正整合等工作，也大量应用重要的数据源。此外，夜光遥感、视频遥感数据等也都将成为多时相处理与分析重要的数据源。

与开放全球时间序列遥感数据源、数据立方体组织等同步发展，遥感云计算平台已成为多时相影像处理的重要基础设施，极大地促进了用户对时间序列遥感数据的访问、分析与深度挖掘，这些平台包括 GEE、AWS、PIE Engine 等。GEE 是目前国际上应用最为广泛的遥感云计算平台。PIE Engine 是航天宏图自主研发的一套基于容器云技术构建的面向地球科学领域的专业 PaaS/SaaS 云计算服务平台，基于自动管理的弹性大数据环境，集成多源遥感数据处理、分布式资源调度、实时计算、批量计算和深度学习框架等技术，构建了遥感/测绘专业处理平台、遥感实时分析计算平台、人工智能解译平台，为大众用户进行大规模地理数据分析和科学研究提供了一体化的服务。PIE Engine 实现了云上多源异构遥感数据处理流程的灵活搭建、任务全程监控、多端协同作业和准实时快速处理，具有强大的数据存储和高性能分析计算能力。PIE Engine 提供国外的 Landsat 系列、Sentinel 系列卫星遥感数据和国内的高分系列、环境系列、资源系列等卫星遥感数据的访问接口，还包含大量的遥感通用算法和专题算法，如基于多时相的 Landsat 和 Sentinel 数据的作物长势监测、地区旱情分析、水体变化分析、城镇变化监测等分析处理。

（2）多时相遥感影像应用领域持续拓展，信息不断精细化，业务化应用潜力巨大。

以 2030 年可持续发展目标（SDGs）、碳中和等为指引的不同领域应用，都对地表各种定性定量信息及其时序演变有着迫切的需求，多平台、多分辨率、多时相遥感影像将成为不同领域科学决策重要的信息源，多时相遥感信息的应用需求必将持续深化，需要逐步和不同行业、领域的主体工作结合，从科学研究、技术开发等方面逐步提升和推进业务化、流程化的应用，如目前已取得良好成效的卫片执法、矿山监测、土地动态监测等。

全球环境变化、可持续发展是多时相遥感数据一个重要的应用方向。早期多时相遥感影像的应用主要是面向土地利用/覆盖变化、城市扩展、灾害监测、自然资源调查与监测等方面，通过不同时期遥感影像的比较提取变化信息，为动态分析应用提供基础。时间序列因其密集时相、高频次观测等优势，有利于描述和区分森林、植被、冰川等地表关键要素的自然变化和人为扰动，进一步揭示变化的特点、规律和趋势。随着可持续发展目标、全球环境变化等应用需求的深入，多时相遥感影像需要为各种复杂、动态的地表过程提供准确、全面、及时的变化信息，支持科学研究和管理决策。多时相遥感影像的应用也在逐步从地球向地外星体拓展，如我国嫦娥系列卫星获取的多时相影像分析与应用，目前主要集中于多时相影像融合和分类识别，后期则可能获得更广泛的应用。

针对不同应用的需求与特点，多时相遥感影像信息提取将进一步精细化，向全要素时序分类、关键要素时序演化、定量参数动态变化等方向深化发展。在多时相变化检测中，目前研究的重点是发现变化像元或区域，面向应用需求则需要对变化信息进行描述、解释和评估，从变与不变两类检测拓展到具体的变化类别等信息，实现从观测量变化到专题信息变化的提升。结合特定任务目标的流程化、业务化变化检测与动态监测体系构建也是实现方法研究向实际应用拓展重要的方面，其关键在于以相应技术规范为指导，实现遥感数据、算法模型、输出结果、推理分析的一体化。对多时相变化检测结果的推理和分析是实现业务应用和决策管理的重要内容，需要引入相应的规范、知识和规律，如耕地非农化非粮化监测，需要对变化的耕地按照相应规则进行推理，判断其变化类型。

（3）多时相遥感影像处理与信息提取方法智能化、自动化水平持续提升。

随着人工智能、机器学习相关理论方法在遥感领域应用的持续深化，多时相遥感影像智能解译算法、模型将快速发展，以提升处理的效率、精度和算法的可推广性。

集成学习早期主要用于遥感影像分类，近年来在变化检测、时间序列分析中的应用也受到了研究人员的重视。通过集成学习整合不同变化检测算法的优势，综合不同时序分析模型，可以进一步提高解译结果的可靠性和算法模型的可推广性。

随着深度学习理论方法在多时相影像处理中的应用持续深入，基于深度学习的变化检测模型、多时相分类模型都成为当前的研究热点。长短期记忆网络（long short term memory，LSTM）、时间卷积网络（temporal convolutional network，TCN）、循环神经网络（recurrent neural network，RNN）等用于时间序列数据处理的深度学习网络都在多时相遥感影像处理领域具有广泛的应用前景。

将领域知识与人工智能算法结合，通过注意力机制、知识引导的分析、智能算法与机理模型结合等，可以进一步向可解释人工智能方向深化。多时相遥感数据与众源地理信息、社会感知数据结合，可以推动人地关系与人地系统动力学研究。多时相数据、区域要素、算法模型与领域知识的协同集成，可构成面向实时解译的业务化、流程化应用系统，支撑遥感智能分析的高效部署与场景落地。

多时相信息提取将从以定性分类识别为主，发展到定性处理与定量参数反演并重、定性定量集成分析。典型的时间序列集成应用包括：土壤湿度与 InSAR 形变的联合分析、多参数耦合关系建模、时序规律挖掘、二维与三维信息融合以及面向多时相的定性与定量多时相综合解译等。

参 考 文 献

陈富龙, 林珲, 程世来. 2023. 星载雷达干涉测量及时间序列分析的原理、方法与应用. 北京: 科学出版社.

陈述彭, 童庆禧, 郭华东. 1998. 遥感信息机理研究. 北京: 科学出版社.

丁永建, 周成虎. 2013. 地表过程研究概论. 北京: 科学出版社.

傅伯杰, 冷疏影, 宋长青. 2015. 新时期地理学的特征与任务. 地理科学, 35(8): 937-945.

傅伯杰. 2014. 地理学综合研究的途径与方法: 格局与过程耦合. 地理学报, 69(8): 1052-1059.

郭华东, 张露. 2019. 雷达遥感六十年: 四个阶段的发展. 遥感学报, 23(6): 1023-1035.

冷疏影, 宋长青. 2005. 陆地表层系统地理过程研究回顾与展望. 地球科学进展, 20(6): 600-606.

廖小罕, 肖青, 张颢. 2019. 无人机遥感: 大众化与拓展应用发展趋势. 遥感学报, 23(6): 1046-1052.

刘涵, 宫鹏. 2021. 21 世纪逐日无缝数据立方体构建方法及逐年逐季节土地覆盖和土地利用动态制图——中国智慧遥感制图 iMap(China)1.0. 遥感学报, 25(1): 126-147.

刘纪远, 张增祥, 庄大方, 等. 2005. 20 世纪 90 年代中国土地利用变化的遥感信息研究. 北京: 科学出版社.

张永生, 王仁礼. 1999. 遥感动态监测. 北京: 解放军出版社.

Aschbacher J, Milagro-Pérez M P. 2012. The European Earth monitoring(GMES)programme: status and perspectives. Remote Sensing of Environment, 120: 3-8.

Berger M, Moreno J, Johannessen J A, et al. 2012. ESA's sentinel missions in support of Earth system science. Remote Sensing of Environment, 120: 84-90.

Bovolo F, Bruzzone L. 2015. The time variable in data fusion: a change detection perspective. IEEE Geoscience and Remote Sensing Magazine, 3(3): 8-26.

Brown M E, Pinzon J E, Morisette J T, et al. 2006. Evaluation of the consistency of long-term NDVI time series derived from AVHRR, SPOT-Vegetation, SeaWiFS, MODIS, and Landsat ETM+ Sensors. IEEE Transactions on Geoscience and Remote Sensing, 44(7): 1787-1793.

Bruzzone L, Bovolo F. 2013. A novel framework for the design of change-detection systems for very-high-resolution remote sensing images. Proceedings of the IEEE, 101(3): 609-630.

Bruzzone L, Marconcin M. 2009. Toward the automatic updating of land-cover maps by a domain-adaptation SVM classifier and a circular validation strategy. IEEE Transactions on Geoscience and Remote Sensing, 47(4): 1108-1122.

Chen G, Hay G J, Carvalho L M T, et al. 2012. Object-based change detection. International Journal of Remote Sensing, 33(14): 4434-4457.

Cui S, Schwarz G, Datcu M. 2016. A benchmark evaluation of similarity measures for multitemporal SAR image change detection. IEEE Journal of Selected Topics in Applied Earth Observations and Remote Sensing, 9(3): 967-970.

Demir B, Bovolo F, Bruzzone L. 2012. Updating land-cover maps by classification of image time series: a novel change-detection-driven transfer learning approach. IEEE Transactions on Geoscience and Remote Sensing, 51(1): 300-312.

Dwyer J L, Roy D P, Sauer B, et al. 2018. Analysis ready data: enabling analysis of the Landsat archive. Remote Sensing, 10(9): 1363.

Ertürk A, Iordache M D, Plaza A. 2015. Sparse unmixing-based change detection for multitemporal hyperspectral images. IEEE Journal of Selected Topics in Applied Earth Observations and Remote Sensing, 9(2): 708-719.

Fensholt R, Sandholt I, Stisen S. 2006. Evaluating MODIS, MERIS, and VEGETATION vegetation indices using in situ measurements in a semiarid environment. IEEE Transactions on Geoscience and Remote Sensing, 44(7): 1774-1786.

Ferreira K R, Queiroz G R, Marujo R F B, et al. 2022. Building earth observation data cubes on Aws. The International Archives of the Photogrammetry, Remote Sensing and Spatial Information Sciences, 43: 597-602.

Ferreira K R, Queiroz G R, Vinhas L, et al. 2020. Earth observation data cubes for Brazil: requirements, methodology and products. Remote Sensing, 12(24): 4033.

Ferretti A, Monti-Guarnieri A, Prati C, et al. 2007. InSAR principles-guidelines for SAR interferometry processing and interpretation, ESA Publications.

Frantz D. 2019. FORCE–Landsat+ Sentinel-2 analysis ready data and beyond. Remote Sensing, 11(9): 1124.

Friedl M A, McIver D K, Hodges J C F, et al. 2002. Global land cover mapping from MODIS: algorithms and early results. Remote Sensing of Environment, 83(1-2): 287-302.

Friedl M A, Sulla-Menashe D, Tan B, et al. 2010. MODIS Collection 5 global land cover: algorithm refinements and characterization of new datasets. Remote Sensing of Environment, 114(1): 168-182.

Gorelick N, Hancher M, Dixon M, et al. 2017. Google Earth Engine: planetary-scale geospatial analysis for everyone. Remote Sensing of Environment, 202: 18-27.

Hird J N, Castilla G, McDermid G J, et al. 2015. A simple transformation for visualizing non-seasonal landscape change from dense time series of satellite data. IEEE Journal of Selected Topics in Applied Earth Observations and Remote Sensing, 9(8): 3372-3383.

Houborg R, McCabe M F. 2018. A cubesat enabled spatio-temporal enhancement method(cestem)utilizing planet, landsat and modis data. Remote Sensing of Environment, 209: 211-226.

Kimm H, Guan K, Jiang C, et al. 2020. Deriving high-spatiotemporal-resolution leaf area index for agroecosystems in the US Corn Belt using Planet Labs CubeSat and STAIR fusion data. Remote Sensing of Environment, 239: 111615.

Knorn J, Rabe A, Radeloff V C, et al. 2009. Land cover mapping of large areas using chain classification of neighboring Landsat satellite images. Remote Sensing of Environment, 113(5): 957-964.

Kramer H J, Cracknell A P. 2008. An overview of small satellites in remote sensing. International Journal of Remote Sensing, 29(15): 4285-4337.

Krehbiel C P, Jackson T, Henebry G M. 2015. Web-enabled Landsat data time series for monitoring urban heat island impacts on land surface phenology. IEEE Journal of Selected Topics in Applied Earth Observations and Remote Sensing, 29(5): 2043-2050.

Lambin E F, Linderman M. 2006. Time series of remote sensing data for land change science. IEEE Transactions on Geoscience and Remote Sensing, 44(7): 1926-1928.

Lawley E F, Lewis M M, Ostendorf B. 2016. A remote sensing spatio-temporal framework for interpreting sparse indicators in highly variable arid landscapes. Ecological Indicators, 60: 1284-1297.

Lhermitte S, Verbesselt J, Verstraeten W W, et al. 2011. A comparison of time series similarity measures for classification and change detection of ecosystem dynamics. Remote Sensing of Environment, 115(12): 3129-3152.

Liu S, Bruzzone L, Bovolo F, et al. 2015. Sequential spectral change vector analysis for iteratively discovering and detecting multiple changes in hyperspectral images. IEEE Transactions on Geoscience and Remote Sensing, 53(8): 4363-4378.

Loveland T R, Reed B C, Brown J F, et al. 2000. Development of a global land cover characteristics database and IGBP DISCover from 1 km AVHRR data. International Journal of Remote Sensing, 21(6-7): 1303-1330.

Lu D, Li G, Moran E. 2014. Current situation and needs of change detection techniques. International Journal of Image and Data Fusion, 5(1): 13-38.

Lu D, Mausel P, Brondizio E, et al. 2004. Change detection techniques. International Journal of Remote Sensing, 25(12): 2365-2401.

Lu D, Moran E, Hetrick S. 2011. Detection of impervious surface change with multitemporal Landsat images in an urban–rural frontier. ISPRS Journal of Photogrammetry and Remote Sensing, 66(3): 298-306.

Lunetta R S, Johnson D M, Lyon J G, et al. 2004. Impacts of imagery temporal frequency on land-cover change detection monitoring. Remote Sensing of Environment, 89(4): 444-454.

Lunetta R S, Knight J F, Ediriwickrema J, et al. 2006. Land-cover change detection using multi-temporal MODIS NDVI data. Remote Sensing of Environment, 105(2): 142-154.

Marchesi S, Bovolo F, Bruzzone L. 2010. A context-sensitive technique robust to registration noise for change detection in VHR multispectral images. IEEE Transactions on Image Processing, 19(7): 1877-1889.

Moreira A, Prats-Iraola P, Younis M, et al. 2013. A tutorial on synthetic aperture radar. IEEE Geoscience and

Remote Sensing Magazine, 1(1): 6-43.

Potapov P, Hansen M C, Kommareddy I, et al. 2020. Landsat analysis ready data for global land cover and land cover change mapping. Remote Sensing, 12(3): 426.

Roy D P, Huang H, Houborg R, et al. 2021. A global analysis of the temporal availability of PlanetScope high spatial resolution multi-spectral imagery. Remote Sensing of Environment, 264: 112586.

Roy D P, Ju J, Kline K, et al. 2010. Web-enabled Landsat Data(WELD): Landsat ETM+ composited mosaics of the conterminous United States. Remote Sensing of Environment, 114(1): 35-49.

Roy D P, Ju J, Lewis P, et al. 2008. Multi-temporal MODIS-Landsat data fusion for relative radiometric normalization, gap filling, and prediction of Landsat data. Remote Sensing of Environment, 112(6): 3112-3130.

Roy D P, Wulder M A, Loveland T R, et al. 2014. Landsat-8: Science and product vision for terrestrial global change research. Remote Sensing of Environment, 145: 154-172.

Roy D P. 2000. The impact of misregistration upon composited wide field of view satellite data and implications for change detection. IEEE Transactions on Geoscience and Remote Sensing, 38(4): 2017-2032.

Schneider A, Friedl M A, Potere D. 2010. Mapping global urban areas using MODIS 500-m data: new methods and datasets based on 'urban ecoregions'. Remote Sensing of Environment, 114(8): 1733-1746.

Schultz M, Verbesselt J, Avitabile V, et al.2015. Error sources in deforestation detection using BFAST monitor on Landsat time series across three tropical sites. IEEE Journal of Selected Topics in Applied Earth Observations and Remote Sensing, 9(8): 3667-3679.

Shih H, Stow D A, Weeks J R, et al. 2015. Determining the type and starting time of land cover and land use change in southern Ghana based on discrete analysis of dense Landsat image time series. IEEE Journal of Selected Topics in Applied Earth Observations and Remote Sensing, 9(5): 2064-2073.

Singh A. 1989. Digital change detection techniques using remotely-sensed data. International Journal of Remote Sensing, 10(6): 989-1003.

Tewkesbury A P, Comber A J, Tate N J, et al. 2015. A critical synthesis of remotely sensed optical image change detection techniques. Remote Sensing of Environment, 160: 1-14.

Tigges J, Lakes T, Hostert P. 2013. Urban vegetation classification: benefits of multitemporal RapidEye satellite data. Remote Sensing of Environment, 136: 66-75.

Townshend J R G, Justice C O, Gurney C, et al. 1992. The impact of misregistration on change detection. IEEE Transactions on Geoscience and Remote Sensing, 30(5): 1054-1060.

Tsai H P, Yang M D. 2016. Relating vegetation dynamics to climate variables in Taiwan using 1982-2012 NDVI3g data. IEEE Journal of Selected Topics in Applied Earth Observations and Remote Sensing, 9(4): 1624-1639.

Volpi M, Tuia D, Bovolo F, et al. 2013. Supervised change detection in VHR images using contextual information and support vector machines. International Journal of Applied Earth Observation and Geoinformation, 20: 77-85.

Woodcock C E, Allen R, Anderson M, et al. 2008. Free access to Landsat imagery. Science, 320(5879): 1011.

Woodcock C E, Loveland T R, Herold M, et al. 2020. Transitioning from change detection to monitoring with remote sensing: a paradigm shift. Remote Sensing of Environment, 238: 111558.

Wulder M A, Masek J G, Cohen W B, et al. 2012. Opening the archive: how free data has enabled the science and monitoring promise of Landsat. Remote Sensing of Environment, 122: 2-10.

Wulder M A, White J C, Goward S N, et al. 2008. Landsat continuity: issues and opportunities for land cover monitoring. Remote Sensing of Environment, 112(3): 955-969.

Wulder M A, White J C, Loveland T R, et al. 2016. The global Landsat archive: status, consolidation, and direction. Remote Sensing of Environment, 185: 271-283.

Wulder M A, White J C, Masek J G, et al. 2011. Continuity of Landsat observations: short term considerations. Remote Sensing of Environment, 115(2): 747-751.

Xian G, Homer C, Fry J. 2009. Updating the 2001 National Land Cover Database land cover classification to 2006 by using Landsat imagery change detection methods. Remote Sensing of Environment, 113(6):

1133-1147.

Xian G, Homer C. 2010. Updating the 2001 National Land Cover Database impervious surface products to 2006 using Landsat imagery change detection methods. Remote Sensing of Environment, 114(8): 1676-1686.

Yan L, Roy D P. 2016. Conterminous United States crop field size quantification from multi-temporal Landsat data. Remote Sensing of Environment, 172: 67-86.

Zhong B, Yang A, Liu Q, et al. 2021. Analysis ready data of the Chinese GaoFen satellite data. Remote Sensing, 13(9): 1709.

Zhu Z, Woodcock C E. 2014. Continuous change detection and classification of land cover using all available Landsat data. Remote Sensing of Environment, 144: 152-171.

第 2 章　多时相遥感影像预处理

2.1　多时相遥感影像预处理概述

卫星、航空和低空无人机等平台获取遥感数据的时间不同，意味着传感器状态、大气条件、太阳辐射等外在因素有所差别，导致多时相遥感影像在几何、辐射、光谱和散射等方面存在不一致性，直接影响多时相遥感影像变化检测及分析的精度和准确性。

由于地形、传感器、平台、大气等多因素综合影响，遥感原始影像中地物的几何位置、形状、大小等特征相比实际目标特征往往存在几何畸变。几何畸变易造成遥感图像处理的误差，降低多时相遥感影像解译、变化检测与地表更新、定量反演与时序分析的可靠性，因而需要进行几何校正和空间配准，以保证多时相遥感影像之间具有统一的空间基准。

遥感影像成像过程不可避免地受到各种外界因素的影响。例如，电磁波传播过程中被大气吸收、散射、漫射产生不同程度的衰减；不同时期的光学遥感影像，因拍摄季节与日期不同、太阳高度角不同、成像角度不同、气象条件不同等，都会造成影像辐射值的差异（Paolini et al.，2006）。上述失真对遥感数据的高精度反演和变化分析产生较大影响，如不同的太阳位置和角度以及大气条件、地形条件导致传感器得到的测量值与目标的光谱反射率或光谱辐射亮度不一致，会显著影响变化检测结果的精度（佟国峰等，2015）。因此，需要在预处理步骤中对多时相数据进行辐射校正。通过辐射定标将原始影像的像素灰度值转换为绝对辐射亮度，通过大气校正减弱大气条件对电磁波传播过程造成的影响。

由于获取多时相数据的光学传感器差异，遥感数据可能是全色数据、真彩色数据、多光谱数据或高光谱数据（眭海刚等，2018）。不同类型的数据不仅光谱分辨率有所区别，空间分辨率也不一致。一般来说，光谱分辨率较高的数据空间分辨率相对较低，反之亦然。全色波段的数据空间分辨率较高，但无法显示地物的颜色或光谱特征；多光谱数据能记录地物不同波段的辐射信息，但其空间分辨率略低；高光谱数据的光谱波段数量可达几百个，光谱间隔小，包含丰富且精细的地物光谱信息，空间分辨率也较低。将不同光谱分辨率的数据用于变化检测前，需要根据光谱或空间分辨率进行预处理以便于后续比较。此外，不同时相获取的遥感数据在光谱上容易产生畸变，造成普遍存在的"同物异谱、异物同谱"现象。通过多时相数据之间的辐射校正，可使得不同时相、不同季节、不同光照等条件下获取的光谱数据具有较高的一致性、可比性，这是进行合理、正确变化检测的前提。

在微波散射方面，多时相合成孔径雷达（SAR）干涉处理分析多采用重复轨道 SAR 卫星数据，卫星沿特定的轨道以一定的时间间隔对同一地区进行成像，但卫星每次过境时轨道难免发生轻微的偏移，导致不同时间获取的 SAR 影像存在一定的几何偏差，因此在时序干涉处理前需要对多景 SAR 影像进行精确的配准，将影像几何不一致性控制在亚像元级别。多时相极化 SAR 影像往往被用于多种应用场景，如土地利用/覆盖分类、水体提取及土壤湿度反演、农作物生物物理参数估计等，着重于对雷达波信号不同极化状态下地面目标散射特性的分析。为保证多时相 SAR 影像的辐射一致性，也需要进行辐射校正、滤波去噪等预处理。

遥感影像的空间分辨率和时间分辨率对地表过程的监测与分析起到至关重要的作用。然而，由于传感器技术的限制以及探测目的的差异，这些遥感影像在空间或时间分辨率的设计上都进行了一定取舍，导致现有数据无法在满足高空间分辨率的同时拥有高时间分辨率。遥感影像空间–时间分辨率的矛盾逐渐成为不可避免和不可忽视的重要问题。通过时空融合，可以生成具有较高空间分辨率的时间序列遥感数据，因此无论是对海量历史卫星影像时空信息的充分挖掘，还是对未来遥感大数据的有效利用，开展遥感影像时空融合技术的研究和探索都具有重要意义。

2.2 多时相光学遥感影像预处理

2.2.1 多时相光学遥感影像几何校正

遥感影像几何校正常用模型包括严格物理模型和通用经验模型。严格物理模型是根据图像与地面的几何成像关系而建立的正射校正模型，包括共线方程模型、仿射变换模型等（栾庆祖等，2007）。严格物理模型的物理意义明确，而且精度较高，但其应用受到成像卫星的轨道、位置、姿态等关键参数的保密性限制。通用经验模型通过建立数学函数关系确定地面控制点与对应像元之间的几何关系，且不需要成像过程的物理参数，故得到更为广泛的应用。目前主要的通用经验模型包括直接线性模型、多项式模型、有理函数模型、机器学习模型等，如图 2-1 所示。

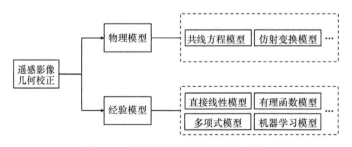

图 2-1　遥感影像几何校正常用模型

1. 共线方程模型

共线方程模型通过对传感器成像时的位置、姿态进行模拟和解算，构建成像瞬时物方空间和像方空间的几何对应严格关系，其几何精度被认为是目前最高的（张永生和巩丹超，2004）。共线方程模型可表达为（李德仁和郑肇葆，1992）

$$\begin{cases} x - x_{\mathrm{m}} = -f \dfrac{a_1(X - X_{\mathrm{s}}) + b_1(Y - Y_{\mathrm{s}}) + c_1(Z - Z_{\mathrm{s}})}{a_3(X - X_{\mathrm{s}}) + b_3(Y - Y_{\mathrm{s}}) + c_3(Z - Z_{\mathrm{s}})} \\ y - y_{\mathrm{m}} = -f \dfrac{a_2(X - X_{\mathrm{s}}) + b_2(Y - Y_{\mathrm{s}}) + c_2(Z - Z_{\mathrm{s}})}{a_3(X - X_{\mathrm{s}}) + b_3(Y - Y_{\mathrm{s}}) + c_3(Z - Z_{\mathrm{s}})} \end{cases} \quad (2\text{-}1)$$

式中，(x, y) 为像点坐标；$(x_{\mathrm{m}}, y_{\mathrm{m}})$ 为像点的影像坐标；f 为主距；(X, Y, Z) 为地面点的大地坐标；$(X_{\mathrm{s}}, Y_{\mathrm{s}}, Z_{\mathrm{s}})$ 为遥感摄影中心点的大地坐标；$a_1 \sim c_3$ 为由外方位角元素构成的旋转矩阵元素。共线方程模型具有严密性，因而适用于各种分辨率的遥感影像几何校正，但也存在参数解算较复杂、传感器姿态不一致等问题（栾庆祖等，2007）。

2. 仿射变换模型

高分辨率卫星传感器的视场角小而焦距较长，制约了共线方程模型的精度和稳定性，因此发展了基于仿射变换模型的几何校正方法（Hattori et al.，2000），表达式如下：

$$\begin{cases} x = A_1 X + A_2 Y + A_3 Z + A_4 \\ \dfrac{1 + (\overline{Z} - Z)/(\overline{Z} \cos \omega)}{1 - y \tan \omega / f} y = A_5 X + A_6 Y + A_7 Z + A_8 \end{cases} \quad (2\text{-}2)$$

式中，$A_1 \sim A_8$ 为待解系数；ω 为传感器绕飞行方向的侧视角。高分成像卫星的小视场角内的中心投影近似于平行光投影，因此利用仿射模型求解方位参数，可克服方位参数的相关性引起的共线方程模型解算精度不足的问题。

3. 多项式模型

基于多项式模型的几何校正是目前常用的遥感影像校正方法，基本思想是构建多项式模型表达校正前后同名点的坐标关系，利用已知地面控制点坐标反演多项式系数，最后利用该经验模型进行几何校正。多项式模型从数学角度构建校正模型，适用范围更广。一般要求地面控制点的数量要大于 $\dfrac{(n+1)(n+2)}{2}$，n 是多项式的阶数，一般多项式模型可表达如下：

$$\begin{cases} x = a_0 + (a_1 X + a_2 Y) + (a_3 X^2 + a_4 XY + a_5 Y^2) + \cdots \\ y = b_0 + (b_1 X + b_2 Y) + (b_3 X^2 + b_4 XY + b_5 Y^2) + \cdots \end{cases} \quad (2\text{-}3)$$

式中，a_i 和 b_i 为待解系数。

基于多项式模型的正射校正定位精度与地面控制点的精度、分布、数量和地形相关。当地形平坦无起伏时，可取得较好的校正效果；而当地形起伏较大时，精度较低。

4. 有理函数模型

有理函数模型（rational function model，RFM）将像素坐标与大地坐标通过比值关系式联系起来，对不同传感器几何模型的表达更为广义、精确，但对地面控制点的数量和分布要求较严。RFM 的表达式如下：

$$\begin{cases} r_n = \dfrac{P_1(X_n, Y_n, Z_n)}{P_2(X_n, Y_n, Z_n)} \\[3mm] c_n = \dfrac{P_3(X_n, Y_n, Z_n)}{P_4(X_n, Y_n, Z_n)} \end{cases} \tag{2-4}$$

式中，(r_n, c_n) 和 (X_n, Y_n, Z_n) 分别为像素坐标 (r, c) 和大地坐标 (X, Y, Z) 变换后的坐标，多项式 P 中每一个坐标分量的幂不超过 3，幂值总和也不高于 3，一般取值为 1、2、3。多项式 P 的表达式如下：

$$P = \sum_{i=0}^{m_1} \sum_{j=0}^{m_2} \sum_{k=0}^{m_3} a_{ijk} X^i Y^j Z^k \tag{2-5}$$

5. 机器学习模型

通用经验模型校正方法，利用地面控制点数据，构建原始图像的像方空间与物方空间的坐标对应关系，进而得到正射影像。然而，遥感图像的校正函数往往是非线性、不确定的，导致基于某单个函数模型的校正难以精确表达复杂的坐标对应关系。机器学习模型对非线性复杂对应关系的模拟具有更精确的表达，它通过学习输入控制点坐标及其像方坐标的对应关系和特征，实现传感器成像几何模型的精确表达。目前常用的机器学习模型有支持向量机、随机森林、神经网络模型等，尤其是基于深度神经网络模型的几何校正近年来快速发展。

2.2.2 多时相光学遥感影像辐射校正

遥感成像过程中，由于传感器、大气效应和地物光照条件等影响，遥感原始影像与地物实际的光谱辐射值不一致，因此需要校正辐射误差，以准确反映地物的波谱辐射特征。遥感影像辐射校正通常包括三个内容：辐射定标、大气校正、地形及太阳高度角校正。

1. 辐射定标

辐射定标是指将记录的原始 DN 值转换为具有实际物理意义的大气层顶反射率（又称表观反射率），计算公式如下：

$$L_\lambda = k \cdot \mathrm{DN} + c \tag{2-6}$$

式中，L_λ 为 λ 波段的辐射亮度值；k 和 c 分别为增益和偏移的定标参数。反射率 ρ 和大气层顶辐射亮度的关系如下：

$$\rho_\lambda = \pi \cdot L_\lambda \cdot d^2 / (\mathrm{ESUN}_\lambda \cdot \cos\theta_s) \tag{2-7}$$

式中，d 为天文单位的日地距离；ESUN_λ 为 λ 波段的太阳表观光谱辐照度；θ_s 为太阳天顶角。通过实验室定标、星上定标、场地定标等方式获取定标参数后，可直接对 DN 值进行转换，获取大气层顶反射率数据。

2. 大气校正

辐射定标后大气层顶反射率数据依然不能反映地物的光谱特性，因为太阳辐射到达地表前会受到大气对传输过程的影响。大气校正的目的是消除大气吸收、散射对传输过程的影响，将大气层顶反射率转换为地表反射率。大气校正的方法可分为绝对大气校正和相对大气校正。绝对大气校正利用电磁波在大气中的辐射传输原理，建立辐射传输物理模型去除大气的辐射影响，常用的基于辐射传输的校正模型包括 6S 模型、LOWTRAN 模型、MORTRAN 模型等（郑伟和曾志远，2004）。相对大气校正利用地表变量与遥感数据的数学关系，建立区域尺度的统计模型实现大气校正，此方法对野外工作依赖性较强，且通用性较弱。

FLASSH 是在 MORTRAN 模型基础上发展而来的大气校正模型，是目前适用范围广、精度高的模型之一（郝建亭等，2008）。Landsat、MODIS、SPOT、AVHRR、ASTER 等数据均可用 FLAASH 模块进行大气校正，其校正模型如下：

$$L = \left[\frac{A\rho}{1\rho_{\mathrm{e}}S} \right] + \left[\frac{B\rho_{\mathrm{e}}}{1\rho_{\mathrm{e}}S} \right] + L_{\mathrm{a}} \tag{2-8}$$

式中，L 为传感器接收的总辐射；ρ 为像元的反射率；ρ_{e} 为领域平均反射率；S 为大气向下的半球反照率；L_{a} 为大气程辐射；A、B 为系数。大气参数 S、L_{a}、A、B 为系数，通过 MODTRAN 模型获取。

3. 地形及太阳高度角校正

为消除地形变化引起的辐射畸变误差，使不同坡度的相同地物具有一致的图像光谱特征。余弦校正法是常用的地形校正方法，计算表达式如下：

$$L_{\mathrm{H}} = L_{\mathrm{T}} \frac{\cos\theta}{\cos i} \tag{2-9}$$

式中，L_{H} 为校正后的辐射观测值；L_{T} 为斜面上的观测值；θ 为太阳天顶角；i 为太阳入射角。

太阳高度角校正是指将太阳光线倾斜照射时获取的影像校正为垂直照射时的影像，可以使不同季节影像的辐射值匹配，其校正公式为

$$\mathrm{DN}' = \mathrm{DN} / \cos\theta \tag{2-10}$$

式中，DN' 为校正后的像素值；DN 为原始像素值；θ 为太阳天顶角。太阳高度角校正是多时相或时间序列遥感影像处理与分析的重要环节，通过去除太阳高度角的辐射影响，可以更准确地剖析地物光谱属性的时序特征。

2.2.3　多时相光学遥感影像配准

由于成像条件、时态不同，同场景下的地物在多时相影像中的光谱、空间特征方面存在不一致性，因此会影响图像融合、变化检测、时序特征提取等过程。遥感影像配准是指将不同时相、不同尺度、不同传感器的两景或者多景的同一场景影像进行空间对齐的过程，是多时相遥感影像处理与分析的关键步骤和重要前提。遥感影像配准技术利用相似性度量影像间的位置对应关系，构建空间变换模型进行影像的匹配和校正。遥感影像配准的主要步骤包括特征提取、特征匹配、空间变换、重采样和图像配准。配准方法可分为基于灰度的配准和基于特征的配准两类。

1. 基于灰度的配准

基于灰度信息的方法直接利用图像的灰度信息计算图像间的相似度，相似度最接近的两个窗口的中心点被标记为同名像点，再通过同名像点解算空间变换模型参数，最后实现不同影像的配准。该方法的关键在于相似度量函数的选择，直接影响配准的稳定性和精度，常用的相似度量函数有序列相似性检测算法（sequential similarity detection algorithm，SSDA）、交互信息相似性（mutual information，MI）度量函数、归一化交叉相关相似性（normalized cross correlation，NCC）度量函数等。SSDA 方法利用残差和来测度基准图像 R 和待配准图像 S 在区域 T 内像元的相似性，计算公式如下：

$$\text{SSDA}(i,j) = \sum\sum |T(x,y) - S(x-i, y-j)| \tag{2-11}$$

NCC 方法通过搜索影像间的最大相关系数确定基准图像 R 在待配准图像 S 中的位置，那么 R 中的点 P_r 与 S 中的点 P_s 的归一化交叉相关系数为

$$\text{NCC}(P_r, P_s) = \frac{\sum\limits_{(i,j)\in T_t^n} (I_{P_r}(i,j) - \bar{I}_{P_r})(I_{P_s}(i,j) - \bar{I}_{P_s})}{\sqrt{\sum\limits_{(i,j)\in T_t^n} (I_{P_r}(i,j) - \bar{I}_{P_r})^2 (I_{P_s}(i,j) - \bar{I}_{P_s})^2}} \tag{2-12}$$

式中，T_t^n 是以点 P_r 或 P_s 为中心、n 为边长的给定窗口；$\bar{I}$ 为窗口内像素平均值。

MI 利用两个变量的联合概率分布与独立概率分布的广义距离描述两个变量间的统计相关性，可以表示两个随机变量之间的依赖程度和相似性，MI 的计算公式如下：

$$I(X,Y) = \sum_{y\in Y}\sum_{x\in X} p(x,y) \log \frac{p(x,y)}{f(x)g(y)} \tag{2-13}$$

式中，$p(x,y)$ 为随机变量 X 和 Y 联合概率密度函数；$f(x)$ 和 $g(y)$ 分别为 X 和 Y 的独立概率密度函数。

基于灰度的配准方法更适用于同源影像间的配准。而对于多源遥感影像，由于光谱、辐射、空间分辨率的差异性不一，通用配准技术的精度还不足。

2. 基于特征的配准

基于特征的配准方法主要是指通过计算、分析影像间的几何特征相似性来实现影像配准。遥感影像的几何特征主要包括形状特征、纹理特征、结构特征等。基于特征的配准方法匹配效率高，可以有效减小配准过程的噪声，具有较好的鲁棒性和适应性，因此得到广泛应用。

基于特征点控制的匹配是当前遥感影像配准中最常用的方法，其特征检测算法包括 Moravec、Harris 和尺度不变特征转换（scale-invariant feature transform，SIFT）等。针对影像中具有显著轮廓特征的地物，如海岸线、道路等线状要素，还可以利用线特征进行配准，线特征的提取算法包括 Sobel、Canny 和 Hough 等。针对斑块面积较大的地物，如湖泊、森林、城区，可以提取影像的面特征，进而利用面特征控制影像匹配过程。

Moravec 特征点检测算法主要有以下步骤：

（1）利用与邻近窗口的差平方和计算像素的兴趣值，计算公式如下：

$$V = \sum_{i=1}^{n}(A_i - B_i)^2 \qquad (2\text{-}14)$$

式中，n 为窗口内的像元数，窗口 B 为窗口 A 的邻近窗口。取 V 的最小值为像素的兴趣值 CRF=min（V_1, V_2, $\cdots$, V_8）。

（2）利用经验阈值过滤兴趣值较小的角点，进而筛选出候选点。

（3）在一定大小的窗口内，将兴趣值 CRF 极大值的待选点作为特征点。

Harris 算法是图像处理中常用的角点提取方法之一，它通过计算窗口梯度均值，筛选特征点，具有良好的仿射不变性。Harris 检测算法分为以下三步：

（1）将局部窗口移动 (u,v)，计算窗口内部的像素值变化量 $E(u,v)$：

$$E(u,v) = \sum_{x,y} w(x,y) \times [I(x+u,y+u) - I(x,y)]^2 \qquad (2\text{-}15)$$

式中，$w(x,y)$ 为窗口函数；$I(x,y)$ 为局部窗口的像素值。

（2）利用泰勒公式，$E(u,v)$ 可变换为

$$E(u,v) \approx [u,v]M\begin{bmatrix} u \\ v \end{bmatrix} \qquad (2\text{-}16)$$

其中 M 矩阵为

$$M = R^{-1}\begin{bmatrix} \lambda_1 & 0 \\ 0 & \lambda_2 \end{bmatrix} R \qquad (2\text{-}17)$$

式中，λ_1 和 λ_2 为正交方向的变化特征；R 为旋转因子。

（3）当两个特征值都较大时，说明图像窗口在移动方向上发生了显著变化，此时像素点为角点。Harris 算子还可用于边缘线状特征点和面状特征点的提取，当特征值均较小时，像素点位于面；当一个特征值远大于另一特征值时为线状特征点。

SIFT 算法是图像处理领域中的一种描述和检测局部特征的算法，通过提取影像的局部特征，将原始影像压缩为特征点和特征向量的集合，进而获取关键点，实现图像配准。该算法可分为以下步骤：

（1）利用高斯核构建尺度空间。设 $I(x,y)$ 是原始影像，$G(x,y,\sigma)$ 是尺度空间可变的高斯函数，则一个图像的尺度空间 L 可表示为

$$L(x,y,\sigma) = G(x,y,\sigma) * I(x,y) \qquad (2\text{-}18)$$

式中，$*$ 为卷积运算；σ 为尺度空间的大小，通过连续的尺度空间变换，得到高斯金字塔。

（2）定位极值点。高斯差分（difference of Gaussian，DoG）可以在尺度空间中找到稳定不变的极值点，DoG 函数定义为

$$D(x,y,\sigma) = L(x,y,k\sigma) - L(x,y,\sigma) \qquad (2\text{-}19)$$

式中，$k\sigma$ 和 σ 为连续两个影像的平滑尺度。每个像素和其周围的 26 个相邻点比较，若为最值则为极值点。

（3）去除低对比度点和边缘点。

（4）利用特征点领域像素的梯度来确定其方向参数，然后利用图像的梯度直方图求取关键点局部结构的稳定方向。

（5）构建关键点描述子。

利用获取的配准控制点，求取构建的空间变换模型参数，然后利用该模型进行空间变换，将待配准影像匹配到基准影像上。常用的空间变换模型包括刚体变换、仿射变换、透视变换、非线性变换。刚体变换仅进行图像平移和旋转，在此基础上仿射变换增加了缩放变换，透视变换进一步进行了倾斜投影，非线性变换针对局部变形而进行非线性变换。

2.3　多时相 SAR 影像预处理方法

2.3.1　多时相 SAR 影像配准

SAR 影像配准是指通过同名像素点使覆盖同一个地区的两幅雷达影像在空间位置上实现重叠，其核心思想是通过计算构成一个干涉对的两幅影像同名点的坐标映射关系，将辅影像按照计算得到的映射关系采样为与主影像相同的像素格网，从而使两幅影像的同名点对应于地面同一分辨单元。影像配准的精度直接影响着多时相 SAR 影像变化检测、干涉图条纹质量。就 InSAR 处理而言，为得到清晰的干涉条纹，应将主、辅影像配准精度控制在 1/8 像元以内（Prati et al.，1994；Franceschetti and Lanari，1999）。

SAR 影像配准一般包括粗配准和精配准两个阶段。粗配准是利用卫星的轨道数据或少量特征点计算辅影像相对于主影像在方位向和距离向的偏移量的过程（Hanssen，2001；王超等，2002）。粗配准并不能解决两影像间的旋转、畸变等问题，故需要进行精配准以达到雷达干涉的精度需求。精配准是指选取均匀分布的控制点，按照相似性法则从辅影像中找到同名点的精确位置，建立坐标映射关系，然后对辅影像进行坐标变换和像元值的插值重采样，将辅影像采样为与主影像相同的像素格网的过程（Hanssen，2001；王超等，2002）。

SAR 影像的精配准方法主要可以分为两类：一类是基于影像相位信息的配准方法，如相干系数法（Prati et al.，1994）、最大频谱法（Gabriel and Goldstein，1988）、相位差影像平均波动函数法等（Lin et al.，1992）；另一类是基于幅度信息的配准方法，如基于幅度影像的相关系数方法等（Ferrett et al.，2000）。其中，相干系数法因其能处理含有较大噪声影像的配准问题较为常用，相干系数越大，表示两幅影像的匹配度越高。在进行重采样插值时，为保证精度，需对实部和虚部分别进行内插。常用的重采样的方法主要有最近邻法、双线性插值法、立方体卷积插值法、有限长 sinc 函数法。理论上 sinc函数几乎没有信息量的损失，是最理想的插值函数（Parker et al.，1983）。

2.3.2　多时相 SAR 辐射校正

多时相 SAR 影像的处理与应用分析之前，首先需对影像进行辐射定标、多视、滤波、地形辐射校正、热噪声去除等预处理，使像元值能够客观表征地表的散射特征，而且在时间维上更具可比性。

辐射定标的目的是将 SAR 影像像元值转换为雷达后向散射系数。以 Sentinel-1 卫星影像为例，该数据的辐射定标公式为

$$value(i) = \frac{|DN_i|^2}{A_i^2} \qquad (2\text{-}20)$$

式中，Level-1 产品支持 value（i）的四种类型值 Sigma（i）、Beta（i）、Gamma（i）和 OriginalDN$_i$；A_i 为其对应的四种转换因子；DN$_i$ 为像元的强度值，转换参数在数据文件和注释文件中可以查询。

辐射定标后利用式（2-21）将后向散射系数单位转换为 dB（Laur et al.，2004）：

$$\sigma^0[dB] = 10 * \log \sigma^0 \qquad (2\text{-}21)$$

SAR 影像的单视复数数据（single look complex，SLC）是原始的最高分辨率数据，但单个像元雷达回波信号的相干叠加，使单视影像存在较多的相干斑噪声。相干斑噪声是 SAR 图像的固有特点，多视处理通过方位向和距离向的平均处理，抑制了 SAR 影像的相干斑噪声，但降低了像元的空间分辨率。为避免地理编码处理中的过采样或欠采样，多视处理后距离向像素间距和方位向像素间距应保持相似。以距离向像素间距为 2.3 m，方位向像素间距为 14.1 m，以入射角为 38°的 Sentinel-1 SLC 数据为例，该数据方位向与距离向的多视比常为 1∶5。

减小 SAR 影像噪声的处理方法不仅有多视处理，还有滤波处理。常采用中值、均值、Lee、Frost、Gamma 等滤波器对局部窗口进行滤波处理，以减小 SAR 图像相干斑噪声（Lee，1981；杜培军，2002）。

地形变化不仅会影响地面目标在影像中的位置，而且会改变雷达回波信号的强度。地形变化引起的回波误差引入相干矩阵和协方差矩阵后，会进一步影响极化 SAR 影像的分类以及地表参数的定量反演。因此，地形辐射校正的目的是去除地形变化引起的辐射偏差（Small，2011）。

SAR 成像系统由于主动成像机制，发射机在发射微波信号时会产生大量的热量，进而影响雷达回波信号的精度，因此可以通过已知的热噪声标定信息去除热噪声影响，进而抑制 SAR 成像系统自带的热噪声（Freeman，1992）。

2.4　多源遥感影像时空融合

遥感影像的时间分辨率与空间分辨率是充分挖掘地物特征的关键所在。然而，由于卫星传感器在时间与空间分辨率之间的互斥性，具有高空间分辨率影像获取能力的卫星往往时间分辨率较低，而具有高时间分辨率的卫星遥感影像空间分辨率常常较低。典型的光学卫星遥感影像时空分辨率对比见表 2-1。因此，如何融合两种类型的影像，充分利用高空间分辨率与高时间分辨率的互补信息，是拓展基于多时相和长时间序列遥感影像应用的关键问题。

表 2-1　典型光学卫星遥感影像的时间分辨率与空间分辨率对比

卫星/传感器	波谱类型	空间分辨率/m	时间分辨率/天	获取方式
QuickBird	全色/多光谱	0.61/2.44	>30（不侧摆）	商业订购
IKONOS	全色/多光谱	1/4	>30（不侧摆）	商业订购
GF-1	全色/多光谱	2/8	41（不侧摆）	商业订购
GF-2	全色/多光谱	1/4	69（不侧摆）	商业订购
AVHRR	多光谱	1100	0.5	免费获取
MODIS	多光谱	250/500/1000	1	免费获取
Landsat 5/7/8/9	全色/多光谱	15/30	16	免费获取
Sentinel-2	多光谱	10/20/60	10	免费获取
ZY3-02	全色/多光谱	2.1/5.8	59（不侧摆）	商业订购
WorldView 3	全色/多光谱	0.31/1.24	>30（不侧摆）	商业订购
SPOT 6/7	全色/多光谱	1.5/6	26	商业订购
PlanetScope	多光谱	3	1	商业订购
GeoEye-1	全色/多光谱	0.41/1.65	>30（不侧摆）	商业订购

2.4.1　时空融合概念

遥感影像时空融合的基本思想是利用已知时刻的高空间分辨率、低时间分辨率影像（如 T_1 和 T_3 时刻的 Landsat 影像）与高时间分辨率、低空间分辨率影像（如 T_1 – T_4 时刻的 MODIS 影像）进行操作，利用一定的方法和模型将二者的信息进行计算与融合，进而预测未知时刻的高空间分辨率影像（图 2-2）（黄波和赵涌泉，2017）。根据融合模型的不同，可以将时空融合方法大体分为三类：基于变换模型的时空融合、基于学习模型的时空融合和基于重建模型的时空融合（刘建波等，2016）。

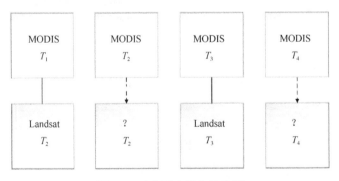

图 2-2　时空融合概念示意图

2.4.2　基于变换模型的时空融合

基于变换模型的时空融合方法以数据变换为基础，对变换后的遥感影像进行信息筛选和整合，再经过逆变换获得未知时刻的高空间分辨率数据。小波变换是这类时空融合方法中最常用的变换模型之一。Malenovský 等（2007）利用基于小波变换的时空融合方法实现了 MODIS 和 Landsat 影像的时空融合：通过对 MODIS 和 Landsat 影像重采样后进行小波变换，融合 MODIS 影像的低频信息和 Landsat 影像的高频信息，融合结果保留了 MODIS 影像的主要特征和 Landsat 影像的细节信息，分别提升了各自的空间分辨率和时间分辨率，有效地应用于多时相影像的定性和定量分析研究。尽管如此，这类方法通常重采样至多源影像折中的空间分辨率，因此融合结果没有充分利用高空间分辨率影像的空间信息，并且变换过程后的融合是利用影像的纹理特征而非原始信息，地物发生明显变化的像元融合结果与真实情况存在较大差异。

2.4.3　基于学习模型的时空融合

基于学习模型的时空融合方法以压缩感知和稀疏表达为基础。通过对高低空间分辨率遥感影像的联合训练，获得各自对应的字典，利用字典信息寻找两种分辨率影像间的相似性，通过这种相似性模型增强预测时刻影像的空间分辨率（Huang and Song，2012）。Zeyde 等（2010）利用 K-SVD 算法对低空间分辨率遥感影像字典进行训练，结合高空间分辨率影像样本及其对应的低空间分辨率影像字典预测高空间分辨率影像字典，实现影像空间分辨率的提升。Song 和 Huang（2012）进一步提出了基于图像对学习的时空融合方法。它结合先验数据与稀疏表达方法对原始低空间分辨率影像进行超分辨率重建，再将高空间分辨率影像与重建后的低空间分辨率影像进行高通滤波后融合，通过双层时空融合过程，充分考虑不同空间分辨率数据在时间上的变化（物候变化或土地覆盖变化），从而显著提升了融合效果。

2.4.4　基于重建模型的时空融合

基于重建模型的时空融合方法的理论基础是像元分解。根据地物的时相变化模型具有空间尺度不变性，对已知时相和待预测时相的低空间分辨率影像进行像元分解，建立时相变化模型，将该模型应用于已知时相的高空间分辨率影像，获得未知时相的高空间分辨率影像，这种时空融合模型的表达如下：

$$M(x_i, y_i, t_k) = \omega[M(x_i, y_i, t_0), S(t_0, t_k)] \tag{2-22}$$

式中，ω 为时间变换映射函数；$S(t_0, t_k)$ 为从已知和待预测时间的低空间分辨率中获得的时相变化模型参数。基于地物在时相变化模型中具有尺度不变性，通过低空间分辨率影像得到的时相变化模型可以应用于与高空间分辨率之间的时相变换。基于重建模型的时空融合方法是目前应用最广泛的时空融合方法，在地表反射率（Emelyanova et al.，2013）、地表温度（Yang et al.，2016）、地表蒸散发（Wang et al.，2019）、植被指数（Wang et al.，2020，2021）等时序数据的制备，植被与作物的物候与长势监测等领域具有广泛应用。常用的方法包括时空自适应反射率融合模型（spatial and temporal adaptive reflectance fusion model，STARFM）（Gao et al.，2006）、改进型时空自适应反射融合模型（enhanced spatial and temporal adaptive reflectance fusion model，ESTARFM）（Zhu et al.，2010）和灵活时空数据融合模型（flexible spatiotemporal data fusion model，FSDAF）（Liu et al.，2019）等。

2.4.5 新型高分辨率时空融合算法介绍

随着目前如 Planet 系列立方体小卫星群的组建和运行，逐日高分辨率卫星影像获取成为现实，极大地拓展了遥感对地观测在全球地表信息监测方面的应用。然而，由于 Planet 影像通常由搭载不同类型传感器的立方星获取，它们的波段信息往往具有一定差异，难以利用这些影像构建连续时间序列数据集加以有效利用，需要发展新的融合方法。

1. CESTEM 融合方法

为了解决高分辨率立方星影像一致性的问题，Houborg 和 McCabe（2018）提出了一种基于学习模型的时空融合方法——CESTEM 融合方法（图 2-3）。该方法以 Cubist 算法为基础，学习超高分辨率逐日 Planet 与 Landsat 影像的映射关系。Cubist 模型构建是 CESTEM 融合方法的核心内容，在 Planet 与 Landsat 影像中选取对应的关联数据作为模型的输入与输出数据是保证模型准确性的重要步骤。由于 MODIS 产品相比 Planet 影像在时间上具有更高的一致性，并且与 Landsat 影像具有更相似的光谱信息，因此首先利用 MODIS 影像和 Cubist 算法（Planet-MODIS）对 Planet 影像进行校正并生成对应的逐日 PS_{MOD} 影像。将其与同一时间下的 Landsat 影像对比，选取 PS_{MOD} 与 Landsat 光谱差异小于给定差异阈值的像元，分别作为 Cubist 算法（Planet-Landsat）的输入与输出数

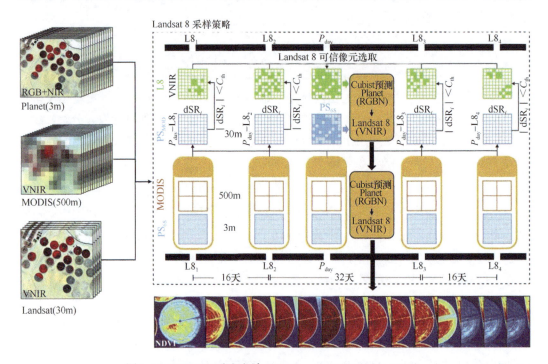

图 2-3　CESTEM 融合方法（Houborg and McCabe，2018）

据，保证一定时间范围内 Planet 与 Landsat 影像对应的光谱信息没有因为影像获取条件改变而发生变化。通过这样的样本选择与训练方法获得的融合模型具有非常高的准确性和泛化能力。最后将该模型应用于 Planet 数据，获得与 Landsat 影像（VNIR）光谱信息一致的高连续性逐日 3m 分辨率时间序列遥感影像数据。这种基于 Planet、Landsat 和 MODIS 获得的高时空分辨率时间序列遥感产品，能够在未来全球多种时间和空间尺度的监测与分析中得到长足的应用（Roy and Yan，2020；Gao et al.，2020）。

2. 基于 STAIR 的 MODIS-Landsat-CubeSat 融合方法

随着立方星组网的增强及其遥感数据的积累，Planet 影像的应用愈加广泛。在 CESTEM 融合方法提出之后，Kimm 等（2020）在生产超高时空分辨率的叶面积指数产品过程中提出了一种新的高分辨率时空融合方法（图 2-4）：基于 STAIR 的 MODIS-Landsat-CubeSat（STAIR-MLC）融合方法。与 CESTEM 方法中建立 Planet 与 Landsat 影像映射关系的核心思想不同，STAIR-MLC 是一种基于变换的时空融合方法。STAIR-MLC 首先通过 STAIR 算法，利用时间和空间线性插值手段，实现了 MODIS 和 Landsat 影像的融合，获得逐日 30m 空间分辨率时间序列遥感数据（Luo et al.，2018）；再结合融合后的 MODIS-Landsat STAIR 数据和 Planet 影像进行变换，消除 Planet 数据中不同传感器影像的差异性，获得高时空分辨率和一致性的时间序列遥感影像，这也是 STAIR-MLC 的核心步骤：①通过 MODIS-Landsat STAIR 融合数据掩膜 Planet 影像的云等噪声信息；②通过累积分布函数（CDF）变换与逆变换，在保持影像空间特征的情况下，实现多传感器的 Planet 影像的光谱校正；③利用线性插值方法对云等噪声信息的掩膜进行插值。通过上述时空融合方法，最终获得了高时空一致性的逐日 3m 时间序列 Planet 影像。这种方法在全球近实时地表覆盖与变化监测、全球高分辨率地表定量遥感产品制备等方面得到了广泛的应用（Liu et al.，2021；Peng et al.，2020；Sun et al.，2021）。

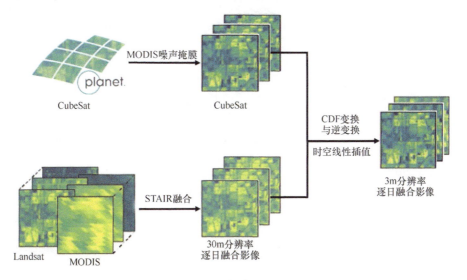

图 2-4　STAIR-MLC 融合算法（Kimm et al.，2020）

2.4.6　时空融合实例

本节利用经典的 ESTARFM 算法，对 MODIS（16 天 250m）与 Landsat（32 天 30m）的增强型植被指数（enhanced vegetation index，EVI）影像进行融合，获取了南京市高时空分辨率(16 天 30m)时间序列 EVI 数据集。图 2-5 列举了南京市几个地区 MODIS EVI 与融合后 EVI 的对比图，可以看出，融合后的 EVI 影像地物轮廓与 MODIS EVI 一致，空间分辨率与影像质量显著提升，混合像元大幅减小，细节清晰，地物间具有明确的分界线，从而更易于识别与辨认。对于时空融合效果的判断，目前也已发展一些评价方法，如利用均方根误差、相关系数、平均绝对误差、结构相似性等，从不同角度定量评价时空融合质量（Zhu et al.，2022）。

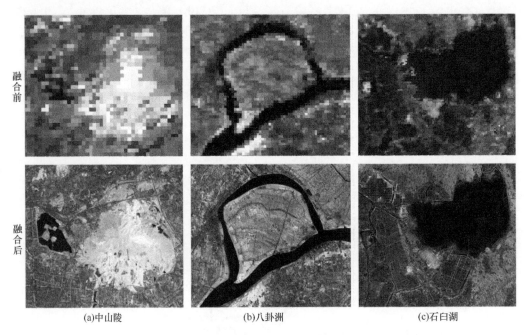

(a)中山陵　　　　　　　　(b)八卦洲　　　　　　　　(c)石臼湖

图 2-5　南京市部分地区 MODIS EVI 与融合后 EVI 的对比图

参 考 文 献

郝建亭, 杨武年, 李玉霞, 等. 2008. 基于 FLAASH 的多光谱影像大气校正应用研究. 遥感信息, (1): 78-81.

黄波, 赵涌泉. 2017. 多源卫星遥感影像时空融合研究的现状及展望. 测绘学报, 46(10): 1492-1499.

李德仁, 郑肇葆. 1992. 解析摄影测量学. 北京: 测绘出版社.

刘建波, 马勇, 武易天, 等. 2016. 遥感高时空融合方法的研究进展及应用现状. 遥感学报, 20(5): 1038-1049.

栾庆祖, 刘慧平, 肖志强. 2007. 遥感影像的正射校正方法比较. 遥感技术与应用, (6): 743-747, 674.

眭海刚, 冯文卿, 李文卓, 等. 2018. 多时相遥感影像变化检测方法综述. 武汉大学学报(信息科学版), 43(12): 1885-1898.

佟国峰, 李勇, 丁伟利, 等. 2015. 遥感影像变化检测算法综述. 中国图象图形学报, 20(12): 1561-1571.

王超, 张红, 刘智. 2002. 星载合成孔径雷达干涉测量. 北京: 科学出版社.

张永生, 巩丹超. 2004. 高分辨率遥感卫星应用. 北京: 科学出版社.

郑伟, 曾志远. 2004. 遥感图像大气校正方法综述. 遥感信息, (4): 66-70.

Emelyanova I V, McVicar T R, van Niel T G, et al. 2013. Assessing the accuracy of blending Landsat-MODIS surface reflectances in two landscapes with contrasting spatial and temporal dynamics: a framework for algorithm selection. Remote Sensing of Environment, 133: 193-209.

Ferretti A, Prati C. 2000. Nonlinear subsidence rate estimation using permanent scatterers in differential SAR interferometry. IEEE Transactions on Geoscience and Remote Sensing, 38(5): 2202-2212.

Franceschetti G, Lanari. 1999. Synthetic Aperture Radar Processing. CRC Press.

Freeman A. 1992. SAR calibration: an overview. IEEE Transactions on Geoscience and Remote Sensing, 30(6): 1107-1121.

Frost V S, Stiles J A, Shanmugan K S, Holtzman J C. 1982. A Model for Radar Images and Its Application to Adaptive Digital Filtering of Multiplicative Noise. IEEE Transactions on Pattern Analysis and Machine Intelligence, PAMI-4(2): 157-166.

Gao F, Anderson M, Daughtry C, et al. 2020. A within-season approach for detecting early growth stages in corn and soybean using high temporal and spatial resolution imagery. Remote Sensing of Environment, 242: 111752.

Gao F, Masek J, Schwaller M, et al. 2006. On the blending of the Landsat and MODIS surface reflectance: predicting daily Landsat surface reflectance. IEEE Transactions on Geoscience and Remote Sensing, 44(8): 2207-2218.

Gabriel A K, Goldstein R M. 1988. Crossed orbit interferometry theory and experimental results from SIR-B. International Journal of Remote Sensing, 9(8): 857-872.

Hanssen R F. 2001. Radar interferometry: data interpretation and error analysis. Springer Science and Business Media.

Hattori S, Ono T, Fraser C, et al. 2000. Orientation of high-resolution satellite images based on affine projection. International Archives of Photogrammetry and Remote Sensing, 33(B3/1; PART 3): 359-366.

Houborg R, McCabe M F. 2018. A cubesat enabled spatio-temporal enhancement method(CESTEM)utilizing Planet, Landsat and MODIS data. Remote Sensing of Environment, 209: 211-226.

Huang B, Song H. 2012. Spatiotemporal reflectance fusion via sparse representation. IEEE Transactions on Geoscience and Remote Sensing, 50(10): 3707-3716.

Kimm H, Guan K, Jiang C, et al. 2020. Deriving high-spatiotemporal-resolution leaf area index for agroecosystems in the US Corn Belt using Planet Labs CubeSat and STAIR fusion data. Remote Sensing of Environment, 239: 111615.

Laur H, Bally P, Meadows P, et al. 2004. Derivation of the backscattering coefficient in ESA ERS SAR PRI products[J]. Calibration/Validation Document, (2).

Lee J S. 1980. Digital Image Enhancement and Noise Filtering by Use of Local Statistics. IEEE Transactions on Pattern Analysis and Machine Intelligence, PAMI-2(2): 165-168.

Lin Q, Vesecky J F, Zebker H A. 1992. New approaches in interferometric SAR date processing. IEEE Transactions on Geoscience and Remote Sensing, 30(3): 560-567.

Liu H, Gong P, Wang J, et al. 2021. Production of global daily seamless data cubes and quantification of global land cover change from 1985 to 2020-iMap World 1.0. Remote Sensing of Environment, 258: 112364.

Liu M, Yang W, Zhu X, et al. 2019. An Improved Flexible Spatiotemporal DAta Fusion(IFSDAF)method for producing high spatiotemporal resolution normalized difference vegetation index time series. Remote Sensing of Environment, 227: 74-89.

Luo Y, Guan K, Peng J. 2018. STAIR: A generic and fully-automated method to fuse multiple sources of optical satellite data to generate a high-resolution, daily and cloud-/gap-free surface reflectance product. Remote Sensing of Environment, 214: 87-99.

Lopes A, Touzi R, Nezry E. 1990. Adaptive speckle filters and scene heterogeneity. IEEE Transactions on

Geoscience and Remote Sensing, 28(6): 992-1000.

Malenovský Z, Bartholomeus H M, Acerbi-Junior F W, et al. 2007. Scaling dimensions in spectroscopy of soil and vegetation. International Journal of Applied Earth Observation and Geoinformation, 9(2): 137-164.

Paolini L, Grings F, Sobrino J A, et al. 2006. Radiometric correction effects in Landsat multi-date/multi-sensor change detection studies. International Journal of Remote Sensing, 27(3/4): 685-704.

Parker J A, Kenyon R V, Troxel D E. 1983 Comparison of interpolating methods for image resampling. IEEE Transactions on medical imaging, 2(1): 31-39.

Peng B, Guan K, Tang J, et al. 2020. Towards a multiscale crop modelling framework for climate change adaptation assessment. Nature Plants, 6(4): 338-348.

Prati C, Rocca F, Guarnieri A M, et al. 1994. Report on ERS-1 SAR interferometric techniques and applications. ESA Contract, (3-7439): 92.

Roy D P, Yan L. 2020. Robust Landsat-based crop time series modelling. Remote Sensing of Environment, 238: 110810.

Small D. 2011. Flattening Gamma: Radiometric Terrain Correction for SAR Imagery. IEEE Transactions on Geoscience and Remote Sensing, 49(8): 3081-3093.

Song H, Huang B. 2012. Spatiotemporal satellite image fusion through one-pair image learning. IEEE Transactions on Geoscience and Remote Sensing, 51(4): 1883-1896.

Sun L, Gao F, Xie D, et al. 2021. Reconstructing daily 30 m NDVI over complex agricultural landscapes using a crop reference curve approach. Remote Sensing of Environment, 253: 112156.

Wang T, Tang R, Li Z L, et al. 2019. An improved spatio-temporal adaptive data fusion algorithm for evapotranspiration mapping. Remote Sensing, 11(7): 761.

Wang X, Du P, Chen D, et al. 2020. Characterizing urbanization-induced land surface phenology change from time-series remotely sensed images at fine spatio-temporal scale: a case study in Nanjing, China(2001-2018). Journal of Cleaner Production, 274: 122487.

Wang Y, Luo X, Wang Q. 2021. A boundary finding-based spatiotemporal fusion model for vegetation index. International Journal of Remote Sensing, 42(21): 8236-8261.

Yang G, Weng Q, Pu R, et al. 2016. Evaluation of ASTER-like daily land surface temperature by fusing ASTER and MODIS data during the HiWATER-MUSOEXE. Remote Sensing, 8(1): 75.

Zeyde R, Elad M, Protter M. 2010. On single image scale-up using sparse-representations//International Conference on Curves and Surfaces. Berlin, Heidelberg: Springer: 711-730.

Zhu X, Chen J, Gao F, et al. 2010. An enhanced spatial and temporal adaptive reflectance fusion model for complex heterogeneous regions. Remote Sensing of Environment, 114(11): 2610-2623.

Zhu X, Zhan W, Zhou J, et al. 2022. A novel framework to assess all-round performances of spatiotemporal fusion models. Remote Sensing of Environment, 274: 113002.

第3章　多时相遥感影像变化检测

多时相遥感影像地表变化分析通常包括两种策略：分类后比较和直接变化检测。分类后比较是对多时相遥感影像进行分类，然后逐像元比较两个时相的类别信息，这样既可以确定变化像元，又可以确定变化的详细类别。这种方法需要两个时相都选择训练样本并进行分类，某一时相的分类误差会直接影响变化检测的结果。直接变化检测则是对经过几何、辐射预处理后的多时相影像进行数学运算或机器学习，按照一定的决策规则确定发生变化的像元或区域，有时也能够提供变化的类别转换。

变化检测是多时相遥感影像分析中应用最为广泛的处理与任务，广泛应用于土地利用/覆盖变化、城市扩展、植被演变、灾害监测等领域。早期的变化检测主要是针对单波段或多波段遥感影像逐像元进行处理，通过差值、比值等数学运算和阈值分割，确定两个时相的变化像元和不变像元。随着遥感图像处理单元的演进，变化检测也经历了从像元级到亚像元级、对象级和场景级变化检测的发展，采用的算法也从非监督方法逐渐向监督学习、半监督学习和自监督学习等发展。近年来，深度学习理论与方法在变化检测中也得到了广泛的应用，并推动变化检测从变与不变的二值检测向变化描述、变化解释拓展。

3.1　变化检测基本概念与方法演进

变化检测（change detection）是指从同一区域具有统一空间参考的多时相遥感影像中发现地表变化信息的方法。作为变化检测输入的多时相遥感影像，首先需要进行几何配准、辐射校正，以保证空间参考统一和辐射信息可比较。图 3-1 为变化检测的基本操作过程。

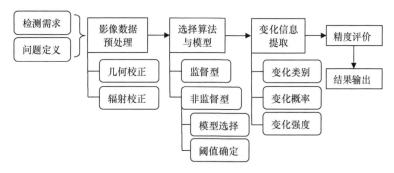

图 3-1　变化检测的基本操作过程

早期变化检测用于处理不同时相、同一传感器获取的遥感图像，如同一传感器不同时相的全色影像、某一波段或多个波段的多光谱影像，图像空间分辨率一致、光谱范围相同，可以降低几何配准、辐射校正对检测精度的影响。随着多传感器数据的积累和实际应用需求的深化，多传感器遥感图像变化检测的研究快速发展，如 SPOT、Landsat 或 Sentinel 等中分辨率多传感器，或高分一号、二号及 IKONOS 等高分辨率多传感器数据被使用，在具体变化检测中往往选择不同传感器对应的波段以保证其可比性，几何配准和辐射归一化在其中发挥着重要作用。在灾害监测等领域，往往需要对不同时相的光学和 SAR 图像进行变化检测，由于两种数据的观测量物理意义不同，因此需要采取新的处理策略，如引入某一时间的光学或 SAR 图像作为辅助，或者将纹理统计量等空间特征作为检测判据。此外，对矢量数据和遥感图像的变化检测在一些业务工作中也具有重要的意义，如国土调查、地理国情普查等获取的矢量图斑和遥感图像的变化检测，既可以通过对矢量图斑中的像元物理特性进行统计判断图斑是否发生变化，也可以引入普查数据对应的遥感影像与目标影像进行处理并在图斑约束下判断变化情况，或者利用面向对象的图像处理策略，对遥感图像分割后的均质对象与矢量图斑进行比较，以确定图斑的变化情况。

在变化检测中，首先需要确定的是作为运算依据的输入特征量，这样既可以采用原始单波段影像的灰度值或反射率、多波段影像的光谱向量，也可以采用由原始影像计算的各种特征如纹理统计量、植被指数等，或者原始多光谱影像经过主成分分析、KT 变换等得到的特征分量，以及 SAR 图像经过极化分解、干涉处理等后得到的特征。从采用原始观测量到多种特征综合应用是变化检测输入判据的发展方向，各种派生特征可以增强特定地物要素的信息，突出感兴趣的变化，考虑邻域信息的纹理特征和空间特征等则能够使得变化检测的结果更符合地表要素分布的特点。

变化检测的算法也已形成了无监督、监督、自监督、半监督不同学习策略的方法体系。早期像元级波段代数运算、变化向量分析结合阈值分割的无监督变化检测方法是主流，选择特定变化方向对应类别的像元作为训练样本，监督学习方法能够在检测变化像元的同时确定其变化类别，近年来快速发展的深度学习变化检测模型是监督型变化检测的代表性方法。另外，针对监督和非监督学习的特点，将二者结合形成自监督或半监督的变化检测，通过非监督初检测确定变化与不变像元，自动选择训练样本并进一步开展监督型变化检测，也成为一种有效的检测模式。

随着遥感图像处理单元的演进，变化检测也经历了从像元级到亚像元级、对象级和场景级变化检测的发展。像元级变化检测以遥感图像的基本组成要素像元为操作单元，确定不同时相发生变化的像元，根据采用的算法模型还可以确定变化的类别等信息，但难以发现像元内部亚像元级的变化。亚像元级变化检测以混合像元分解、亚像元制图等为基础，确定像元内不同端元的丰度变化。对象级变化检测是针对面向对象的图像分析而提出的，其核心在于以对象为基本的变化检测单元，通过对比均质对象在两个时相内的光谱、空间等特征检测发生变化的对象。对象级变化检测更符合地表要素变化往往是具有区域性、连续性、空间聚集性的特征。场景级变化检测以特定大小的场景图像为变化检测的基本单元，这样既可以检测场景中是否发生变化，还可以描述场景结构、功能等不同变化，虽然场景图像可以用各种初级、中级特征来描述，但总体来看深度神经网络是场景级变化检测的主要算法。场景既可以是规则划分的图像块，也可以是根据道路网等划分的不规则区域，场景级变化检测可以通过不同时相图像场景分类及比较实现，也可以通过多时相场景图像的监督与非监督学习完成。

图 3-2 总结了变化检测方法的发展过程和演化途径。

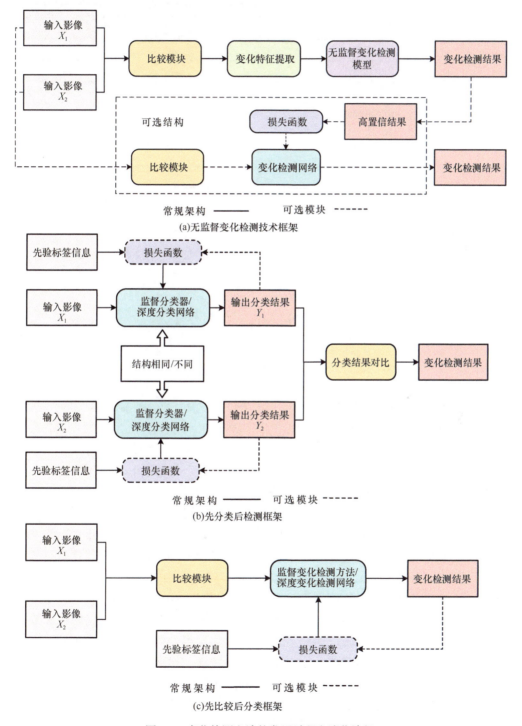

(a)无监督变化检测技术框架

(b)先分类后检测框架

(c)先比较后分类框架

图 3-2　变化检测方法的发展过程和演化途径

表 3-1 列举和归纳了非监督变化检测技术的类别与可应用性。

表 3-1　非监督变化检测技术类别与可应用性

非监督变化检测方法/数据		单波段	多波段	超高维波段
		全色数据、雷达影像、原始多光谱/高光谱某一波段、反映检测目标的特征数据	中低分辨率多光谱数据	高光谱/超高光谱数据
二值检测	图像代数运算 — 差值	√		
	比值	√		
	回归分析	√		
	距离或相似性测度	√		
	图像变换分析		√	√
	图像聚类	√		
多类别检测	变化矢量分析		√	√
	图像变换分析		√	√
	迭代权重多变量变化检测		√	√
	极坐标系多类变化检测		√	√
	图像聚类	√	√	√

3.2　多特征融合的变化检测

3.2.1　基本思路与方法

　　常规多时相遥感影像变化检测主要基于光谱信息，没有充分利用纹理、几何、形状等多种特征信息，不足以体现检测目标的完整性和准确性。随着影像空间分辨率的提高，基于单一光谱特征得到的检测结果往往比较零碎，在地物形状和边缘信息方面产生较大损失，导致检测结果中不确定性的产生。同时，不同特征对于变化检测的贡献和作用不同，如何有效集成多种特征以提高检测精度和保持变化信息的完整性是值得进一步探讨的问题。

　　本节在构建影像特征集的基础上，设计和提出两种基于特征融合的变化检测方案，以突出变化目标表达，提高检测精度，优化检测效果。通过计算多个特征（光谱、空间、纹理等）的相似度指标或隶属度进行集成和判别，有效挖掘和融合多源特征数据的检测优势。利用高分辨率 QuickBird 遥感影像数据进行城市土地覆盖变化检测试验，对比不同特征组合后的检测结果，客观评价该模型的可行性与适用性。

　　研究中构建的特征数据集通过广义的特征提取过程获得，即根据原始影像数据的特点提取不同类型的特征数据，用于进一步的变化检测分析和处理。构建的特征集包括①光谱特征：即原始影像数据；②空间特征：边缘、梯度等；③纹理特征：均值、标准差、均匀性、对比度等纹理统计量；④特征因子数据：归一化植被指数（NDVI）、改进的归一化水体指数（MNDWI）、压缩数据维的建筑用地指数（IBI）、主成分变换（PCA）和独立主分量变换（ICA）获得的分量等。

　　针对不同形式的变化检测应用需求，选择和组合不同的特征数据，以有效提高变化检测的精度，如面向植被变化检测时优先选用 NDVI，面向水体时选用 MNDWI，面向高分辨率影像变化目标检测时选用纹理和空间特征信息组合等。同时，对上述构造的多源特征影像数据集，内部归一化至[0，1]，使得不同特征在后续处理中具有相同的地位和合适的权重比例，避免数据的不稳定性和不一致性。

　　针对具体的应用目的和融合的形式，提出两种主要的信息融合模型用于变化检测过程，分别为：①特征压缩融合的一维特征空间变化检测，适用于快速变化信息定位的检测，如灾害快速响应、大范围区域内变化探测等；②多维特征空间变化检测，适用于以较高检测精度、目标准确性和完整性为目的的检测。基于特征融合的变化检测方法的具体流程图如图 3-3 所示。

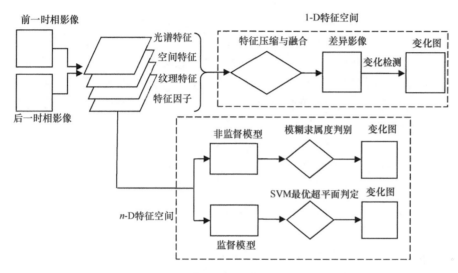

图 3-3　基于特征融合的变化检测方法流程

3.2.2　多特征提取与融合

1. 一维特征空间变化检测

　　将构造的多源特征影像数据归一化后，叠加组合构成一个 N 维的特征向量 Q_N^T，$Q_N^T = \{Q_1, Q_2, Q_3, \cdots, Q_n\}$，$T \in \{1, 2\}$ 分别代表前一时相和后一时相。N 维特征中既包括光谱信息，也包括空间、纹理和其他信息。将多维甚至是高维特征空间的信息压缩降维至一维空间，以有效集成不同特征数据反映变化信息的能力，同时减少数据的处理时间，提高检测效率。研究中提出一种利用加权距离相似度来集成和压缩多维特征数据，构造一维特征空间的差异影像的方法，用于变化检测。

　　距离相似度是度量两类样本相似性的主要表现方式之一，包括绝对值距离、欧氏距离、卡方距离等多种形式。虽然经过归一化处理，但在使用多特征数据集时，不同数据还是存在一定程度的量化等级差异。使用绝对值距离和欧氏距离时由于各特征信息为等权处理，没有合理地体现出不同特征构造差异影像和表征变化信息的能力。运用距离运算中的卡方变换（chi square transformation，CST）（卡方距离）（d'Addabbo et al.，2004）可以根据不同特征影像的方差，综合考虑权重值，使得构造出的一维差异影像更加客观和完整。

$$F_{\text{CST}} = \sum_{k=1}^{N}\left(\frac{Q_k^2 - Q_k^1}{\sigma_k^{\text{diff}}}\right)^2, \quad k = 1, 2, \cdots, N \tag{3-1}$$

式中，σ_k^{diff} 为两时相第 k 个特征波段差分影像标准差的值。

对构造出的一维特征差异影像，运用非监督的阈值分割算法 KI,（Bazi et al.，2005）自动阈值确定算法进行二类分割，从而检测出变化与不变化两类信息。

2. 基于模糊融合策略的多维特征空间变化检测

将原始多维特征空间压缩至一维空间，虽然提高了后期检测过程的计算简易度和检测速度，但是在压缩和融合过程中不可避免地会造成变化信息的损失，所以直接对多维特征向量进行变化判别与输出，是有效综合各项特征信息的又一主要途径。分别引入两种多维特征空间的信息融合与变化检测方法，包括非监督的模糊融合策略和监督型的支持向量机集成策略。

不同特征数据对于变化信息的表征能力不同，检测结果也常常存在不一致性，导致检测结果的稳定性降低。模糊集（fuzzy set，FS）理论通过对事件不确定性信息的分析，用[0，1]间的任一值（称为隶属度）来刻画和描述原始事件中具体的元素，这样可以有效实现对数据融合、分类、变化检测等的集成，降低数据间的离散度和不一致性（王桂婷等，2009）。本节将模糊集理论运用于多维特征空间中不同形式变化信息的融合，通过模糊集成来降低不同特征数据对于检测能力的不一致性，最大程度消除差距，对各特征进行优势互补。最后实现隶属度特征的融合并将模糊量输出为确定量。算法的具体实现过程如下。

（1）首先，计算两时相多维特征向量的差值影像 Q_k^D。通过 KI 自动阈值算法确定各特征差异影像上的最优分割阈值 T_k。

（2）根据阈值 T_k 分别计算第 k 个特征差异影像中第 i 行第 j 列像元 $Q_k^D(i,j)$ 属于变化和不变化类型的隶属度 H_c 和 H_u。其中，隶属度函数选择 S 型函数。以变化类为例，具体公式如下：

$$H_c\left(Q_k^D(i,j)\right) = \begin{cases} 0 & , \quad Q_k^D(i,j) < a_k \\ \dfrac{1}{2} \times \left\{\dfrac{Q_k^D(i,j) - a_k}{b_k - a_k}\right\}^2 & , \quad a_k \leqslant Q_k^D(i,j) < b_k \\ 1 - \dfrac{1}{2} \times \left\{\dfrac{Q_k^D(i,j) - c_k}{b_k - c_k}\right\}^2 & , \quad b_k \leqslant Q_k^D(i,j) < c_k \\ 1 & , \quad Q_k^D(i,j) \geqslant c_k \end{cases} \tag{3-2}$$

式中，$c_k = T_k$；参数 a_k 取 $0.8T_k$；$b_k = (a_k + c_k)/2$。由式（3-2）可得不变化类的隶属度为

$$H_u\left(Q_k^D(i,j)\right) = 1 - H_c\left(Q_k^D(i,j)\right) \tag{3-3}$$

（3）根据得到的不同特征的类别隶属度进行模糊加权融合，在此假设各特征属性具有相同的权重 $w_k = \dfrac{1}{N}$，融合后最终隶属度为

$$\begin{cases} H_c^{'}(i,j) = \displaystyle\sum_{k=1}^{N} w_k \times H_c(Q_k^D(i,j)) \\ H_u^{'}(i,j) = \displaystyle\sum_{k=1}^{N} w_k \times H_u(Q_k^D(i,j)) \end{cases} \tag{3-4}$$

（4）判断像元变化与非变化的隶属度大小，根据隶属度最大化原则确定和提取最终的变化区域，变模糊量为确定量进行输出。

$$\text{ChangeMap} = \arg \max_{t \in \{c,u\}} (H_t^{'}) \tag{3-5}$$

3. 基于支持向量机的多维特征集成策略

利用支持向量机（Support Vector Machine，SVM）在二类分类、处理非线性数据和高维特征空间识别中的优势，通过 SVM 训练和二值判别实现多维特征空间的变化检测，以降低非监督方法在数据分布模型估计和判别阈值选取时的不确定性和限制，提高变化检测过程的效率和可靠性。

基于 SVM 的变化检测方法主要包括以下步骤：

（1）提取两时相影像中多源特征数据集。

（2）对叠加构造的高维特征向量进行差分处理，获得高维空间的差异影像。

（3）根据训练样本数据，输入 SVM 分类器直接在高维空间进行二值分类。充分利用 SVM 的判别优势，寻求复杂类别边界条件下变化与不变化信息的最优分割平面，最终实现变化信息的融合与输出。

支持向量机的基本数学形式如下（Vapnik，2000；Melgani and Bruzzone，2004；Camps-Valls and Bruzzone，2005）：

$$\min_{w} \Phi(w,b) = \frac{1}{2}(w \cdot w) \tag{3-6}$$

约束条件：$y_i \lceil w \cdot x_i + b \rceil \geqslant 1, i = 1, \cdots, n$ （3-7）

引入核函数 K 后数据映射到高维的特征空间，此时的优化函数为

$$\max : w(\alpha) = \sum_{i=1}^{n} \alpha_i - \frac{1}{2} \sum_{i,j=1}^{n} \alpha_i \alpha_j y_i y_j K(x_i \cdot x_j) \tag{3-8}$$

约束条件为：$\displaystyle\sum_{i=1}^{n} y_i \alpha_i = 0$，$\alpha_i \geqslant 0, i = 1, \cdots, n$ （3-9）

求解上述问题得到的最优分类函数是

$$f(x) = \text{sgn}[(w \cdot x) + b] = \text{sgn}\left[\sum_{i=1}^{n} \alpha_i^* y_i K(x_i \cdot x) + b^*\right] \tag{3-10}$$

核函数 $K(x_i \cdot x)$ 可以有多种形式。

（1）线性核：$K(x_i, x) = (x_i \cdot x)$；

（2）多项式核：$K(x_i, x) = (x_i \cdot x + 1)^d$，其中 d 是自然数；

（3）RBF 核（Gaussian 径向基核）：$K(x_i, x) = \exp\left[-\dfrac{\|x - x_i\|^2}{\sigma^2}\right]$，$\sigma > 0$；

（4）Sigmoid 核：$K(x_i, x) = S(a(x_i \cdot x) + t)$，$S(\ )$ 为 Sigmoid 函数，a、t 为某些常数。

通常 RBF 核函数优于其他核函数，适应性较强，在不同领域得到较多应用。本书 SVM 二值变化检测和分类过程中，针对影像数据运用二维网格搜索策略自适应选择 RBF 核函数的两个必备参数 C 和 γ，有效进行数据分类与二类信息的识别（Hsu and Lin，2002）。

3.2.3　试验与分析

试验选用江苏省徐州市泉山区某地多时相 QuickBird（QB）2.44m 分辨率的多光谱影像为数据源进行土地覆盖变化检测，影像大小为 400×400 像素，获取时间分别为 2004 年 11 月 26 日和 2005 年 5 月 2 日。经过辐射和几何精校正后，匹配精度控制在 0.4 个像素之内。经实地勘察，在研究时段内该区域土地覆盖变化主要包括两个规则建筑物和其他一些新建建筑用地，图 3-4（a）和图 3-4（b）分别为研究区两时相的真彩色合成影像。在原始数据光谱特征的基础上，分别提取其空间、纹理和特征因子数据（表 3-2），并将其进行内部归一化。

运用提出的方法分别进行特征融合与变化检测。其中，对于监督型的 SVM 方法，根据实地勘察结果和参考变化图生成一组二类训练样本，包括变化（194 个像素）和不变化（390 个像素）2 个类别，用于训练 SVM 二值检测器。同时，对原始影像多波段数据运用常规的变化矢量分析法（CVA）进行检测，以分析和比较不同方法检测的精度和误差。检测结果如图 3-5 所示，图 3-5 中（a）为根据地面实测数据及人工解译得到的参考变化图，图 3-5（b）～图 3-5（e）分别为原始数据 CVA、卡方距离、模糊集理论和 SVM 检测结果。

(a)2004年　　　　　　　　　　　(b)2005年

图 3-4　研究区 2004 年和 2005 年 QuickBird 真彩色合成影像

表 3-2　试验选用的多源特征

多源特征数据	本试验选用特征
光谱特征	原始四波段影像数据
空间特征	Sobel 梯度算子
纹理特征	均值、方差、对比度、相异性（3×3 像素邻域窗口）
特征因子	PC1、PC3

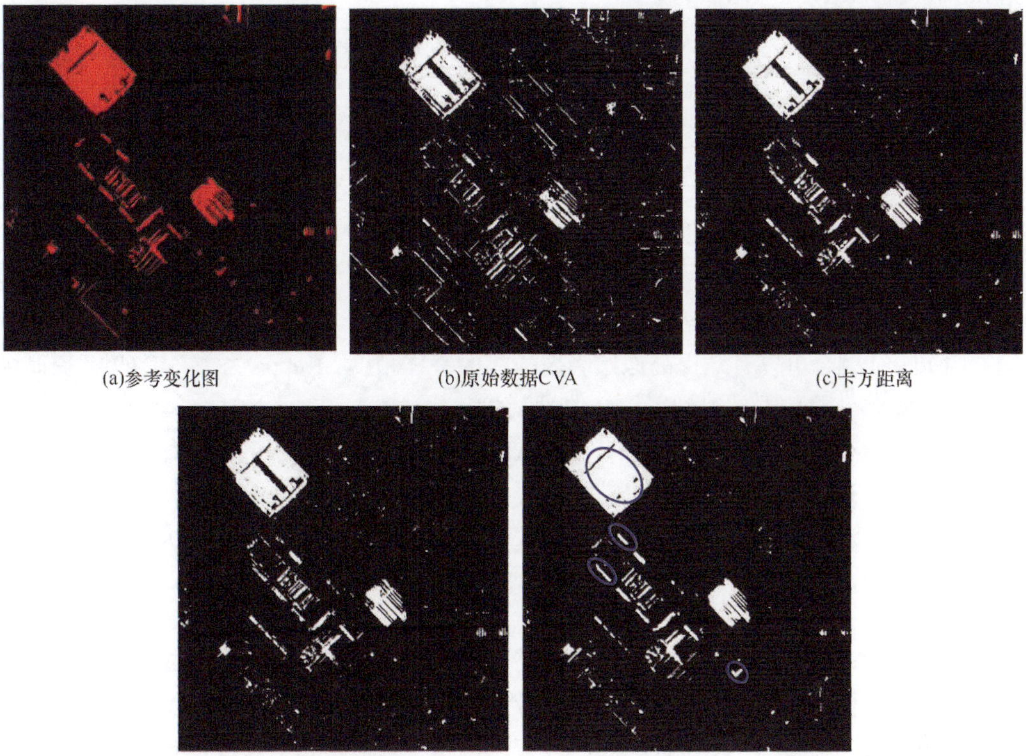

(a)参考变化图　　(b)原始数据CVA　　(c)卡方距离

(d)模糊集理论　　(e)SVM

图 3-5　不同融合策略变化检测结果

对检测结果进行目视定性判断，可以得到以下结论。

（1）采用原始数据的检测结果［图 3-5（b）］较为零碎，产生较多虚检变化。其直接反映在原始高分辨率影像光谱信息中的变化，包含较多非感兴趣和非重点的变化信息，如建筑物阴影、车辆等，直接对原始影像的处理会导致这些"无价值"虚假变化信息的产生。经过多特征融合后［图 3-5（c）～图 3-5（e）］的检测结果比原始数据有了很大改进，检测结果中建筑物的轮廓、结构和完整程度都有进一步提高。同时，与参考变化图相比，虚检误差得到很好的抑制，检测结果更为优化，变化目标更为突出，更接近于实地真实变化。

（2）监督型的 SVM 集成方法在多源特征优势集成、寻找二类最优分割平面的过程中比非监督的检测方法更为有效。从 SVM 检测结果［图 3-5（e）］中蓝色圈出的变化目标来看，监督型方法比两种非监督方法［图 3-5（c）和图 3-5（d）］更好地降低了漏检误差，提供了更为完整的变化目标轮廓和结构信息。非监督方法仅考虑整个差异影像的直方图分布，假设变化和不变化类分别位于直方图两个峰，在寻求最优分割阈值后划分二类信息时，容易形成不准确的判断。实际上在变化类别内部还存在多种变化的可能性，将其归类于变化中，势必产生检测的局限性。所以，通过监督型的 SVM 检测方法有效判别和模拟变化类别内部的多重变化信息，能够较好地融合不同形式特征数据，如纹理、边缘等对于变化目标的描述，最后实现检测结果的优化。

将不同融合策略的检测结果与参考变化图进行比较，构建混淆矩阵以计算不同方法的精度和误差指标，结果如表 3-3 所示。

表 3-3　变化检测精度及误差统计

	融合与检测算法	Kappa 系数	漏检率/%	虚检率/%
原始影像	CVA	0.6747	26.29	23.49
1-D 特征空间	卡方距离	0.8005	11.25	10.34
n-D 特征空间	模糊集理论	0.8308	15.26	4.45
	SVM	0.8696	7.64	6.89

从表 3-3 可以得到以下结论。

（1）特征融合可以有效提高原始影像检测的整体精度。Kappa 系数从 0.6747 提高至最高的 0.8696，总体误差得到了较好的抑制。

（2）与目视定性评价结果一致，监督型的 SVM 集成算法取得了所有融合策略中的最高精度，其 Kappa 系数为 0.8696，漏检率也是所有方法中最低的，仅为 7.64%。因此，监督型 SVM 模型对于多维特征空间的二类判别问题以及融合输出具有较大优势，比其他融合方法更有效地利用和集成了不同特征数据对于变化目标的描述，可以作为今后研究的重点。

（3）几种非监督的融合模型中，多维特征空间的模糊集（FS）融合取得了最佳的检测结果，其整体误差水平较低，Kappa 系数为 0.8308。特别是其虚检误差为所有方法中最低的，仅为 4.45%。一维特征空间的卡方距离精度居次，在数据降维和变化信息压缩过程中不可避免地会导致信息丢失及误差产生，但其只需在一维空间进行数据处理，对于精度要求不是特别高，在以快速定位变化目标的检测中还是值得推荐使用。

上述多种融合算法检测结果比较时，选用和输入的是表 3-3 中所有特征组合的多维特征向量。但是事实上，并非集成越多的特征变化检测的效果就越好，不同特征在融合过程中对于变化检测的贡献也并不一致。为进一步评价其对于检测结果的影响，选取不同的特征进行组合，以 SVM 方法为检测算子进行变化检测试验，并分析对比试验结果。在相同训练样本、相同 SVM 参数条件下，对不同特征组合进行检测输出，如图 3-6（a）～图 3-6（e）所示，精度和误差指标如表 3-4。

从上述不同特征组合的 SVM 融合与检测结果可以得到以下结论。

（1）在多源特征数据融合与检测过程中，集成特征的数量与检测精度之间并非正相关，即并不是集成越多的特征就越有助于变化信息的提取，在实际当中需要有选择的比较和组合。光谱特征与纹理特征的组合检测精度最高，其 Kappa 系数达到 0.8730，漏检率也最小，仅为 6.32%，说明纹理特征在保持变化信息的完整性和一致性上具有较好的效果，与光谱特征的组合可以作为变化检测中重要的输入特征源。

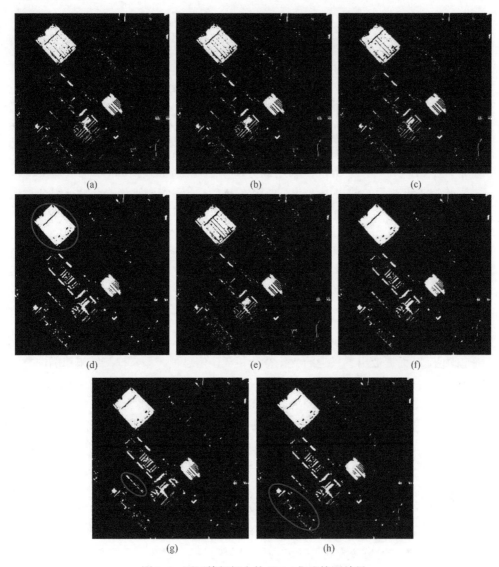

图 3-6　不同特征组合的 SVM 集成检测结果

（a）光谱特征；（b）光谱特征+特征因子；（c）光谱特征+空间特征；（d）光谱特征+纹理特征；（e）光谱特征+空间特征+特征因子；（f）光谱特征+纹理特征+特征因子；（g）光谱特征+空间特征+纹理特征；（h）光谱特征+空间特征+纹理特征+特征因子

表 3-4　特征组合后 SVM 集成检测结果精度及误差

多源特征组合	Kappa 系数	漏检率/%	虚检率/%
光谱特征	0.7829	19.92	7.96
光谱特征+特征因子	0.7802	20.90	6.97
光谱特征+空间特征	0.7757	22.15	5.93
光谱特征+纹理特征	0.8730	6.32	7.98
光谱特征+空间特征+特征因子	0.7411	25.99	7.31
光谱特征+纹理特征+特征因子	0.8697	7.55	7.07
光谱特征+空间特征+纹理特征	0.8469	8.70	10.54
光谱特征+空间特征+纹理特征+特征因子	0.8696	7.64	6.89

（2）光谱特征与空间特征、特征因子的组合特征向量反而降低了一定的检测精度，说明单一使用这两种特征并不能从整体上提高检测效果。但是空间特征和特征因子数据对于检测出变化区域的形状和结构的完整性，以及对于加强变化与背景的差异程度还是具有一定作用，实际使用时可以作为有效的输入特征以强化空间结构和光谱信息。

（3）当特征组合超过三种时，检测结果趋向于稳定，误差总数呈整体下降趋势，表明只要在组合过程中选用 2~3 种稳定的特征源，整体精度不会发生剧烈变化，对变化检测作用不大的次要特征源的影响会被淡化，以弥补人为主观选择特征组合时造成的不确定性。

基于以上试验和结果分析，在利用高分辨率遥感影像进行城市土地覆盖变化检测时，在先验知识可获得的前提下，推荐使用 SVM 集成法作为检测器，特征组合形式以光谱和纹理的组合为主，空间等其他多种特征为辅，以获得最优化的变化检测结果。

3.3　多差异信息融合变化检测

3.3.1　基本思路与方法

在利用多时相遥感影像进行非监督变化检测时，有效获取前后时相影像间的差异信息，确定阈值，从而提取出感兴趣的变化特征和变化信息是关系到检测结果正确性与可靠性的关键。国内外学者针对影像分析提出一系列自动阈值确定算法（Bruzzone and Prieto，2000；陈晋等，2001；Fung and Ledrew，1988；李亚平等，2008；魏立飞等，2010），使得阈值确定的自动化程度、准确性和适应性得到了有效的提高。光谱变化差异影像（spectral change difference image，SCD image）作为承载潜在变化信息的主要载体，从原始影像中最为直接和快速地获取变化特征和变化目标的差异影像。围绕其展开的方法研究和应用一直以来也是遥感影像变化检测研究中的重点和热点，如利用原始光谱差值（Sohl，1999）、主成分差值（Fung and Ledrew，1987）、像素比值（唐朴谦等，2010）等单差异影像的变化检测研究；融合差值和比值影像构造乘积融合差异影像的变化检测，以有效利用两种单差异影像的优势（魏立飞等，2010；马国锐等，2006；王桂婷等，2009）。虽然这些基于差异影像的变化检测方法在不同的研究和应用中显示了各自的优越性，但是方法的稳健性和实用性还不够强；而且不同的差异影像所代表的含义不同，具有的波段数不同，所包含的变化信息量大小不一，选用单一差异影像进行变化检测容易造成漏检和虚检误差的产生；再则，针对不同的数据和研究区域适用性不一，没有一种普遍适用于绝大多数情况的差异影像，难以最大限度地获得高精度的变化检测结果。

针对以上问题，本节将信息融合技术应用于差异影像的变化检测，着重研究基于光谱变化差异影像的融合模型以及在变化检测过程中的贡献。将融合不同类型和不同特点的光谱变化差异影像作为变化检测过程的数据对象，充分利用单一差异影像的特点和表征变化信息的潜力，最大限度地挖掘和综合不同差异影像的优势信息，从而避免使用单一差异影像进行检测时出现的不确定性和限制。在具体实现中，设计和构建数据级和决策级两种融合层次的差异影像数据集，选用非监督的自动阈值确定算法进行土地覆盖变化检测试验，并对比单差异影像检测结果，以探求该方法的可行性与适用性。

3.3.2　多差异影像生成与融合

选择五种具有代表性的光谱变化差异影像构造差异影像数据集，分别运用数据级和决策级数据融合技术进行试验，检测出变化并与单一差异影像检测结果进行对比，试验所设计方法的可行性与有效性。

假设 $T1$ 和 $T2$ 分别表示影像获取的前一时相和后一时相，N 为多波段影像的波段数，X_{T1}^{i} 和 X_{T2}^{i} 分别代表前后时相影像第 i 个波段的像元光谱值，以下介绍五种光谱变化差异影像生成算法。

1）简单差值（simple differencing）差异影像

$$Y_{\mathrm{SD}}^{\ i}=\left|X_{T2}^{i}-X_{T1}^{i}\right|, \quad i=1,2,\cdots,N \tag{3-11}$$

特征空间差方法（feature space differencing，FSD）是最直接和原始地反映不同时相影像间光谱变化的指标影像，其运算结果为多波段的差值影像，不同类型的变化信息分别在对应的不同波段上反映出来（Gong，1993）。

2）简单比值（simple ratioing）差异影像

$$Y_{\mathrm{SR}}^{\ i}=\left|\frac{X_{T2}^{i}}{X_{T1}^{i}}-1\right|, \quad i=1,2,\cdots,N \tag{3-12}$$

与简单差值差异影像一样，特征空间比值法（feature space ratioing，FSR）也是反映原始光谱变化信息的多波段指标影像。理论上来说，直接比值越接近 1 则不变化概率越大，越偏离 1 则变化概率越大。改进后，将不变化部分趋近 0 值，反之则亦然。比值法的主要优点在于通过除法运算可以消除一些由太阳高度角、阴影和地形引起的乘性误差，在一定程度上提高检测精度。

3）绝对值距离（absolute distance）差异影像

$$Y_{\mathrm{AD}}=\sum_{i=1}^{N}\left|X_{T2}^{i}-X_{T1}^{i}\right|, \quad i=1,2,\cdots,N \tag{3-13}$$

绝对值距离差异影像将发生在多波段差值影像上不同的变化信息通过简单加法运算集成到单波段的影像上，从而构造更加易于提取两类信息（变化和不变化）的差异影像。当然，在简单叠加过程中可能会导致检测误差的累积和放大。

4）欧氏距离（Euclidian distance）差异影像

$$Y_{\mathrm{ED}}=\sqrt{\sum_{i=1}^{N}\left(X_{T2}^{i}-X_{T1}^{i}\right)^{2}}, \quad i=1,2,\cdots,N \tag{3-14}$$

欧氏距离差异影像是简单差异影像的一个推广和深化，通过描述不同时相间影像上对应光谱值的矢量对来反映变化信息。最终得到的是一幅变化矢量的强度图，强度越大则表明像素光谱值的差异越大（Lambin and Strahler，1994）。

5）卡方变换（chi square transformation）差异影像

$$Y_{\mathrm{CST}}=\sum_{i=1}^{N}\left(\frac{X_{T2}^{i}-X_{T1}^{i}}{\sigma_{i}^{\mathrm{diff}}}\right)^{2}, \quad i=1,2,\cdots,N \tag{3-15}$$

σ_i^{diff} 为两时相差值影像第 i 个波段标准方差的值。该变换建立在每个波段差值影像都服从正态分布的基础上,结果满足 N 维自由度的卡方随机变量分布(d'Addabbo et al., 2004)。卡方变换根据差值影像每个波段的方差,综合考虑了不同波段的权重值,使得最终构造的单波段差异影像更加客观和完整。通常在最后使用时,为求数值上的统一和简化,利用其开方结果 $\sqrt{\text{CST}_{\text{SCD}}}$ 作为最终的差异影像。

在单一差异影像信息表征和检测结果的基础上,旨在使用遥感多分类器系统方法技术,以获得更好的检测效果,从而有效集成不同差异影像的特点,降低漏检率和误检率,提高整体检测精度。图 3-7 基于多差异影像融合变化检测算法的流程图。

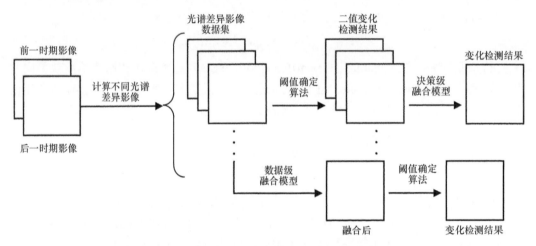

图 3-7　基于多差异影像融合变化检测算法流程

其中主要使用基于多差异影像变化检测的两种新融合模型:特征级融合模型和决策级融合模型。

(1)特征级融合模型:将构造的多个差异影像进行归一化后,运用模糊集理论(Gong, 1993)对多个特征进行不确定性判断,并根据构造的融合规则进行特征融合,以减少多个特征间的不一致性,获得多个特征对于变化信息的优势表达。算法的简要过程描述如表 3-5 所示。其中,算法选用 Sigmoid 模糊函数,以获得变化(H_c)和不变化(H_u)两类模糊度表达,并最终赋予像元变化特征概率属性,用于判断像元变化归属:

$$H_c(x_i) = \begin{cases} 0 & , \quad x_i < a_i \\ \dfrac{1}{2} \times \left\{ \dfrac{x_i - a_i}{b_i - a_i} \right\}^2 , & a_i \leqslant x_i < b_i \\ 1 - \dfrac{1}{2} \times \left\{ \dfrac{x_i - c_i}{b_i - c_i} \right\}^2 , & b_i \leqslant x_i < c_i \\ 1 & , \quad x_i \geqslant c_i \end{cases} \tag{3-16}$$

$$H_u(x_i) = 1 - H_c(x_i) \tag{3-17}$$

式中，x_i 为多差异影像 V_i^D 上第 i 个波段，系数 $a_i=0.8T_i$，$c_i=T_i$，$b_i=(a_i+c_i)/2$，且 $H_c(b_i)=0.5$。T_i 为利用改进的 Kittler-Illingworth（KI）分割算法（Bazi et al.，2005）估计出的阈值。

最终的模糊度 $H'_c, t \in \{c, u\}$ 可根据式（3-18）计算获得，其中，权值 $w_i=1/N$。最终的变化检测图，根据变化和不变化两者的最终模糊度大小进行判定获得。

$$\begin{cases} H_c'(x_i) = \sum_{i=1}^{N} w_i \times H_c(x_i) \\ H_u'(x_i) = \sum_{i=1}^{N} w_i \times H_u(x_i) \end{cases} \quad (3\text{-}18)$$

$$F = \arg\underset{t \in \{c,u\}}{\text{Max}}(H_t') \quad (3\text{-}19)$$

表 3-5　特征级融合变化检测方法

输入：原始 $T1$ 和 $T2$ 遥感影像数据
输出：变化检测图 F
步骤 1：由原始多时相影像构造多差异影像数据集 Q_i（$i=1, 2, \cdots, n$）
步骤 2：构建多维差异数据集 V_i^D
步骤 3：对每一维 V_i^D 寻找最优分割阈值 T_i
步骤 4：根据模糊成员函数，对每个维度中单一像素计算 H_c（变化测度）和 H_u（不变化测度）
步骤 5：对每个维度的结果应用模糊权重融合得到最终的测度 H'_c 和 H'_u
步骤 6：提取变化和不变化二值信息

（2）决策级融合模型：通过综合单个差异影像对于变化信息的表达，直接融合其变化检测结果，以实现检测结果的改进与完善。其主要算法过程如表 3-6 所示，其中决策融合算法可选用最大投票法（majority voting，MV）（柏延臣和王劲峰，2005）、D-S 证据理论［Dempster-Shafer evidence theory］（Le Hegarat-Mascle and Seltz，2004；Le Hegarat-Mascle et al.，2006）和模糊积分（fuzzy integral，FI）算法（Fauvel et al.，2006；Nemmour and Chibani，2006）。

表 3-6　决策级融合变化检测方法

输入：原始 $T1$ 和 $T2$ 遥感影像数据
输出：变化检测图 F
步骤 1：由原始多时相影像构造多差异影像数据集 Q_i（$i=1, 2, \cdots, n$）
步骤 2：利用自动阈值确定法对单一差异影像数据获得变化检测结果 si（CM）
步骤 3：选择特定的决策融合模型集成多个 s_i（CM）
步骤 4：根据融合规则获得最终变化检测图 F

多数投票法是一种基本和简单的决策融合方法，用于集成多个处理输出的结果。多数投票法的原理主要是通过一定的融合准则，如简单多数投票和加权投票等，对多个决

策输出进行综合考量。在本章中，选用简单多数投票准则，以融合多差异数据集上的检测结果，并根据多个输出的像元标签决策判断获得最终变化检测图。

D-S 证据理论是传统贝叶斯理论的重要拓展，可以通过从概率分配函数（m）中得到的似然函数和信任函数，对不精确性和不确定性进行表达和处理。辨别框架为 Θ，2^{Θ} 是 Θ 的子集。在变化检测问题中，$\Theta = \{C, \bar{C}\}$，C 代表变化，$\bar{C}$ 代表不变化。对于 2^{Θ} 中任一假设 A，$m(A) \in [0,1]$ 并且：

$$\begin{cases} m(\phi) = 0 \\ \sum_{A \subseteq 2^{\Theta}} m(A) = 1 \end{cases} \tag{3-20}$$

$$\mathrm{Bel}(B) = \sum_{A \subseteq B} m(A) \tag{3-21}$$

式中，ϕ 为空集；A 和 B 为 Θ 中的多个或者是所有元素，表示 Θ 的非空子集，并且 $A \subseteq B$。Bel（·）为信任函数，将[0, 1]的一个值赋予 Θ 中的每一个非空子集。

通过对不同源证据（单一变化检测输出结果）进行正交和运算，计算出新的证据：

$$m(F) = m_1 \oplus m_2 \oplus \cdots \oplus m_n(F) = \frac{1}{1-k} \sum_{X_1 \cap \cdots \cap X_n = F} \prod_{i=1}^{n} m_i(X_i) \tag{3-22}$$

$$k = \sum_{X_1 \cap \cdots \cap X_n = \Phi} \prod_{i=1}^{n} m_i(X_i) \tag{3-23}$$

式中，m_1，m_2，$\cdots$，m_n 为独立的概率分配函数，且 $m_i = p_i$，p_i 为 V_i^D 上第 i 个波段的类别精度。对于变化类别来说，p 等于检测的变化像元数比上实际变化像元数。对于不变化类别来说，p 等于检测的非变化像元数比上实际非变化像元数。m（F）为计算出的两类的新证据值。N 为源证据的数量，x_i 为第 i 个值。k 为不同证据之间的冲突程度。当 $k=1$ 时，正交和不存在，表示两个证据完全冲突。

当 D-S 证据合并完成后，最终的证据根据较大的证据值进行判定：

$$E(x) = \begin{cases} 1, & m(F_c) > m(F_u) \\ 0, & \text{otherwise} \end{cases} \tag{3-24}$$

式中，值"1"代表变化；"0"代表不变化。

模糊积分方法通过一个模糊度量手段对多个处理的性能结果进行有效评估。函数 g 定义在一个有限空间 $S = \{s_1, s_2, \cdots, s_n\}$ 中：$2^S \to [0,1]$，且具有以下的特点：

（1）$g(\varnothing) = 0$；

（2）$g(S) = 1$；

（3）$g(s_i) \leqslant g(s_j)$ if $s_i \subset s_j$。

一种主流的模糊积分方法是 Sugeno 积分利用一个模糊度量 g_λ，用参数 λ 来衡量两个因子之间的交互程度（Sugeno，1977）。

$$g(s_i \cup s_j) = g(s_i) + g(s_j) + \lambda g(s_i) g(s_j) \tag{3-25}$$

对于二值变化检测问题，第 i 个 SCD 数据集上生成的变化图 s_i（CM）需要进行集成，并且通过模糊测度 $g_t(s_i)$ 去描述对于类别 t 的度量，$t \in \{c,u\}$。$h_t(s_i)$ 代表类别 t 中第 i 个检测结果 s_i 的检测精度。模糊密度 g 可以通过以下公式构造：

$$g_t(s_i) = \frac{h_t(s_i)}{\text{sum}_t} d_t \tag{3-26}$$

$$\text{sum}_t = \sum_{i=1}^{n} h_t(s_i) \tag{3-27}$$

式中，sum_t 为所有变化图中第 t 类别精度之和；d_t 为从单一 SCD 检测器中估计的第 t 类模糊密度之和。本研究中我们估计每一类都具有相同的模糊密度和，所以 $d_t = \sum_{i=1}^{n} h_t(s_i) / \text{total\_}t$，在本研究中 total_t=2。

当 $h_t(s_1) \geqslant \cdots \geqslant h_t(s_n) \geqslant 0$ 时，模糊度量可以通过一个新的序列元素 $A_i = \{s_1, s_2, \cdots, s_i\}$ 进行重构，并且 $A_i = A_{i-1} \bigcup s_i$：

$$g_t(A_1) = g_t(s_1) \tag{3-28}$$

$$g_t(A_i) = g_t(A_{i-1}) + g_t(s_i) + \lambda g_t(A_{i-1}) g_t(s_i) \tag{3-29}$$

其中 λ 根据式（3-30）获得：

$$\lambda + 1 = \prod_{i=1}^{n} \left(1 + \lambda g_t(s_i)\right) \tag{3-30}$$

并且 $\lambda \in [-1, \cdots, +\infty]$，$\lambda \neq 0$，是 n–1 次方程唯一的根。

最终的决策是通过最大化模糊积分规则[式（3-31）]进行计算，最终结果由式（3-32）得到：

$$\text{FI}_t = \underset{i=1}{\overset{n}{\text{Max}}} \left[\text{Min}(h_t(s_i), g_t(A_i)) \right] \tag{3-31}$$

$$F = \arg \underset{t \in \{c,u\}}{\text{Max}}(\text{FI}_t) \tag{3-32}$$

3.3.3　试验与分析

本试验使用国产 CBERS 遥感卫星影像的多光谱数据，空间分辨率为 19.5m，数据获取时间分别是 2005 年 3 月 7 日和 2009 年 5 月 7 日。使用的数据均经过初步的辐射与几何校正，通过影像对影像模式进行几何精校正，最后匹配精度控制在 0.5 个像素之内。在影像上裁取 2920×2720 像素大小的区域，主要包括上海市市区范围、长兴岛及崇明岛部分。经实地勘察，研究区在 2005～2009 年土地覆盖变化主要集中在城市建设用地和植被，以及沿海滩涂和水体的变化等。图 3-8（a）和图 3-8（b）为研究区 2005 年和 2009 年 CBERS 多光谱影像 432 波段的假彩色合成影像。其中，选取研究时段内上海市城市化进程中四个主要的土地覆盖变化集中区域进行局部分析，如图 3-8（c）中蓝色框出范围，区域 A 为上海浦东国际机场，B 为 2010 年上海世界博览会园区，C 为江南造船厂区，D 为上海虹桥国际机场。

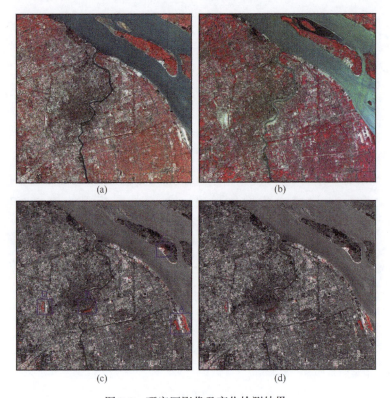

图 3-8 研究区影像及变化检测结果

研究区假彩色合成影像：（a）2005 年；（b）2009 年。基于差异影像融合的变化检测结果：（c）特征级融合；（d）决策级最大投票融合

图 3-9 为本章提出的两种不同层次融合策略变化检测方法对 2005～2009 年上海市城市扩展监测试验结果的局部放大图，研究时段内土地覆盖的集中区域为第 1～第 4 行的上海浦东国际机场、上海世界博览会园区、江南造船厂区和上海虹桥国际机场。从图 3-8 和图 3-9

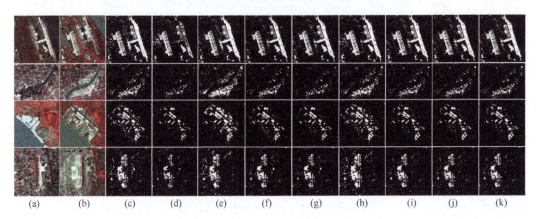

图 3-9 局部假彩色合成影像及不同策略变化检测结果，对应于图 3-8（c）中高亮区域

（a）研究区 2005 年假彩色合成影像；（b）研究区 2009 年假彩色合成影像；（c）简单差值检测；（d）简单比值检测；（e）绝对值距离检测；（f）欧氏距离检测；（g）卡方变换检测；（h）特征级模糊集融合；（i）决策级最大投票融合；（j）决策级证据理论融合；（k）决策级模糊积分融合。第 1～第 4 行：（1）上海浦东国际机场；（2）上海世界博览会园区；（3）江南造船厂区；（4）上海虹桥国际机场

的整体和局部检测结果可得出以下结论：①两种融合策略的变化检测方法都有效检测到了实地绝大部分的土地覆盖变化集中区域，检测区域完整，变化目标突出；②从整体的变化检测结果来看，在研究时段内，伴随着上海市城市化进程主要的土地覆盖类型变化明显，主要集中于大型工程建设项目（国际机场等）和园区的开发建设（世界博览会园区、造船厂区等）；③从局部检测结果来看，主要的变化区域和变化目标都得到有效检测，很好地突出了变化位置和范围，虽然还存在一定的细小区域虚检变化（数据层融合检测结果），但是在以减少漏检误差为驱动的城市扩展监测应用中还是具有较大作用。

表 3-7 和表 3-8 分别为不同层次融合策略变化检测结果的精度和统计差异性测度表。

表 3-7 精度及误差指标

融合层次	融合策略	总体精度/%	Kappa 系数	漏检率/%	虚检率/%
单一差异影像	Y_{SD}	87.04	0.7353	23.34	6.01
	Y_{SR}	86.74	0.7292	23.71	6.36
	Y_{AD}	88.35	0.7617	22.84	3.19
	Y_{ED}	88.68	0.7704	16.82	8.63
	Y_{CST}	88.96	0.7751	19.74	5.10
特征级	FS	91.43	0.8268	11.39	7.61
决策级	MV	90.74	0.8014	19.30	4.76
	DS	90.71	0.8010	19.82	4.06
	FI	91.04	0.8075	19.26	3.96

表 3-8 多源检测结果统计差异性测度（z-test）

	Y_{SD}	Y_{SR}	Y_{AD}	Y_{ED}	Y_{CST}	FS	MV	DS	FI
Y_{SD}									
Y_{SR}	0.3497								
Y_{AD}	1.5238	1.8068							
Y_{ED}	2.0516	2.3173	0.4925						
Y_{CST}	2.3219	2.5771	0.7572	0.2688					
FS	5.4320	5.5691	3.7395	3.2804	3.0014				
MV	3.8275	4.0258	2.2278	1.7604	1.4908	1.4637			
DS	3.8030	4.0022	2.2046	1.7371	1.8362	1.4862	0.0225		
FI	4.1798	4.3651	2.5696	2.1064	1.8362	1.1119	0.3433	0.3657	

从表 3-7 和表 3-8 中可以得到以下结论。

（1）从多源检测结果的统计差异性测度可以看出，不同差异影像及融合结果之间的差异性明显，可以作为融合处理和分析的依据。通过不同差异影像的结合，在不同差异影像上，变化信息表达的完整性和互补性得到进一步的提高。

（2）不同单一差异影像对于同一变化地物的检测表现各异，还存在较大差别，如检测到变化地物的结构、形状和完整程度。这点从差异性测度里面得到了很好的反映。通过数据级和决策级两种融合技术，综合了单一差异影像对于变化特征的表征能力和各自所承载的变化信息量，最大限度地对单一差异影像的检测结果进行优势互补。经过融合后变化检测的总体精度和 Kappa 系数比任何单一差异影像检测精度都要高，将总体精度提高 2%～4%。

（3）从两种级别的融合结果来看，对于差异影像的数据级融合从数据原始的变化信息入手，可以有效减少在单差异影像检测中出现漏检变化，其漏检率是所有检测中最低的，仅为 11.39%，较融合前降低了 3%～12%；对于差异影像检测结果进行的决策级融合，通过集成单一差异影像检测到的变化信息和特征，在保留主要变化的同时，有效抑制了漏检和虚检误差，将整体误差控制在较低水平，特别是虚检率，除了 Y_{AD} 外，较融合前其他单差异影像减少 1%～4%。所以两种级别信息融合技术在变化检测中各具优势，在具体使用时可针对不同应用，选择合适的融合方法抑制虚检，降低漏检，从而提高整体的变化检测精度。

（4）在单一差异影像的检测结果当中，卡方变换差异影像（Y_{CST}）具有最高的检测精度，欧式距离（Y_{ED}）和绝对值距离（Y_{AD}）居次，说明经过距离及权重像素运算后，这几种差异影像都有效集成了多个波段上的变化特征与变化信息，在单差异影像的变化检测中具有较好的效果。

3.4　多层次融合变化检测

3.4.1　基本思路与方法

由于不同层次融合方法的局限性和优势，在变化检测过程中寻找不同层次融合方案的适当组合，可以更好地考虑多源互补信息，逐步提高原始数据集的检测能力，具有重要的研究价值与实际意义。因此，本书提出了一种基于信息融合技术的变化检测方法，其基本思想是首先对不同的全色锐化技术生成的锐化后图像进行数据级的变化检测，然后通过决策级融合对变化图进行集成，得到最终的变化图。不同级别的融合策略用以强调多分辨率和多光谱遥感数据的优势，这项工作的主要目标是设计一个基于全色锐化和决策级序贯融合方案的变化检测技术框架，而不是寻找最精确的融合方法，因此使用了代表当前融合研究主流的流行融合技术。将全色锐化与决策级融合相结合，有望提高整体精度，同时减少漏检和错检误差。

将信息融合技术引入多时相、多分辨率遥感影像变化检测，构建基于像素/特征级和决策级多层次融合策略的变化检测方法，首先通过数据层/特征层融合生成多分辨率影像融合数据集，分别对每一融合数据集进行变化矢量分析检测。然后构造决策融合规则，对提取的多个变化图结果进行决策级融合，以获得最终的变化检测结果。其中，第一层次对于原始多光谱和全色影像像素级与特征级融合方法包括广义强度-色调-饱和度融合方法（generalized intensity-hue-saturation，GIHS）、Gram-Schmidt（GS）、主成分分析（principal component analysis，PCA）、高通滤波（high-pass filter，HPF）和小波变换（wavelet transform，WT）融合；第二层次对于第一层次融合后变化检测结果的决策级融合选用多数投票规则（majority voting，MV）、D-S 证据理论和模糊积分（fuzzy integral，FI）。

本节旨在通过结合像素、特征和决策层信息融合技术来构建适当的变化检测过程。为此，本节设计了全色锐化和决策级融合的顺序融合策略，并比较分析了它们对变化检测精度的影响，此外，还进一步分析了包括错检和漏检误差在内的检测错误指标，以评估不同融合方案的性能。假设两幅尺寸为 $P \times Q$ 的经辐射校正、图像配准和全色锐化的在同一区域但在不同时间获取的 T_1 和 T_2 图像 $X_1 = \{x_1(p,q) | 1 \leqslant p \leqslant P, 1 \leqslant q \leqslant Q\}$ 和 $X_2 = \{x_2(p,q) | 1 \leqslant p \leqslant P, 1 \leqslant q \leqslant Q\}$。根据变化向量分析（CVA）技术，通过图像减法计算光谱变化向量（SCVs）图像，然后强度图像可以使用欧氏距离获得的 SCVs 图像的变化强度表示。其中 B 是多光谱图像中的波段数，X_{SCVs}^k 是 B 维 SCVs 图像的第 k 个分量：

$$X_{\text{SCVs}}^k(p,q) = X_2^k(p,q) - X_1^k(p,q) \tag{3-33}$$

$$X_m(p,q) = \sqrt{\sum_{k=1}^{B}\left(X_{\text{SCVs}}^k(p,q)\right)^2} \tag{3-34}$$

在 X_m 图像中，较大的像素值表示变化的可能性较高，反之亦然。然后使用特定的阈值算法或变化检测器生成两类变化图。选择一种无监督的改进 Kittler-Illingworth（KI）图像阈值方法以定义阈值 T，用于分离变化和不变像素，规则如下（王桂婷等，2009）：

$$Y(p,q) = \begin{cases} 1, & X_m(p,q) \geqslant T \\ -1, & X_m(p,q) < T \end{cases} \tag{3-35}$$

式中，像素值 1 为更改的区域；像素值–1 为未更改的区域；Y 为最终的二值变化图。

该方法包括两个阶段的融合操作，用于多时相多分辨率图像的变化检测。第一阶段是像素/特征级融合，使用一些主流的全色锐化算法来增强多光谱数据的空间细节，并充分利用多分辨率和不同类型数据的互补信息。根据式（3-33）~式（3-35），通过无监督过程分别处理每个全色锐化数据集以获得变化图，然后在第二阶段融合中根据决策级融合策略集成所有变化图。图 3-10 是提出的变化检测方法流程图。

为了将该方法应用于多分辨率图像数据集，并评估不同融合策略对变化检测的影响，具体步骤设计如下：

（1）使用全色锐化技术融合 T_1 和 T_2 中配准好的全色和多光谱图像。

（2）对双时相全色锐化图像进行联合配准，生成用于变化检测任务的图像对。

（3）从每对全色锐化数据集中计算 SCVs 图像，然后使用图像自动阈值算法生成二值变化图。

（4）在变化图上实现决策级融合策略以获得最终输出，从而集成不同变化图的不同特点。

（5）使用无监督相似性度量和监督误差矩阵进行精度评估。

为了评估不同融合策略的性能以及对变化检测结果的影响，本节采用了两种方法，包括无监督评估方法相似性度量——以评估在先验知识不可用时不同全色锐化技术对变化检测的影响（Bovolo et al.，2010），以及基于测试样本从误差矩阵中监督地衡量精度指标。相似性度量评价指标假设通过变化检测操作获得 N 个大小为 $P \times Q$ 的变化检测图，其中变化像素和不变像素分别被指定为+1 和–1。对于一对变化图 Y_i 和 Y_j $(i, j = 1, \cdots, N$ 且 $i \neq j)$，它们的相似性可以通过式（3-36）来衡量：

$$H_{ij} = \frac{1}{PQ} \sum_{p=1}^{P} \sum_{q=1}^{Q} y_i(p,q) \cdot y_j(p,q) \qquad (3\text{-}36)$$

式中，$y_i(p,q)$ 和 $y_j(p,q)$ 为两个二值变化图 Y_i 和 Y_j 上像素（p, q）的标签（值）。

不同融合方法的变化检测结果的相似性可以通过式（3-37）进行比较：

$$H_i = \frac{1}{N-1} \sum_{j=1, j \neq i}^{N} H_{ij} \qquad H_i \in [-1, +1] \qquad (3\text{-}37)$$

融合技术可以根据 H_i 值从低影响（高平均相似度）到高影响（低平均相似度）对变化检测进行排序。N 被设定为 5，因为在第一阶段融合中使用了五种全色锐化技术。

通过两个层次的信息融合，逐步地提高对于变化检测输入数据的质量，特别是对于变化特征的描述和表征，以及集成多个变化检测源的性能与互补优势，以有效降低与抑制在原始检测中出现的漏检和虚检变化，提高整体检测精度。利用多时相多分辨率的 ALOS 遥感卫星数据进行试验，证明本节所提出方法的有效性和适用性。图 3-10 为基于信息融合技术的变化检测方法技术流程。

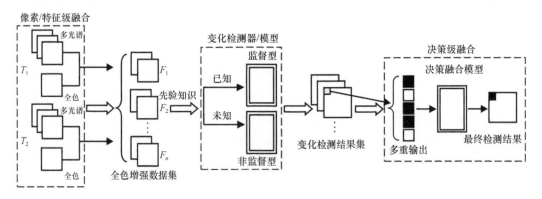

图 3-10　多层次融合变化检测方法技术流程图

3.4.2　试验与分析

试验使用日本 ALOS 遥感卫星的可见光近红外多光谱影像（AVNIR-2）和全色数据影像（PRISM）。图 3-11（a）和图 3-11（b）分别为研究区 2006 年及 2008 年 ALOS 多光谱影像 432 波段的假彩色合成影像。图 3-12 和图 3-13 为变化检测结果的局部效果比较及不同融合策略结果的对比。此外，在实地考察和对影像可视化分析的基础上，样本数据视为真实地面数据，从而构造混淆矩阵计算相关精度指标并分析和对比其变化趋势。不同融合策略变化检测方法实验的精度及误差如表 3-9 所示，在不同阶段的误差数量及变化趋势如图 3-14 所示。

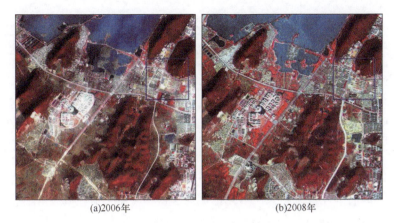

(a)2006年　　　　　　　　　　　　(b)2008年

图 3-11　研究区位置及两时相 ALOS 假彩色合成影像

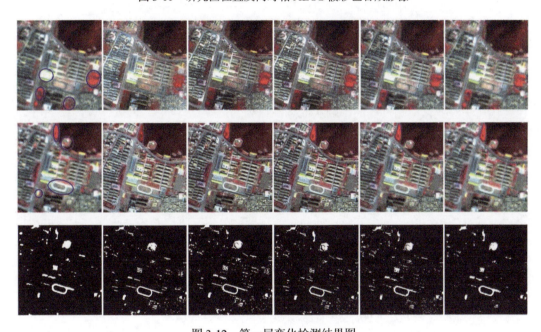

图 3-12　第一层变化检测结果图

第一行：2006 年影像；第二行：2008 年影像；第三行：变化检测图。从左到右的检测结果：原始 MS 数据、GIHS、GS、
PCA、HPF、WT

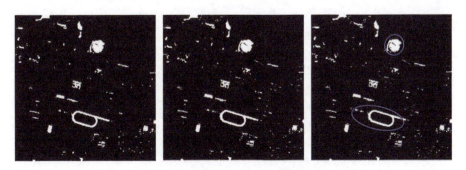

图 3-13　第二层变化检测结果图

从左到右的检测结果：MV、D-S、FI

表 3-9　不同融合结果相似性度量的结果

全色锐化方法	H_i	Y_{MS}	Y_{MV}
GIHS	0.9680	0.9580	0.9810
GS	0.9670	0.9376	0.9777
PCA	0.9662	0.9425	0.9757
WT	0.9563	0.9743	0.9648
HPF	0.9558	0.9266	0.9629

从以上所有实验结果中，可以得到以下结论。

（1）增强后的全色锐化图像比多光谱图像提供更多细节和细微变化（图 3-12 蓝色圆圈的变化目标）。因此，第一融合阶段的全色锐化操作大大减少了错检和漏检。但空间增强过程在变化图中也会注入虚检信息，从而在一定程度上影响整体精度。随后，决策级融合策略的使用对第一阶段的变化检测结果图进行集成以抑制虚检，改进最终结果并完成变化目标的改善（图 3-13）。

（2）不同的全色锐化算法对变化检测的性能是不同的，但经过决策级融合后可以得到有效的组合结果。根据表 3-9 中的 H_i（根据五种选定的锐化技术，这里 N 是 5），全色锐化算法对变化检测过程的影响从低到高排列为：GIHS、GS、PCA、WT 和 HPF，表明它们在生成变化检测图方面的性能不一。在本实验的第一阶段，根据无监督和有监督的评估结果，信息替代全色锐化技术（GIHS、GS、PCA）的性能也优于其他两种方法，显示了它们在提高 MS 和 PAN 数据集的检测能力方面的优势。在实际应用中，不同全色锐化算法的选择可能会在很大程度上影响最终的检测结果。因此，有必要采用决策级融合方法来消除这些不一致，提高检测性能。从第一阶段到第二阶段，不同错误指标（如表 3-10 和图 3-14 中的总体误差、虚检误差和漏检误差）的逐渐减少证实了决策级融合的有效性。

表 3-10　多种融合策略变化检测精度及误差

数据集和融合策略	融合方法	总体精度/%	Kappa 系数	漏检率/%	错检率/%	漏检误差/像元数	错检误差/像元数	总体误差/像元数
第二层决策融合	MV	89.44	0.7828	17.39	7.56	687	267	1069.1728
	FI	89.37	0.7820	16.35	8.68	646	314	1075.182
	D-S	89.36	0.7817	16.38	8.68	647	314	1076.2017
第一层数据融合	PCA	88.29	0.7599	17.62	9.99	696	361	1173.6599
	GIHS	88.33	0.7598	19.11	8.56	755	299	1170.7598
	GS	88.22	0.7587	16.91	10.77	668	396	1180.6587
	HPF	87.63	0.7458	19.27	10.04	761	356	1234.6858
	WT	87.11	0.7340	21.67	9.05	856	308	1282.564
原始多光谱数据	—	84.72	0.6851	23.75	12.80	938	442	1501.9551

灰色底纹表示最小误差。

（3）根据准确度指标，提出的变化检测程序后，总体准确度提高了 5%～6%，从 84.72% 提高到 89.44%，相应的 Kappa 系数从 0.6851 提高到 0.7828。在不同的融合策略

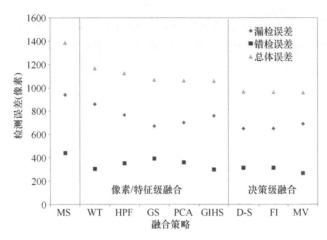

图 3-14　不同融合方法及原始数据变化检测误差

下，虚检率和错检率都有所降低。在第一阶段的融合方法中，PCA 和 GIHS 融合在总体准确性方面优于其他融合方法。三种决策级融合策略改进了前一阶段的结果，以获得更完整和可靠的输出。尽管不同方法在有监督和无监督指数方面的排名略有不同，但总体误差的下降趋势（从 1380 像素到 954 像素）表明所提出方法的有效性。

综上，本节提出的变化检测方法将像素/特征级和决策级两个阶段不同层次的融合方法引入变化检测过程并进行有效串联，充分利用了多源数据、不同融合方法的特点及优势，通过降低漏检变化和虚检变化提高对于原始数据的检测精度，使得最终检测结果更加趋近于实际；同时，弥补了原始单一数据集使用时对于细节和微小变化信息的漏检，以及在实际融合过程中出现的虚检变化，最大限度地抑制总体误差，对于多分辨率遥感影像变化检测具有良好的研究前景和现实意义。

3.5　联合多层次空间特征的变化检测方法

空间特征是对遥感影像包含对象空间特性的描述，通过像元之间的空间位置与灰度值的双重关系，表达影像对象的位置、大小、形状、结构、方向和排列等空间信息。空间特征的引入，能够有效考虑地表过程中像元几何结构和空间关系的变化，提高变化检测的识别精度。综合利用不同类型的空间特征，可以全面描述地表过程的信息变化。根据地表变化过程中影像像元在空间位置和灰度值上表现出的相关性和异质性，提取并分析多时相遥感影像从低级到高级的多层次空间特征，包括邻域级特征、对象级特征和场景级特征，从不同层次和尺度描述了多时相遥感影像中地物的变化信息，实现对变化检测模型的有效训练以及对变化地物的精准识别。

联合多层次空间特征的变化检测方法框架如图 3-15 所示。①随机选取少量样本标签，通过数据增强对其进行扩充得到初始训练样本，用于训练深度神经网络模型并获取深度场景变化信息，同时提取形态学属性剖面和面向对象特征，获得它们的差异信息。②将提取的高维特征经过降维后输入分类器中，结合初始训练样本，得到每个像元的变化检测结果及其属于各个变化类别的后验概率。③通过主动学习策略搜索最易被混淆的样本标记，对其进行数据增强后添加至原训练样本集中作为新训练样本集的一部分。④重复上述步骤，直到得到的变化检测结果满足迭代停止的要求。

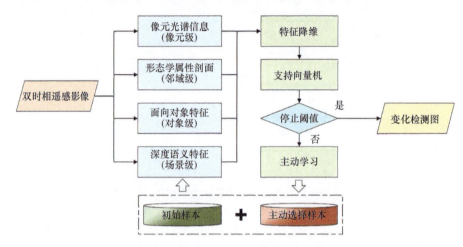

图 3-15　联合多层次空间特征的变化检测方法框架

3.5.1　多层次空间特征提取

1. 邻域级特征

形态学属性剖面是在形态学滤波的基础上扩展形成的一种图像特征提取方法，突破了传统方法中以像元为处理单元的局限，将处理单元扩展为邻域范围内具有相似属性的所有像元，能够得到地物的多种空间结构信息。它基于一系列具有不同属性的形态学滤波器对图像进行滤波来获取图像的结构信息，最后通过整合多种不同属性的滤波特征得到图像的空间信息和几何结构。形态学属性滤波是根据某一准则对图像进行形态学变换，评价图像中连通区域的属性，按照一定准则与设定的属性阈值进行比较，得到提取的特征。属性滤波将单一波段灰度图像各个连通区域的给定属性 A 与预先设定的属性阈值 λ 进行比较，如灰度图像中的某一连通区域 C_i，如果其给定的某个属性满足设定的阈值条件 $A(C_i) > \lambda$，则该连通区域保持不变；否则被赋予与其相邻区域的灰度值，从而使其合并到周边的区域（Dalla Mura et al.，2010；Song et al.，2013）。如果某一连通区域通过该运算被合并到灰度值更低的区域，则这一操作称为属性薄运算，反之称为属性厚运算（Dalla Mura et al.，2010）。对于给定的一系列阈值 $\{\lambda_1, \lambda_2, \cdots, \lambda_n\}$，某一单波段灰度图像 f 的形态学属性剖面提取可以定义为一系列属性薄运算和属性厚运算的组合，其公式如下：

$$AP(f) = \{\phi_n(f), \cdots, \phi_1(f), f, \gamma_1(f), \cdots, \gamma_n(f)\} \tag{3-38}$$

式中，ϕ_n 和 γ_n 分别为基于给定阈值的形态学属性薄运算和属性厚运算。通过式（3-38）可以得到单波段灰度图像的某一种形态学属性剖面。为了获得不同的形态学属性剖面，可以进行不同属性滤波操作和设置对应的阈值。目前广泛运用且有效的形态学属性剖面特征包括连通区域面积 a、连通区域外接矩形对角线的长度 d、连通区域内像元灰度值

的标准差 s 以及连通区域的转动惯量 i（又称胡氏一阶不变矩）。a 和 d 描述连通区域的尺寸和形状；s 描述连通区域内像元灰度值的同质性；i 表征连通区域的非紧致性（Dalla Mura et al.，2010）。除了形态学属性的选取外，属性参数阈值的设定对于提取特征的有效性也至关重要。属性参数的选取与影像像元灰度值的分布、空间分辨率以及影像内所包含的地物类型具有重要的关系。通过适当属性阈值得到的形态学属性剖面，可以在像元邻域范围内的连通区域有效地描述影像的空间信息和几何结构。

2. 对象级特征

1）多尺度分割

图像分割是面向对象分析的前置步骤，它是利用某些标准将图像划分为若干互不交叠的子区域的过程（Blaschke et al.，2014）。多尺度分割算法是一种自底向上的区域增长分割算法（Hay et al.，2003）。以"异质度增长最小"作为区域合并的准则，寻找局部最佳适配对象来进行合并，直到达到区域合并的终止条件，即尺度参数（Baatz，2000）。尺度参数严格控制了分割尺度的大小，从而有效地获取所需分析尺度的影像对象。多尺度分割法的局部最佳适配规则具体实现如下：①以影像像元作为最小对象，并以此作为区域合并生长的起点；②对每个影像对象进行考察，根据其光谱特征和邻域特征，度量与邻域对象合并后的异质性增长，即影像对象合并前后异质性的差值；③若该对象与某邻域对象合并的异质性增长小于设定的尺度阈值，则两个对象之间合并，否则考察下一个影像对象；④重复②、③步骤，直到影像中再无可以合并的对象，则分割过程结束，生成最终的影像分割图。

根据上述规则，影像对象分割尺度阈值的设定是决定对象合并终止的条件。因此，恰当的分割阈值是保证影像合理分割的关键所在。尺度参数估计（estimation of scale parameter，ESP）是一种有效的面向对象最优分割尺度参数的计算方法，该方法基于地物对象的局部方差理论来对尺度参数的可靠性进行评估（Drăguţ et al.，2010），通过计算不同分割尺度下影像对象同质性局部变化的变化率 LV 来指示最佳分割效果的尺度参数。当 LV 在局部出现峰值时，该点对应的分割尺度即最佳分割尺度（Drăguţ et al.，2014）。一般情况下，通过 ESP 方法计算得到的影像最优分割尺度并非唯一，因为最优分割尺度是针对影像内某一地物类型得出的。因此，可以根据 ESP 方法得到的几个尺度参数进行进一步实验，最后获取具有最佳整体分割效果的尺度参数。

2）特征提取

影像对象通常是一定数量像元的集合，因此具有多种类型的特征，包括光谱特征、形状特征以及纹理特征等。相比使用影像对象的某一类特征，多种对象特征的综合使用能够有效地提升遥感影像变化检测的精度（Wang et al.，2018）。

（1）光谱特征对应对象内的所有像元的灰度值，与像元的排列等空间结构无关，是一种地物区别另一种地物的本质特征。通常情况下，不同地物会具有不同的光谱特性，提取遥感影像的光谱特征对于地物类别及其变化的判别具有重要的意义。常用的对象光谱特征包括对象内像元在各个波段反射率的均值、整体亮度以及最大差异度量等。

（2）形状特征是在提取区域边界点的基础上获得的，即形状特征的计算基础是矢量化后各点的坐标组成的协方差矩阵。它描述了对象的形状信息，反映了对象的几何特性。常用的形状特征包括面积、长宽比、密度和形状指数等。

（3）纹理特征包含地物的表面信息及其与周围环境的关系，反映影像局部模式的重复和排列的规则。Haralick 等（1973）提出的灰度共生矩阵是一种有效的描述图像纹理特征的方法。灰度共生矩阵一个元素定义为像元从灰度级 i 的点在 θ 方向上相隔 d 个像元距离到灰度级 j 的概率，用 $P_{i,j}(d,\theta)$ $(i,j=0,1,2,\cdots,N)$ 表示。其中，N 为图像的灰度级，i、j 分别表示像素的灰度。常用的八种基于对象灰度共生矩阵的纹理特征包括同质度、对比度、非相似性、均值、方差、熵、角二阶矩和相关性。

3. 场景级特征

以光谱、形状和纹理为基础的特征是通过数学推导得到的，反映了影像中地物的具体属性，具有较强的可解释性。但是对于数据内容丰富的遥感影像而言，反映某一类具体属性的特征对影像的描述往往有限，只能够描述影像的低层次特征。因此，探索高效、可靠、全面的高层次特征提取技术至关重要。深度学习目前在遥感图像处理领域已经获得巨大成功并且广泛使用。卷积神经网络（CNN）作为深度学习方法的典型代表，能够获取以局部场景为单位的高层次语义特征，在众多遥感影像处理任务，包括语义标记（Liu et al.，2018；Volpi and Tuia，2016）、目标识别（Chen et al.，2014）与土地覆盖分类（Cao et al.，2020；Maggiori et al.，2016）中都得到了有效的应用。

CNN 将遥感影像的卷积、池化和类型判别等多个过程集成在一个框架之内，通过对模型进行训练，同时完成对遥感影像的特征学习和分类识别的任务。一个典型的 CNN 由一系列不同功能的隐含层构成，主要包括卷积层和池化层（LeCun et al.，2015）。CNN 通过循环使用这些功能层，实现从"低级"到"高级"影像特征的刻画。卷积层将前一层的输入通过一个滤波器组合映射到一个新的空间，并通过共享权重的机制将局部结构相似的特征在新的特征空间聚集，而局部结构不同的特征保持其差异性。卷积层是对输入数据进行多层次特征刻画的关键步骤。池化层通过合并邻域内部分特征来降低下一层输入特征的维数，减少冗余的相似特征，缩减整个网络模型的规模。卷积层和池化层通常作为组合在网络中使用，利用这样的组合可以构建复杂的网络模型。除此之外，一个完整的 CNN 还包括若干个全连接层和分类器层，分别用于实现数据的抽象表达和分类识别。

为了准确地获取遥感影像每一个以像元为中心的场景特征并突出其变化信息，本研究设计了一个 CNN 模型，它包含一个输入层、两个卷积层、两个池化层、两个全连接层。这种结构不仅满足了场景特征的提取需求，同时并不过于复杂的网络结构能够保证 CNN 的运行效率，该模型的表达式如下：

$$L(F_\Theta,D_A)=-\sum_{i=1}^{N}\sum_{k=1}^{K}l\{y_i=k\}\log P\{y_i=k\,|\,x_i,F_\Theta\} \tag{3-39}$$

式中，L 为影像像元的变化类别概率；F_Θ 为基于参数 Θ 的非线性函数；N 和 K 分别为影像的像元总数和变化类别数；x_i 和 y_i 分别为以目标像元为中心的场景影像和它对应的变

化类别标签；l 为指示函数；$P\{y_i = k | x_i, F_\Theta\}$ 为输出结果以目标像元 x_i 为中心的场景影像 y_i 的变化类别为 k 的概率。经过 CNN 训练后，模型最后一个全连接层输出的特征为输入影像的高度抽象表示，可以作为目标像元在设定场景范围内的高级语义特征（图 3-16）。

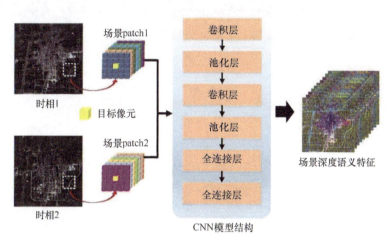

图 3-16　用于深度场景特征提取的 CNN 模型

3.5.2　多特征降维

根据上述多层次空间特征提取结果构造的差异影像特征，由于滤波属性、对象属性和神经网络结构的复杂性，得到的差异特征具有信息量大、相关性强等特点，特征之间易造成信息冗余，不利于分类器对变化发生和变化类型进行识别。因此，有必要对高维特征进行降维，通过特征选择的方法构建对变化检测最有效的特征组合，提升变化检测的精度和效率。

分数阶达尔文粒子群优化（fractional-order Darwinian particle swarm optimization，FODPSO）算法是一种有效的特征选择方法，可以实现从高维差异特征中选取对变化检测最有效的信息，解决多层次空间差异特征信息冗余的问题（Ghamisi et al.，2013）。FODPSO 降维法是基于粒子群优化（particle swarm optimization，PSO）特征选择法的进一步改进。PSO 特征选择法通过分类器和验证样本在每一个解决方案中判断增加特征是否会导致结果精度下降的策略来寻找最优特征（Hughes，1968）。

$$OA = \frac{\sum_{i}^{N_C} C_{ii}}{\sum_{ij}^{N_C} C_{ij}} \times 100 \qquad (3\text{-}40)$$

式中，C_{ij} 为属于类别 i 而被识别为类别 j 的像元数目；C_{ii} 为被正确识别为类别 i 的像元数目；N_C 为类别数。由于算法的协同机制，它具有很强的随机优化能力，每个粒子自身的结果都可能成为获取最佳特征的解决方案（图 3-17）。每个粒子根据自身最佳位置和粒子群最佳位置更新其搜索方向，即粒子通过与其他粒子之间交互和共享信息遍历搜索空间，以寻找自身和全局的最佳解决方案来获得最优结果（del Valle et al.，2008）。

$$V_i(t+1) = \omega V_i(t) + c_1 r_1 (P_p - X_i(t)) + c_2 r_2 (P_g - X_i(t)) \qquad (3\text{-}41)$$

$$X_i(t+1) = X_i(t) + V_i(t+1) \qquad (3\text{-}42)$$

式中，t 为迭代次数；V_i 和 X_i 分别为第 i 个粒子的移动速率和位置；P_p 和 P_g 分别表示其自身最佳位置和局部最佳位置；ω、c 和 r 分别表示惯性权重、学习因子和随机数。

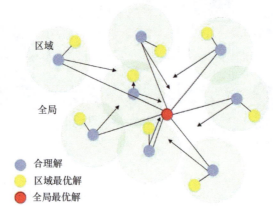

图 3-17　粒子群优化法示意图

为了进一步提高 PSO 的效果，达尔文粒子群优化算法（Darwinian particle swarm optimization，DPSO）提出针对同一问题采用多个并行的 PSO 进行计算，最后通过自然选择机制得到最终结果。当某个粒子群在一个区域搜索的结果趋向于一个次优结果，那么这个搜索区域将被放弃而转向另一个区域进行搜索。DPSO 的每一步中，对结果更好的粒子群进行奖励，反之进行惩罚（Ghamisi et al.，2012）。尽管这种方法收获了较好的效果，但是多个粒子群以协同的方式寻求最优解决方案，导致计算量和最优解的收敛时间大大增加。为了进一步提升结果精度并提高算法的运行效率，FODPSO 算法被提出。它采用分数阶微积分来控制收敛的速率和结果。相比于整数阶导数的局部运算，分数阶导数对过去所有运算都具有记忆能力。这种特性使得它非常适合描述粒子的搜索和遍历轨迹（Ghamisi et al.，2014）。目前，FODPSO 已经在高光谱影像波段选择（Sun and Du，2019）、特征降维（Ghamisi et al.，2014）、影像分割（Ghamisi et al.，2013）等应用中得到了很好的效果。

3.5.3　训练样本优化

通过 FODPSO 获得用于变化检测的差异特征后，需要一个强鲁棒性分类器来识别影像中的变化区域。SVM 对处理高维数据和不确定性问题具有很好的效果。它具有泛化能力强、对异常值不敏感等特点，适用于解决本研究中的小样本和非线性问题（Mountrakis et al.，2011；Pal and Mather，2005）。然而，由于初始样本的随机性，训练的模型并非总是适用于整景影像的变化检测。因此，本节采用迭代主动学习的策略，通过训练少量的样本不断搜索对模型更加有利的样本，逐步增强 CNN 模型和分类器模型的有效性，提升变化检测结果的准确性。主动学习是一种通过检索每一个测试样本的标签信息来寻找对模型训练最有效样本的机器学习方法。目前在模式识别领域已有多种主动学习策略被广泛应用。本研究采用基于最优–次优标记法（best versus second best，BvSB）的主动学习方法获取更加有效的训练样本。BvSB 是一种专门为多类识别和分类设计的主动学习算法，该算法通过度量测试样本中最容易被混淆的两个类别的可能性差距来减少其受不重要小类的影响（Joshi et al.，2009）：

$$BvSB = P_B(i) - P_{SB}(i) \tag{3-43}$$

式中，P_B 为测试样本 i 概率最大的类别；P_{SB} 为测试样本 i 概率第二大的类别。基于这个算法，如果测试样本具有较小的 BvSB 值，则分类器对该样本的判别结果具有较大的不确定性，结果造成混淆的可能性较高。因此，该测试样本需要作为新的样本加入后续的模型中进行训练来优化分类器模型。通过上述方法不断迭代学习，获取信息量最丰富的样本来优化模型，直到满足迭代停止的条件，最终获得更加准确的变化检测结果。迭代主动学习停止的条件有两种情况：①指定迭代循环的次数。这种方法可以控制整个算法中使用到的训练样本数量，有利于控制变量与对比实验进行合理的比较。②设置上一次迭代的变化检测结果精度与本次迭代结果的差距，当差距小于一定的事先设定的阈值时即可令迭代停止。这种方法可以通过控制阈值的大小使变化检测结果的精度达到近乎最优，但是运行时间通常较长，并且最终使用的样本数量可能较多。迭代主动学习在变化检测中的实现过程如表 3-11 所示。

表 3-11　迭代主动学习在变化检测中的实现过程

输入：标记样本 D，迭代次数 R，初始样本数量 a，每次迭代中主动选择样本数量 b

初始化：$r = 1$

Step 1：像元级、邻域级和对象级特征提取，构造差异影像

Step 2：数据增强：$D \rightarrow D_A$

While $r < R$ 或尚未满足迭代停止条件

Step 3：基于 D_A 的 CNN 模型训练（$r = 1$）或模型微调（$r > 1$）提取场景特征

Step 4：基于 FODPSO 算法对多层次特征降维

Step 5：基于 SVM 的变化检测，获取检测结果及其后验概率

Step 6：通过基于 BvSB 的主动学习方法选取额外的 b 个样本

Step 7：对额外的 b 个样本进行数据增强并将其添加至 D_A 构成新的 D_A

Step 8：$r = r + 1$

End While

输出：最终变化检测结果 Y

3.5.4　实验结果与分析

1. 实验设置

研究使用的泰州数据集由 2000 年 3 月 17 日和 2003 年 2 月 6 日泰州市主城区的 Landsat 5 TM 遥感影像构成。影像大小为 400×400 像元，包括 6 个多光谱波段（Band 1～

5、Band 7），空间分辨率为 30m。研究区位于泰州市主城区，三年间城区向南部扩张明显，有多处新增的建设用地。每一期影像又选取了四种形态学属性剖面的特征，它们的阈值设定根据 Ghamisi 等（2013）提出的自动选取形态学属性剖面阈值方法以及研究区影像包含的地物类型等先验知识来确定（Zhu et al.，2018）。各类属性阈值的选取如下所示。

（1）连通区域面积阈值 λ_a：

$$\lambda_a = \frac{1000}{\varphi} \times \{\alpha_{\min}, \alpha_{\min} + \delta_a, \alpha_{\min} + 2\delta_a, \cdots, +\alpha_{\max}\} \tag{3-44}$$

（2）连通区域外接矩形对角线长度 λ_d：

$$\lambda_d = [5, 10, 15, \cdots, 100] \tag{3-45}$$

（3）连通区域内像元灰度值的标准差 λ_s：

$$\lambda_s = \frac{\mu}{100} \times \{\sigma_{\min}, \sigma_{\min} + \delta_s, \sigma_{\min} + 2\delta_s, \cdots, +\sigma_{\max}\} \tag{3-46}$$

（4）连通区域的转动惯量 λ_i：

$$\lambda_i = [0.24, 0.28, 0.32, \cdots, 1.00] \tag{3-47}$$

式中，φ 为影像的空间分辨率；$\alpha_{\min}$、$\alpha_{\max}$ 和 δ_a 分别设定为 0.075、1.5 和 0.075；μ 为影像所有波段像元值的均值；$\sigma_{\min}$、$\sigma_{\max}$ 和 δ_s 分别设定为 0.15、3 和 0.15。

为了提取对象级特征，通过 Definiens eCognition Developer Version 9.0 中多尺度分割算法来进行影像分割，利用嵌入在软件中的 ESP 算法计算数据集中每一期影像的最优分割尺度，得到相应的分割影像。根据影像中的地物类型和试错法进行实验，多尺度分割的主要参数设置如下：光谱权重和形状权重分别设置为 0.8 和 0.2，平滑权重和紧致度权重都设置为 0.5（Chen et al.，2016）。通过多尺度影像分割操作得到影像对象后，选取了表 3-12 所示的对象级特征。

表 3-12　本研究选取的对象级特征

特征类型	特征名称
光谱特征	影像对象各波段光谱均值、亮度、光谱最大差异度量
形状特征	影像对象的长宽比、面积、密度和形状指数
纹理特征	影像对象灰度共生矩阵的均值、方差、均质度、对比度、差异性、熵、角二阶矩和相关性

用于深度场景特征提取的 CNN 模型如图 3-16 所示，其中第一个卷积层包含 20 个大小为 3×3 的卷积核；第二个卷积层包含 20 个大小为 2×2 的卷积核；每一个卷积层后，都采用卷积核大小为 2×2、步长为 2 的最大池化层进行重采样；最后为两个全连接层，第一个全连接层包含 500 个节点，第二个全连接层包含与变化类型数量相等的节点数目。除此之外，根据经验模型设置了 CNN 的其他参数：Batch Size 设置为 50，学习率设置为 0.001。选取第二个全连接层的特征为最终用于变化检测的深度场景特征。

由于该方法每次主动学习的样本受该次迭代中 CNN 提取的场景特征和 SVM 模型训练结果的影响，因此初始样本的数量会影响变化检测的最终结果。为了证明该方法在处理仅具有少量样本时的优异性能，实验将每个类别的初始训练样本数量设置在参考变化像元的 0.1%～1%。在后续的每次迭代中，从剩余的参考样本中主动选择并添加相同数量的训练样本扩充初始样本进行下一次迭代，直到变化检测结果满足迭代停止的要求。

在特征降维的过程中，采用 SVM 在测试样本上的总体精度作为 FODPSO 算法拟合最优特征的标准（Ghamisi et al., 2014）。在 FODPSO 和用于变化检测的分类器中，SVM的核函数采用径向基核函数，惩罚参数和核函数参数通过 PSO 算法自动选取。为了评价该方法在每一次迭代中的结果，参考变化样本初始被分为两类：训练样本（用于训练 CNN 和 SVM 模型）和测试样本（用于测试变化检测结果）。每一次迭代结束后测试样本成为候选样本，通过主动学习选取其中信息量最大的样本加入现有的训练样本中，实现在下一次迭代中对 CNN 和 SVM 模型进行优化。剩余的候选样本则作为测试样本继续在下一次迭代中对变化检测的结果进行评价，重复上述步骤直到迭代结束。

为了证明联合多层次空间特征的变化检测方法的有效性，研究选取了目前流行的多类变化检测方法，包括①基于上下文信息的变化检测方法（contextual information-based change detection，CBCD）；②面向对象的变化检测方法（object-based change detection，OBCD）；③基于主动学习的面向对象变化检测方法（object-based change detection with active learning，OBAL）；④基于 AlexNet 网络的变化检测方法（change detection-based on scene features from AlexNet，AlexCD）；⑤基于 Siamese CNN 的变化检测方法（change detection-based on scene features from Siamese CNN，SiamCD）；⑥基于上下文信息和面向对象特征的变化检测方法（change detection based on contextual and object features，COBCD）；⑦基于上下文信息、对象特征和 AlexNet 场景特征的变化检测方法（change detection-based on contextual，object and scene features from AlexNet，COAlexCD），在提出的方法和对比方法中，影像原始波段都作为最基本的像元级特征加入相应方法的特征集中，最后一个对比实验仅使用影像原始波段；⑧基于像元级光谱特征的变化检测（pixel-based change detection，PBCD）作为基准实验，用以同时突出本书方法和对比方法的优势和先进性。上述实验随机从参考变化图中选取数量相等的标记像元作为训练样本，剩余的标记像元作为测试样本来评价变化检测结果的精度。为了减少随机误差，实验结果均为 10 次蒙特卡罗的平均结果。

2. 实验结果

在该数据集中，试验采用上述方法进行了 5 次迭代。初始迭代时，0.5%的标记像元被选取为训练样本，剩下的标记样本作为测试样本，最后根据变化检测结果和主动学习策略每次选取额外的 0.5%的标记样本加入现有的样本中更新下一次迭代的训练样本。重复上述过程直到迭代停止，获得最终的变化检测结果。对于场景特征的提取，CNN中 epoch 设置为 60，输入的场景尺寸为 8×8 个像元。对于在 CBCD、COBCD 和 COAlexCD中所使用的邻域级上下文特征，根据多次尝试选取了 8 个基于 3×3 个像元滤波窗口的GLCM 特征（包括均值、方差、均质度、对比度、差异度、熵、角二阶矩和相关性）和多尺度形态学属性剖面特征（形态学开/闭运算）。其中，多尺度形态学属性剖面的结构元根据影像中地物的特征选择以 2、4 和 5 为半径的圆形；对于在 OBCD、COBCD 和

COAlexCD 中所使用的对象级特征，选取了和本节方法中相同的对象特征；AlexCD 和 SiamCD 中输入的场景尺寸同样为 8×8 个像元。表 3-13 列出了提出的方法在最后一次迭代中的结果以及相同样本数量下对比实验的结果。

表 3-13 不同方法在泰州 Landsat 5 数据集下的变化检测精度

精度指标	PBCD	CBCD	OBCD	OBAL	COBCD	AlexCD	SiamCD	COAlexCD	试验采用的方法
变化-1[a]/%	92.18	89.89	89.96	95.87	94.95	85.10	94.33	94.85	**99.03**
变化-2/%	66.23	72.95	76.48	69.09	90.48	86.71	**94.57**	78.90	90.42
变化-3/%	82.69	72.31	59.88	90.48	78.48	39.75	68.98	80.78	**93.06**
不变-1/%	68.35	96.42	96.10	99.35	96.98	84.85	99.37	96.93	**99.53**
不变-2/%	93.84	98.09	97.86	97.73	98.04	96.35	97.98	98.06	**99.96**
不变-3/%	79.56	88.82	94.30	88.48	90.83	89.79	90.55	92.10	**99.17**
总体精度/%	88.53	93.89	94.59	94.95	95.53	91.44	95.44	95.53	**99.25**
Kappa 系数	0.8108	0.8992	0.9115	0.9165	0.9270	0.8586	0.9257	0.9273	**0.9878**
误检率[b]/%	6.48	8.58	12.45	3.26	4.90	15.42	4.66	4.42	**1.19**
漏检率/%	2.86	0.74	3.91	1.53	1.02	7.50	2.83	0.68	**0.14**
总体误差/%	1.75	1.74	3.04	0.87	1.11	4.21	1.41	0.96	**0.25**

a 不同变化类型为变化-1：城市扩张，变化-2：土壤变化，变化-3：水体变化；不变-1：不变水体，不变-2：不变植被，不变-3：不变城市；
b 二值变化检测的评价指标为误检率、漏检率和总体误差。

可以看出，不同方法总体精度相比对比实验 COAlexCD、COBCD、SiamCD、OBAL、OBCD、CBCD、AlexCD 和 PBCD 方法分别高出 3.72%、3.72%、3.81%、4.30%、4.66%、5.36%、7.81% 和 10.72%。从更具体的变化类别精度来看，该方法每一个变化类别的精度相比对比实验中该类别的最高精度提高了 0.16%~4.87%（变化土壤类型除外），说明该方法不仅在总体精度上表现出色，而且较为全面地顾及并提高了所有变化类型的检测结果。从二类变化的角度来看，该方法在所有方法中具有最小的误检率、漏检率和总体误差，分别为 1.19%、0.14% 和 0.25%。

图 3-18 展示了不同变化检测方法的结果图。可以看出，仅使用影像原始波段的 PBCD 方法的检测结果十分离散，包含很多误检和漏检像元。基于 CBCD 方法的变化检测由于选取了不同尺度的结构元，考虑到了不同地物类型的大小，有效减少了椒盐噪声，不同变化类型的区分性更强。OBCD 寻找影像分割的最佳尺度，能够更加准确地反映地物真实形状并提取它们不同角度的变化信息。例如，图 3-18（c）中的城市变化结果（包括新增建筑物和道路）相比图 3-18（a）和图 3-18（b）更加连续，形状更加规则。图 3-18（d）将主动学习加入面向对象的变化检测中，使结果的误检和漏检率进一步降低。基于 CNN 的两种变化检测方法 AlexCD [图 3-18（f）] 和 SiamCD [图 3-18（g）] 考虑了以每个目标像元为中心的周围场景，充分利用了场景内其他像元的信息，有效避免了云和阴影等异常像元对变化检测结果的干扰。然而，它们在破碎地区的变化检测效果并不理想，这些地区像元之间的相关性小，场景内相邻像元之间的差异较大，不适合以场景为单位聚焦变化信息。例如，图 3-18（f）和图 3-18（g）在研究区北部对离散分布的稳定植被、稳定水体和变化水体的识别包含较多误检漏检和类别混淆的情况。在上述特征组合策略的对比试

验 COBCD 和 COAlexCD 中，分类器模型通过多个层次的特征得到了充分的训练，所以图 3-18（e）和图 3-18（h）中变化类型的边界更加清晰和准确，误检率和漏检率也得到了进一步的降低。图 3-18（i）～图 3-18（m）展示了本书方法 1～5 次迭代的变化检测结果。由于该方法顾及了影像的多层次空间特征，因此它在初始迭代中就能够全面地突出多时相影像的变化信息，得到较好的变化检测结果。随着迭代的进行，CNN 和 SVM 模型通过主动学习新的样本持续优化模型，误检和漏检进一步减少，结果的精度不断提升。从图 3-18（i）～图 3-18（m）中可以明显看出，随着迭代次数的增加，该方法对研究区影像城市中心稳定水体和西南地区变化土壤的识别能力具有明显且稳定的提升。

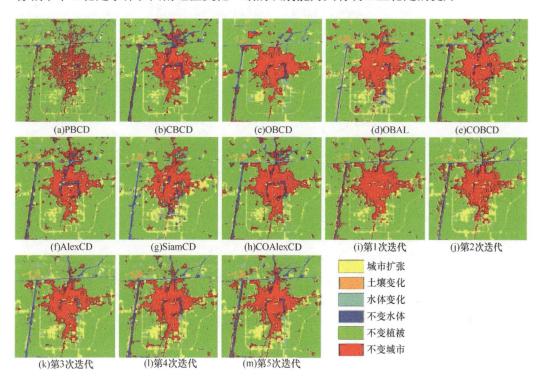

图 3-18　泰州 Landsat 5 数据集的变化检测结果

　　为了评价该方法在每次迭代中的变化检测结果，我们在对比实验中获取与该方法每次迭代中相同训练样本的检测结果进行比较，即对比实验中训练样本的数量为标记样本的 0.5%、1.0%、1.5%、2.0% 和 2.5%，结果如图 3-19 所示。在相同数量训练样本的条件下，试验中的方法都能够得到最优的总体精度，表明多层次空间特征在突出变化信息方面的全面性和优越性。在不同数量训练样本的结果中，COBCD 和 COAlexCD 方法的精度稍弱于该方法，平均精度分别低 3.25% 和 3.42%；SiamCD、OBAL、OBCD、CBCD 和 AlexCD 的表现则依次更差一些，精度平均比该方法低 3.73%、4.39%、4.65%、4.98% 和 7.90%。由于 PBCD 方法中仅利用了像元的光谱信息，所以它的表现是最差的，平均精度比提出的方法低 10.92%。从图 3-19 中还可以发现，自第二次迭代开始，试验中的方法结果精度相比其他方法精度的优势逐渐扩大，这表明通过主动学习选取的样本包含对 CNN 场景特征提取和变化检测模型优化更有利的信息，从而进一步提高了变化检测结果的精度。

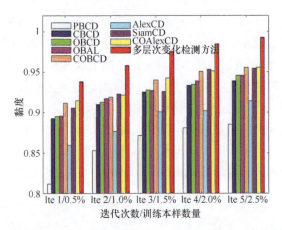

图 3-19　不同数量训练样本下各个变化检测方法在泰州 Landsat 5 数据集上的精度表现

3. 分析与讨论

1）场景尺度参数敏感性

场景特征提取中，CNN 输入的场景尺度是关键参数。它决定了以目标像元为中心一定范围内高级语义特征的提取与表达。由于场景特征是多层次空间特征中的重要组成部分，所以场景尺度的大小对最终变化检测结果具有重要影响。为了评价提出方法的结果对输入场景尺寸大小的敏感性，我们选取了不同大小窗口的影像块作为 CNN 的输入数据来提取场景特征，最终的变化检测结果如图 3-20 所示。在前两次迭代中，场景尺寸对变化检测的结果具有明显的影响。从折线图中可以看出，当场景尺寸小于或等于 8×8 个像元时，场景尺寸增加时变化检测结果的精度也随之提升。相反，当场景尺寸大于或等于 8×8 个像元时，场景尺寸增加时变化检测结果的精度会随之下降。另外值得注意的是，随着迭代的进行，主动学习扩充并优化了训练样本，这使得不同场景尺度下变化

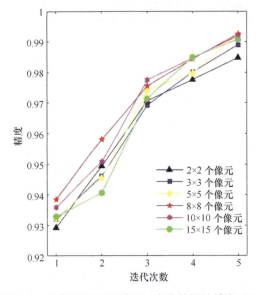

图 3-20　不同尺度场景特征下变化检测的精度对比

检测的精度差距通过优化样本的弥补逐渐缩小，最后维持在一个较高的精度水平。这时，尽管不同的场景尺寸仍对结果有一定的影响，但是在迭代次数足够多的情况下这种影响变得很小。因此，合适的场景大小和迭代次数对提高该方法的准确性是至关重要的。

2）运行效率分析

为了评价提出方法的运行效率，试验记录了所有方法在这三个数据集上的运行时间，如表 3-14 所示。所有实验的代码均使用主机为 Intel（R）Core（TM）i7-6700 PC（CPU：3.4 GHz，RAM：16 GB）上的 MATLAB R2018a 运行。从表 3-14 中可以看出，PBCD 方法的运行时间最短，因为它仅使用了影像的光谱信息作为特征；CBCD 算法由于增加了上下文信息的提取过程，运行时间相比 PBCD 多了数秒；相比前两种方法，OBCD、OBAL 和 COBCD 方法中影像分割过程需要额外的数十秒（影像分割耗时：22.67s）。AlexCD 方法中由于包含了 25 层的 AlexNet 网络，并且从最后一个全连接层'FC8'提取的特征维度是 1000，因此运行效率最低（AlexNet 特征提取耗时：10045.36s）。由于这个原因，COAlexCD 的运行时间更多。SiamCD 由多个共享权值和参数的网络通道组成，因此这种方法的参数优化过程也很耗时。尽管本节方法采用了多层次特征（包括基于场景的深度语义特征），但是用于提取场景特征的 CNN 结构简单，而且场景特征的维数远小于 AlexNet 中全连接层'FC8'提取的特征维度，因此它的运行时间远小于 AlexCD 和 COAlexCD 方法。与 SiamCD 方法相比，本节方法在迭代次数较少的情况下运行效率更高。但随着迭代次数的增加，CNN 和 SVM 模型的训练次数不断增加，运行效率逐渐下降。

表 3-14　不同变化检测方法的运行时间　　　　　　（单位：s）

迭代/样本	PBCD	CBCD	OBCD	OBAL	COBCD	AlexCD	SiamCD	COAlexCD	本节采用的方法
1 / 0.5%	1.98	5.79	25.22	25.40	28.87	10095.77	1185.48	10115.22	786.07
2 / 1.0%	2.49	7.54	25.85	26.76	31.92	10137.64	1301.13	10180.99	1574.02
3 / 1.5%	3.27	9.82	26.53	28.31	36.02	10185.89	1422.27	10245.04	2705.60
4 / 2.0%	3.79	14.83	27.46	30.06	38.95	10232.64	1531.83	10362.09	3747.83
5 / 2.5%	4.56	22.76	28.30	31.78	46.06	10288.86	1678.65	10415.54	4773.66

3.6　顾及地表变化逻辑信息的三时相变化检测方法

遥感影像的变化检测方法根据是否需要先验知识可以分为非监督变化检测和监督变化检测。监督变化检测对不同时相影像间的辐射一致性具有更好的鲁棒性，同时更加容易获得变化像元的类型或轨迹（Pacifici et al.，2007）。但训练样本获取的难度较大，应用具有一定的局限性。相比之下，非监督变化检测方法并不依赖训练样本，它通过直接对比不同时相影像特征的差异判断变化像元的位置，可用于检测快速或者频繁的土地覆盖变化。但非监督变化检测方法的局限性在于：①尽管目前已有一些辐射归一化方法和有效的空间特征提取技术，但是它们并不能完全消除不同影像获取条件导致的辐射差异和像元值异常；②由于不同变化类型的像元在影像间灰度值差异的幅度是不一样的，因此通过非监督分割方法给出的阈值不能够保证准确提取所有类型的变化像元（Xian et al.，2009）。针对上述问题，本研究提出了一种以地表变化逻辑规律为辅助信息的三时相逻辑验证的变化矢量分析法（tri-temporal logic-verified change vector analysis，TLCVA），旨在充分利用地表变化在三期影像间的逻辑关系，检验和修正非监督变化检测中的误检和漏检，进一步提高变化检测的准确度，更好地理解真实地表的变化过程。TLCVA 总体上分为三个步骤（图 3-21）：①CVA 对三组双时相遥感影像进行变化检测，根据地表变化的逻辑规律，识别逻辑错误的变化模式。②在正确变化模式中建立可信样本的定义准则，根据变化模式的类型搜索其中可靠的检测结果及其对应的差异影像，作为训练样本和特征训练分类器模型。③根据分类器模型，对错误变化模式中每一组双时相差异影像重新分类和比较，修正错误变化模式中不正确的双时相变化检测结果，构建合理的变化模式，提升变化检测结果精度（Du et al.，2020）。

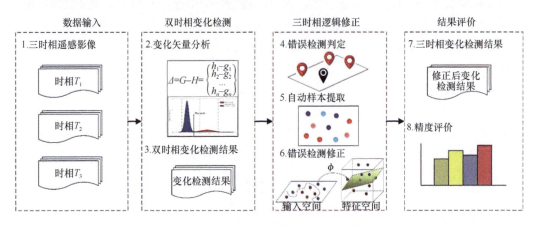

图 3-21　基于地表变化逻辑规律的三时相变化检测方法

3.6.1　错误检测判定

为提高双时相影像的变化检测精度，假设在目标双时相影像 T_1 和 T_3 获取时间之间新增一景辅助影像 T_2（辅助影像的获取时间没有严格的限制），因此三景影像可以两两之间进行三组双时相变化检测。采用 CVA 对每一对双时相影像进行变化检测，根据影像的时间顺序产生三个变化检测结果 CD_{12}、CD_{23} 和 CD_{13}。以每个时相的土地覆盖为多边形的顶点，每一组双时相变化检测结果作为多边形的边，因此三时相影像可以构成一个三角形变化模式。从数学的角度来讲，每一条边的值有两种（变化与非变化），因此变化模式的类型总共有 $2^3=8$ 种。但在真实情况下，变化模式三角形的每条边之间具有一定的逻辑关系，因此从数学角度得到的变化模式中会存在与实际地表变化过程相悖的情况。变化模式的类型如图 3-22 所示。

从同一像元土地覆盖变化发生顺序的逻辑角度来看，变化模式 1～5 是真实地表可能存在的情况，而变化模式 6～8 不符合土地覆盖变化发生的时间顺序。因此，变化模式属于这三种类型的像元位置上必然存在某一条边对应的检测结果出现错误（变化模式

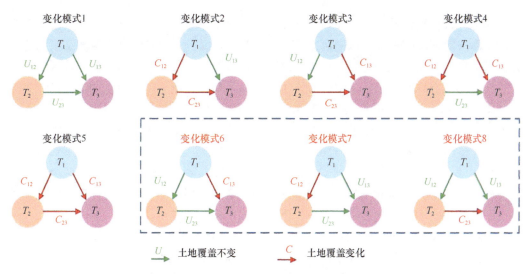

图 3-22　三时相变化检测结果的模式类型

1~5 也可能同时存在两条或者三条边对应的检测结果出现问题的情况,但是这种情况概率极低,本书不予考虑)。本研究以这种地表变化规律的内在逻辑关系作为先验知识,对双时相变化检测结果间的逻辑关系进行判断,通过变化模式的逻辑合理性来验证每个像元位置上是否存在错误检测结果,实现基于时间规律的变化检测的第一个步骤。

3.6.2　样本自动提取

尽管通过土地覆盖变化在时间维的逻辑关系可以确定存在错误检测的像元位置,但无法直接定位是变化模式三角形中哪一条边的结果出现了错误。为了能够具体定位到发生错误检测的边,可以计算每一条边被正确检测的概率,通过比较每个检测结果被正确检测的可能性,修改发生错误检测可能性最高的结果,实现提高双时相变化检测精度的目的。

后验概率是计算土地覆盖分类与变化检测结果可靠性的一个有效工具(Chen et al.,2012;Hu and Dong,2018)。它通常是影像特征(如光谱反射率)的函数(Chen et al.,2010),可以通过监督分类器,如最大似然分类器(Guindon and Gascuel,2003)、模糊分类器(Abonyi and Szeifert,2003)和 SVM(Gonen et al.,2008)等分类器获取:

$$P = f(x) \tag{3-48}$$

式中,$x = (x_1, x_2, \cdots, x_n)$ 为像元光谱反射率的向量,n 为影像的波段数;$P = (p_1, p_2, \cdots, p_m)$ 为像元属于类别 1~m 的后验概率向量,m 为结果的类别数。鉴于 SVM 对不确定性问题具有强鲁棒性(Mountrakis et al.,2011),采用其作为监督分类器来获取错误模式中新变化检测结果的后验概率。在这种情况下,x 为双时相影像光谱反射率的差值向量,P 为变化与非变化的后验概率向量。

为了利用 SVM 得到错误模式中新变化检测结果及其后验概率,首先获取输入 SVM 中的训练样本。根据正确变化模式中双时相结果的改变是否对变化模式的逻辑性产生影响，提出一种自动样本定义（automatic sample defination，ASD）方法，通过逻辑规则来确定每一对双时相差异影像中可靠样本的位置。在以三个双时相变化检测结果为边的合理变化模式三角形中，如果将某一条边的检测结果变为它的对立结果会导致合理变化模式转变为不合理变化模式，则认为这条边的原始变化检测结果是可信的，可以作为标记样本成为后续 SVM 变化检测的输入数据，与之对应的双时相差异向量作为 SVM 变化检测的输入特征。因为如果这条边对应的是错误检测结果，那么该变化模式将不合逻辑。除非该模式中还有其他边与其同时发生了检测错误，以"负负得正"的形式恢复了变化模式的合理性。但是考虑到 CVA 本身较高的准确性，变化模式中出现两个及以上错误检测结果的概率极低，本书对这种情况不予考虑。相反，如果将变化模式中某一条边的状态改为它的对立状态，合理的变化模式仍然保持其逻辑合理性，那么这条边代表的变化检测结果是不可信的。因为该检测结果的正确与否都不影响变化模式的逻辑合理性，因此将其视为不可信的样本，并且不会在算法的后续过程中使用。

假设三个时相影像两两之间的差异影像分别为 DI_{12}、DI_{23} 和 DI_{13}，根据上述理论，可以得到如下规则：①对于 DI_{12}，可信的不变样本是变化模式 1 中 CD_{12} 为非变化的像元，可信的变化样本是变化模式 2 和 4 中 CD_{12} 为变化的像元；②对于 DI_{23}，可信的不变样本是变化模式 1 中 CD_{23} 为非变化的像元，可信的变化样本是变化模式 2 和 3 中 CD_{23} 为变化的像元；③对于 DI_{13}，可信的不变样本是变化模式 1 中 CD_{13} 为非变化的像元，可信的变化样本是变化模式 3 和 4 中 CD_{13} 为变化的像元。从另一个角度来说，可信的不变样本为变化模式 1 中变化检测边为非变化类型的像元，而可信的变化样本为变化模式 2~4 中变化检测边为变化类型的像元。由于变化模式 6~8 中必然存在错误检测，所以其中的每一条边都视为存疑检测结果，需要后续的判断和改进。变化模式三角形中除了上述的边之外遵循如下规则：①既不属于可信不变结果又不属于存疑结果的非变化类型的边被标记为不可信不变样本；②既不属于可信变化结果又不属于存疑结果的变化类型的边被标记为不可信变化样本。这些不可信样本由于其较低的可靠性，既不能作为训练样本，也不需要像存疑结果那样去后续处理（因为其变化模式在逻辑上是合理的）。图 3-23 模拟了根据 ASD 方法选取差异影像和对应样本标签的过程，以三个相同位置的

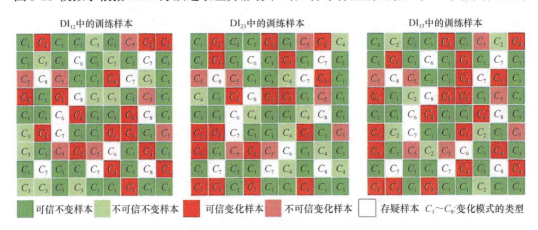

图 3-23　基于自动样本定义方法的样本类型模拟

变化检测结果为边构成一个变化模式三角形。合理变化模式 1～5 中包含 4 种样本类型（可信变化样本、可信不变样本、不可信变化样本和不可信不变样本），错误变化模式 6～8 中的所有样本类型均为存疑样本。

3.6.3　错误检测修正

根据 ASD 方法获取的训练样本和对应的差异特征可以作为 SVM 分类器的输入数据，对所有错误变化模式中的存疑检测结果进行更新，同时获得它们的后验概率，而在合理变化模式的像元位置上则保留原始的变化检测结果。原始错误变化模式经过 SVM 更新检测结果后存在两种情况：①基于 SVM 新变化检测结果的三条边直接形成了符合地表变化逻辑的变化模式（变化模式 1～5 中的一种），那么 SVM 产生的新结果将直接作为变化模式中的三个双时相变化检测结果；②基于 SVM 更新的三个双时相变化检测结果在该位置上仍然不能构成符合地表变化逻辑的变化模式（变化模式 6～8 中的一种）。在这种情况下，变化模式中每个检测结果的后验概率将作为结果可靠性的依据，用于改正变化模式中错误的检测结果。由于只要将错误变化模式中三个检测结果的任意一个转为其对立状态（即变化转为非变化、非变化转为变化），变化模式就可以符合地表变化发生的逻辑规律。加之上述提到的同一变化模式的三个检测结果中出现两个及以上错误检测的概率极低不予考虑，因此将三个检测结果中后验概率最低的结果转为其对立状态，即可修正错误模式中的异常检测结果，实现通过三时相影像在时间上的逻辑规律来提升双时相变化检测结果的目的。错误变化模式的逻辑修正过程如图 3-24 所示。

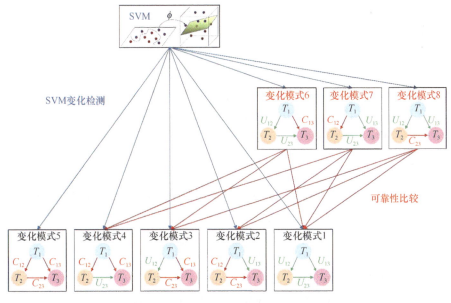

图 3-24　错误变化模式的逻辑修正过程

3.6.4　实验结果与分析

1. 实验设置

本研究采用了位于长江岸带的马鞍山数据集，由分别获取于 2017 年 2 月 11 日、2018 年 2 月 26 日和 2019 年 1 月 22 日的 Sentinel-2 影像构成。数据集选取了原始影像的 10 个波段（Band 2～8、Band 8A、Band 11～12）并将其空间分辨率重采样至 10m。研究区覆盖 340×220 个像元，主要包括河岸带的农业用地、湿地和水体。由于人为耕种活动和长江对河岸的侵蚀、搬运以及沉积作用，该地区在短时间内发生了多次可逆与不可逆的变化模式。为了证明 TLCVA 能够有效提升双时相影像变化检测的表现，我们选取了三个具有代表性的双时相变化检测方法作为对比实验：①由于 TLCVA 方法是在 CVA 方法基础上的一种改进的变化检测方法，因此采用基于 Otsu 和 EM 两种阈值分割的 CVA 方法作为对比方法。②采用基于迭代主成分分析与窗口修复法的变化检测方法（iterative principal component analysis and window recovery method，ITPCA-WRM）（Falco et al.，2016）。该方法基于多时相影像光谱主成分之间的比较，同时采用图像后处理操作，通过滑动窗口对检测结果进行影像滤波，以减小配准误差或者像元值异常引起的错误检测。通过反复试验，选取大小为 3×3 个像元的滤波窗口使其得到最优的检测结果。除此之外，由于提出的方法通过后验概率的比较来修正错误的双时相检测结果，因此选用同样基于后验概率的变化检测方法与其进行对比。③基于后验概率空间的分类后变化检测方法（post-classification change detection based on posterior-probability space in CVA，CVAPS-PC）（Zakeri et al.，2019）。该方法通过对不同时相的影像进行分类求取每一个像元的类别和后验概率，然后以两个时相后验概率差值向量作为特征向量并计算其二范数求取变化强度，最后以后验概率变化强度、变化前和变化后的类别作为特征进行监督变化检测来得到最终结果。为了保持方法的可比性，原始 CVAPS-PC 中的 RF 分类器采用与本节方法中相同的 SVM 代替。所有方法中的 SVM 都使用径向基函数作为核函数，并且通过 PSO 自动选择参数。另外，由于 CVAPS-PC 方法需要人工定义训练样本，因此其样本随机从参考变化图中选取，训练样本数量保持与提出的方法中第二步 SVM 选择的样本数量一致。为了避免随机误差，所有实验结果的精度均为 10 次蒙特卡罗运行结果的平均精度。

2. 实验结果

该方法首先通过 CVA 对三期遥感影像组成的三组双时相影像对进行初步变化检测，生成的三个变化检测结果构成土地覆盖变化模式三角形的三条边。图 3-25（a）～图 3-25（c）展示了 CVA 初步变化检测结果。根据地表变化规律，可以通过图 3-25（d）观察到发生错误检测的像元位置（三种红色标记的错误变化模式的像元位置）。尽管研究区整体具有较好的检测结果，但仍然存在一些明显的误检和漏检情况。为了对错误检测结果进行修正，ASD 方法定义了三时相变化模式中以双时相变化检测结果和对应差异影像为训练样本的样本类型，如图 3-25（e）～图 3-25（g）所示。为了提升修正结果的效率，从定义的可信样本中随机选取 500 个像元作为 SVM 的训练样本，其余的作为测试样本。

在错误变化模式的像元位置，如果 SVM 输出的新结果使该位置构成了合理的变化模式，这些结果即修正后的变化检测结果；如果 SVM 输出的新结果在该位置仍不能构成符合逻辑规律变化模式，那么将这三个结果中后验概率最低的改为对立状态的结果，构成合理的变化模式。图 3-25（h）～图 3-25（k）展示了基于该方法得到的最终变化检测结果以及它们构成的土地覆盖变化模式。和原始 CVA 方法的结果相比，该方法结果的改进之处可以从标记的圆圈处观察到。举例来说，在影像 T_1 和 T_2 之间，由于已被收割的耕地与尚未收割的耕地的地表反射特征十分相似，因此它们之间差异矢量的强度值并不高，在整个差异强度图中很可能没有达到分割阈值的大小或者与其十分接近。在这种情况下，传统的 CVA 方法不容易识别出它们的变化。而通过 TLCVA 方法中的逻辑判断，

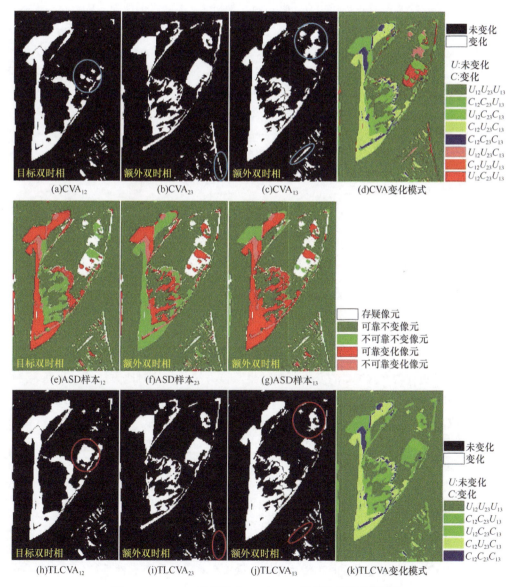

图 3-25　TLCVA 在马鞍山 Sentinel-2 数据集的阶段性结果

可以识别出错误变化模式的位置，并对其中的错误检测结果进行修正，准确地识别出该位置发生的变化。不仅如此，变化模式中另外两对影像 T_{23} 和 T_{13} 之间的变化检测结果也通过这个方式得到了验证。这意味着 TLCVA 方法不仅能够增强目标双时相影像的变化检测结果，同时还能够提升变化模式中另外两组双时相影像的检测结果。这对于理解地表变化过程和分析多时相变化信息间的逻辑关系具有重要的意义。

图 3-26 展示了 TLCVA 对 CVA 结果的修正情况。图 3-26（a）统计了 CVA 结果中不合逻辑的变化模式经过 TLCVA 方法后转为正确模式的方向与数量分布。值得注意的是，基于后验概率最低的修正方法，错误模式向正确模式的转换是有规律可循的。从图 3-26（a）中可以观察到：①模式 6 经修正后可以转为模式 1、3 和 4；②模式 7 经修正后可以转为模式 1、2 和 4；③模式 8 经修正后可以转为模式 1、2 和 3。根据修正规则，从错误模式 6～8 转为模式 5 只能通过以 SVM 输出的变化检测结果直接更新变化模式的方式得到，因此模式 6～8 转为模式 5 的数量较少。图 3-26（b）展示了经过 TLCVA 方法后，每一组 CVA 的二类变化结果经修正后的转变情况。经过错误像元的修正过程后，在 CD_{12} 的结果中由不变转换为变化的像元数量远大于由变化转为不变的像元数量；而在 CD_{23} 的结果中，情况则完全相反；在 CD_{13} 的结果中，发生这两种转换的像元数量几乎相等。

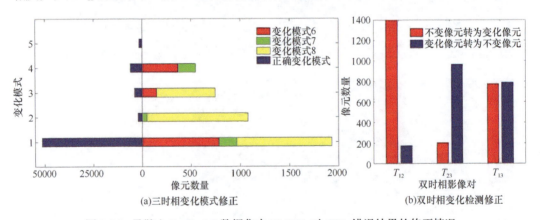

(a)三时相变化模式修正　　　　　　　　　(b)双时相变化检测修正

图 3-26　马鞍山 Sentinel-2 数据集中 TLCVA 对 CVA 错误结果的修正情况

为了定量地评价 TLCVA 的变化检测结果，该方法与其他对比方法的结果在表 3-15 中列出，详细地展示了每一组双时相变化检测结果和土地覆盖变化模式的总体精度、Kappa 系数、模式类别精度、误检率和漏检率等重要评价指标。从表 3-15 中可以看出，以 Otsu 进行阈值分割的 CVA 在经过 TLCVA 的改进后，每一组变化检测结果中都有了更好的表现，准确性和可靠性都得到了显著提升，误检率和漏检率明显降低。从变化模式的精度来看，TLCVA 结果在变化模式 1～4 上相比 CVA 分别高出 2.17%、24.48%、12.05% 和 6.83%。尽管对比实验中采用了目前较为先进的变化检测方法，在一定程度上获得了比传统 CVA 更好的结果，但是它们的表现仍不及 TLCVA。为了证明 TLCVA 的普适性，试验还采用了 EM 来替换 Otsu 完成 CVA 中阈值分割的步骤，得到了与基于 Otsu 的 TLCVA 相似的效果，即 TLCVA 相比原 CVA 准确性和可靠性都得到了明显提升，误检和漏检结果大幅减少。

表 3-15　不同变化检测方法在马鞍山 Sentinel-2 数据集中的结果

影像对	精度指标	Otsu		EM		CVAPS-PC	ITPCA-WRM
		CVA	TLCVA	CVA	TLCVA		
CD$_{12}$（P）	总体精度/%	96.03	97.79	96.27	96.66	96.11	96.99
	Kappa 系数	0.8544	0.9223	0.8657	0.8878	0.8622	0.8975
	误检率/%	2.40	2.15	4.14	10.81	6.72	8.43
	漏检率/%	20.24	10.37	17.30	7.49	15.70	8.41
CD$_{23}$（A）	总体精度/%	97.58	97.68	95.99	96.00	96.27	96.71
	Kappa 系数	0.9024	0.9034	0.8513	0.8520	0.8431	0.8653
	误检率/%	9.57	5.93	21.04	21.04	10.05	11.15
	漏检率/%	7.09	10.58	1.93	1.79	16.77	11.95
CD$_{13}$（A）	总体精度/%	97.00	98.04	90.03	95.14	95.46	94.91
	Kappa 系数	0.9003	0.9348	0.7249	0.8529	0.8401	0.8215
	误检率/%	8.26	5.40	35.06	20.81	6.06	8.24
	漏检率/%	8.00	5.24	0.38	0.19	19.46	20.48
变化模式	模式 1/%	97.20	99.37	87.02	94.90	97.24	95.80
	模式 2/%	49.39	73.87	47.93	68.99	78.89	81.18
	模式 3/%	77.64	89.69	93.67	96.31	69.08	46.60
	模式 4/%	85.83	92.65	84.84	90.05	78.81	85.15
	模式 5/%	91.59	91.59	99.40	99.40	69.37	86.34
	总体精度/%	91.86	96.41	85.15	93.06	91.99	90.51

注：P 为目标双时相影像变化检测结果；A 为额外两组双时相影像变化检测结果。

　　训练样本数量会对 TLCVA 中 SVM 输出新变化检测结果及其后验概率的步骤产生重要影响。为了探究其具体影响，我们从 ASD 获得的可信样本中选取不同数量的训练样本进行实验，阈值分割算法分别采用 Otsu 和 EM 方法。相应的变化检测精度如图 3-27 所示。结果表明，当训练样本数量<100 时，增加样本会明显提高双时相变化检测以及三时相变化模式的精度。与之相对，当训练样本的数量>100 时，双时相变化检测和三时相变化模式的精度趋于稳定。值得注意的是，在基于不同阈值分割方法的 CVA 中，

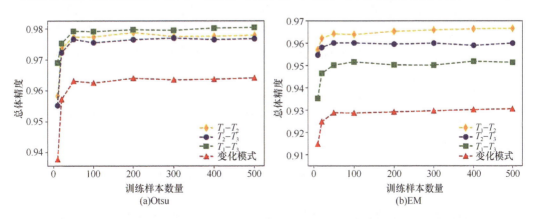

图 3-27　不同阈值分割算法下 TLCVA 在马鞍山 Sentinel-2 数据集的变化检测精度

尽管 TLCVA 都能够提高 CVA 结果，但是最终结果有所不同。对于基于 Otsu 的 TLCVA 结果，变化模式中的三个双时相检测精度由高到低分别为 CD_{13}、CD_{12} 和 CD_{23}；而在基于 EM 的 TLCVA 结果中，变化模式中的三个双时相变化检测精度由高到低分别为 CD_{12}、CD_{23} 和 CD_{13}。并且，基于 Otsu 和 EM 的 TLCVA 在相同影像对下的最终结果的精度并不一致。这是因为 TLCVA 的改进是基于原 CVA 结果的，对于 CVA 中存在错误检测但仍构成了合理变化模式的结果并不能进行改进。因此，初始 CVA 中的阈值分割方法对 TLCVA 的最终结果具有重要影响。

3.7　深度学习与多时相变化检测

变化检测是通过观测同一物体或现象在不同时间的状态来分析其是否发生变化的过程（Singh，1989；李德仁，2003）。深度学习技术因其有效深度挖掘数据复杂结构的优势，已成为目前变化检测的先进方法。根据是否使用先验知识，深度学习变化检测方法可分为监督型、半监督型、非监督型和自监督型。

3.7.1　监督型深度学习变化检测

监督型深度学习变化检测方法使用人工标注的训练样本作为先验知识，通过训练深度神经网络来识别双时相影像中的变化区域。根据双时相影像的融合顺序，深度神经网络主要包括两个类别：早期融合网络和晚期融合网络（Zhang et al.，2020）。早期融合方法首先对双时相图像进行拼接或差分运算，然后将处理后的影像输入网络中进行训练（Liu et al.，2020；Sun et al.，2022）。Peng 等（2019）使用 UNet++模型挖掘拼接后影像的深层特征，并引入多输出融合策略提高结果的可靠性。Jiang 等（2022）提出了加权多尺度初始编码网络，首先拼接两期影像，然后使用两个加权多尺度特征模块分别提取影像的低级和高级特征。与早期融合网络不同，晚期融合方法首先通过两个权重共享的特征提取器分别提取双时相影像的深度特征，然后将两期影像的深层特征进行融合产生变化检测结果（Liu et al.，2021；Mesquita et al.，2020；Zheng et al.，2022；Zhu et al.，2022）。晚期融合网络能够充分利用单一时相影像的深层信息，其性能一般优于早期融合方法。Chen 等（2020）设计了孪生卷积多层循环神经网络。该网络使用深度孪生卷积子网络提取空谱特征，并利用循环神经子网络进一步挖掘深度信息。Zhang 等（2020）提出了深度监督影像融合网络。首先通过两个并行分支提取影像的深层特征，然后融合深度差异特征和两期影像的深度特征检测变化。

由此可见，监督型深度学习变化检测方法使用人工标注的大量样本训练深度神经网络，能够有效利用影像的深层信息，从而精准地提取变化像元。

3.7.2　半监督型深度学习变化检测

半监督型深度学习变化检测方法同时利用少量人工标注的样本和大量未标记的数

据识别两期影像的变化。Ghosh 等（2014）将半监督学习与基于改进的自组织特征图网络的无监督上下文感知变化检测方法相结合，有效地检测出变化区域。Yuan 等（2015）提出了半监督度量学习方法，利用半监督拉普拉斯正则化度量学习方法解决不适定样本问题。Jiang 等（2020）提出了一个基于生成对抗网络（generative adversarial network，GAN）的半监督多类变化检测框架。首先使用未标记的数据训练 GAN，然后将两个判别器作为双支联合分类器，使用少量的标注样本进行微调，最后输出多类变化检测结果（Jiang et al.，2020）。Li 等（2020）提出了半监督的深度非光滑非负矩阵分解网络用以检测合成孔径雷达影像中的变化。该网络的学习过程由预训练阶段和微调阶段组成，前者逐层预训练所有分解的矩阵，后者通过使用小批量梯度下降算法来降低总重构误差。Peng 等（2021）构建了包含一个生成器和两个判别器（分割判别、熵图判别）的半监督变化检测网络，其在两个数据集上表现出优异的性能。

总体而言，半监督型深度学习变化检测方法仅需少量人工标注的训练样本就能深度挖掘影像间的变化信息，是变化检测领域重要的研究方向。

3.7.3 非监督型深度学习变化检测

非监督型深度学习变化检测方法不需要训练样本即能检测出变化，常用的方法主要包含两大类。第一类方法是基于迁移学习的方法，首先使用预训练的神经网络提取影像的深度特征，然后利用传统方法如变化矢量分析法（change vector analysis，CVA）（Malila，1980）和支持向量机分类器识别变化像元（Saha et al.，2019；Zhan et al.，2020）。第二类方法使用学习策略直接训练网络作为两期影像的深度特征提取器用于变化检测（Saha et al.，2020；Wu et al.，2021），如 Wu 等（2021）采用核主成分卷积提取影像的深度特征，并结合 CVA 产生变化图。

总的来说，非监督型深度学习变化检测方法省时省力，在实际应用中更具潜力。

3.7.4 自监督型深度学习变化检测

自监督型深度学习变化检测方法首先通过样本选择策略自动生成高置信度的训练样本，然后将其输入网络中进行学习，最后使用训练好的网络对所有的样本进行预测输出变化检测结果。样本选择方法主要包括差异影像的计算、分割和初始结果的细化三个步骤。CVA 是计算差异影像的主要方法，大津法（Gong et al.，2019）、K 均值聚类（Du et al.，2019）和模糊 C 均值聚类（Gong et al.，2017）则用于分割差异影像。邻域准则（Gong et al.，2017）、度量学习（Tang et al.，2022）、结构相似性（Li et al.，2021）和分类后预检测（Fang et al.，2022）能够有效细化初始样本，进一步提高其可靠性。用于训练的典型深度网络包括卷积神经网络（convolutional neural network，CNN）（Li et al.，2019）和循环神经网络（recurrent neural network，RNN）（Mou et al.，2019）等。CNN 能够充分提取高分影像的空间特征，而 RNN 可以有效挖掘双时相影像间的时序信息。

综上所述，自监督型深度学习变化检测方法无须人工参与即可自适应地挖掘与变化相关的深层特征，是变化检测领域的研究热点。

3.7.5 试验与分析

1. 方法总体流程

自监督型深度学习变化检测方法利用自动选择的样本训练网络，能够自适应地学习到有用的深层特征，通常比非监督型方法表现出更好的性能。然而，目前自监督型深度学习变化检测方法主要存在两个问题：①选择训练样本时未能有效利用深度特征且易受光照差异等外界因素影响，导致样本不够可靠；②网络参数较多，效率与性能不够优异。

针对上述问题，本节提出了一种联合知识引导型样本选择与轻量级 CNN 的变化检测方法（图 3-28），主要包括四个步骤：①结合深度特征的直接预检测，产生伪变化图1；②基于决策树的分类后预检测，产生伪变化图2；③融合伪变化图 1 和 2，生成用于网络训练的变与不变的影像块；④轻量级 CNN 的训练与预测。

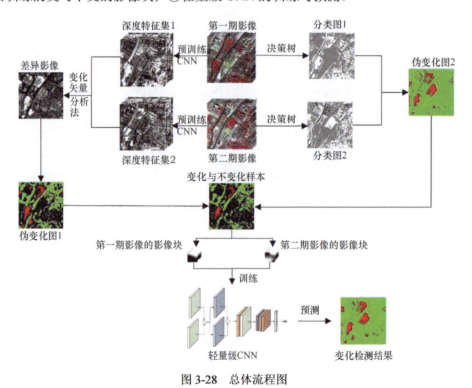

图 3-28　总体流程图

2. 直接预检测

直接预检测方法首先计算两期影像的差异影像，然后利用阈值或聚类的方法产生高置信度的变化与不变化训练样本。该方法不涉及单一影像的分类，相比于分类后检测，可以避免两期影像单独分类所产生的误差累积。虽然目前已有大量的直接预检测法，但是大多数都只使用了光谱特征和一些低层次的空间特征，使得它们在中低分辨率的影像中可以取得良好的性能，但其在高分辨率影像中的适用性较差。因此，对于高分辨率影像的直接预检测，应该挖掘更具代表性的深层特征以生成可靠的样本。

使用预训练网络是自动获取高分辨率影像深度特征的有效方法之一。由于高分辨率遥感影像一般包括红、绿、蓝和近红外四个波段，传统的只接收三个波段的预训练网络并不适用。因此，使用接收四个波段的预训练 CNN（Saha et al.，2020）提取两期影像深度特征，并利用 CVA 计算两个深度特征集的差异影像 D：

$$D=\sqrt{\sum_{i=1}^{T}(x_1^i - x_2^i)^2} \qquad (3\text{-}49)$$

式中，T 为每期影像深度特征的个数；x_1^i 和 x_2^i 分别为第一期影像和第二期影像的第 i 个深度特征。

常采用阈值法和聚类法对 D 分割产生变和不变的训练样本。与阈值法相比，聚类法通过去除值位于差异影像直方图中间区域的不确定样本，可以生成更可靠的样本，因此使用模糊 C 均值聚类（fuzzy C-means，FCM）分割样本。具体操作是将聚类数目设为 2，并将两个聚类中心的强度记作 K_1 和 K_2，然后通过以下规则产生伪变化图 1：

$$x(i,j)\in \begin{cases} \omega_c, & \text{if } D(i,j) > K_2 \\ \omega_u, & \text{if } K_1 \leqslant D(i,j) \leqslant K_2 \\ \omega_n, & \text{if } D(i,j) > K_1 \end{cases} \qquad (3\text{-}50)$$

式中，$x(i,j)$ 为第 i 行、第 j 列的像素；$D(i,j)$ 为 $x(i,j)$ 在 D 中的值；ω_c、ω_u 和 ω_n 分别为变化类、不确定类和不变化类。

3. 分类后预检测

直接预检测法的性能容易受到光照等一些外部因素的影响，而分类后预检测方法计算两期影像分类图的差异产生伪变化图，能够避免两期影像辐射不一致性的干扰。研究设计了简单有效的决策树来自动获取每个影像的分类图。

根据植被-不透水面-土壤类型（vegetation-impervious surface-soi model，VIS）模型（Ridd，1995），土地覆盖类型一般包括植被、不透水面、裸土和水体。在此基础上，参考城市地区常用的分类体系，将城市土地覆盖类型分为植被、不透水面和水体。为了不失一般性，根据城市场景中包含的土地覆盖类型的差异，将城市场景分为四种情况，且前三种情况分别对应一个决策树用于分类。第一种情况是影像中存在水体、植被和不透水面，使用归一化水体指数（NDWI）（Rouse et al.，1974）和归一化植被指数（NDVI）（McFeeters，1996）构建对应的决策树，如图 3-29（a）所示。第二种情况是影像中只存在植被和不透水面，基于 NDVI 构建相应的决策树，如图 3-29（b）所示。第三种情况是只存在水体和不透水面，基于 NDWI 构建用于分类的决策树，如图 3-29（c）所示。第四种情况是只存在不透水面，则直接产生分类图。

阈值是影响决策树分类性能的关键因素。在构建的决策树中，采用两种不同的阈值方法自动确定 $X1$ 和 $X2$。对于 $T1$，已有的研究通常采用 Otsu 法（Otsu，1979）进行计算（Tang et al.，2020）。当 NDWI 的直方图呈现两个明显的峰时，Otsu 法能够精准地分割出水体。然而，在快速发展的城市区域，水体面积往往比较小，使得 NDWI 的直方图一般仅呈现一个右侧的小峰而不是两个明显的峰。因此，使用 NDWI 直方图右谷的值作为 $X1$，并利用基于直方图滤波的方法（de Silva et al.，2010）自动获取。对于 $X2$，则使用 Otsu 法计算。

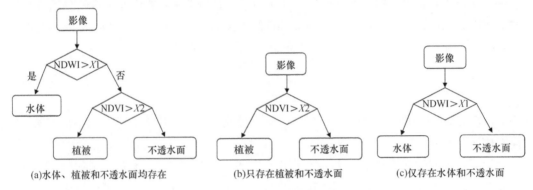

图 3-29　用于不同城市场景分类的决策树

基于图 3-29 所示的决策树，可以生成两期影像的地表覆盖分类图，并通过以下规则产生伪变化图 3-29：

$$x(i,j) \in \begin{cases} \omega_c, & \text{if } l_1(x(i,j)) \neq l_2(x(i,j)) \\ \omega_n, & \text{if } l_1(x(i,j)) = l_2(x(i,j)) \end{cases} \tag{3-51}$$

式中，$l_1(x(i,j))$ 和 $l_2(x(i,j))$ 分别为 $x(i,j)$ 在第一期和第二期影像分类结果中的类别标签。

4. 训练样本的生成

直接预检测方法可以避免单一影像分类的误差积累，分类后预检测能够降低外部因素如光照差异的干扰，因此这两类方法是互补的。为了能够生成更可靠的变和不变的训练样本，使用一种简单有效的融合策略将伪变化图 1 和伪变化图 2 进行融合。具体操作是，如果一个像素在两个伪变化图中都被检测为变化类，则最终选择它作为变化样本。如果一个像素在两个伪变化图中都被认为是不变类，那么它的最终类别是不变化类。不满足上述两种情况的其余像素均被归为不确定类，不参与网络训练。

在获得可靠的变化和不变样本后，使用最大–最小归一化方法对两期影像进行归一化，然后提取大小为 $\omega \times \omega$ 的邻域影像块用于后续轻量级 CNN 的训练。

5. 网络训练与变化检测

使用一个轻量级 CNN 对样本进行训练以产生最终的变化检测结果，其结构如表 3-16 所示。首先，将两期影像的影像块连接起来，输入两个包含不同大小卷积核的传统卷积层提取多尺度特征，并将提取的特征连接起来。在网络的浅层中使用少量包含不同大小卷积核的卷积层有助于更好地全面捕获隐藏在原始输入影像块中的重要信息。然后将提取的多尺度特征输入 Ghost 模块（Han et al.，2020）中，使用较少的训练参数生成更深的特征。此外，利用最大池化层降低特征维度，并引入通道注意力模块（Woo et al.，2018）突出对变化检测更重要的特征。最后，使用两个 Ghost 模块产生更深层次的特征，并利用一个全连接层输出影像块的变化概率。

表 3-16　轻量级 CNN 的结构

网络层	类型	连接	卷积核数/神经元数	卷积核大小	激活函数
Input_1	输入层	—	—	—	
Input_2	输入层	—	—	—	
Concat_1	级联	Input_1，Input_2	—	—	
Conv_1	卷积层	Concat_1	32	1 × 1	rectified linear units
Conv_2	卷积层	Concat_1	32	3 × 3	rectified linear units
Concat_2	级联	Conv_1，Conv_2	—	—	
GM_1	Ghost 模块	Concat_2	64	3 × 3	rectified linear units
Pooling_1	最大池化层	GM_1	—	2 × 2	
CAM_1	通道注意力模块	Pooling _1	—	—	
GM_2	Ghost 模块	CAM_1	64	3 × 3	rectified linear units
GM_3	Ghost 模块	GM_2	64	3 × 3	rectified linear units
GAP_1	全局平均池化层	GM_3	—	—	
FC_1	全连接层	GAP_1	1	—	sigmoid

当网络训练完成后，将所有像素的影像块输入训练好的轻量级 CNN 中，输出预测的变化强度图。强度值>0.5 的像素被视为变化类，否则为不变类。

6. 实验

1）实验数据

使用 QuickBird 数据验证方法的有效性，如图 3-30 所示。两期影像的拍摄时间分别为 2004 年和 2005 年，大小为 600×600 像素，全色波段锐化后影像的空间分辨率为 0.6m，标注了 37645 个变化像素和 154745 个不变化像素用于精度评估。

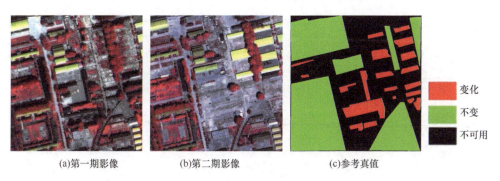

(a)第一期影像　　　(b)第二期影像　　　(c)参考真值

变化
不变
不可用

图 3-30　QuickBird 数据

2）对比方法

使用八种变化检测方法进行比较，包括多元变化检测（multivariate alteration detection，MAD）（Nielsen et al.，1998）、迭代加权多元变化检测（iteratively reweighted multivariate alteration detection，IRMAD）（Nielsen，2007）、主成分分析联合 K 均值聚类（principal component analysis with K-means clustering，PCA-Kmeans）（Celik，2009）、迭代慢特征分析（iterative slow feature analysis，ISFA）（Wu et al.，2014）、深度慢特征分析（deep slow feature analysis，DSFA）（Du et al.，2019）、深度变化矢量分析法（deep change vector analysis，DCVA）（Saha et al.，2019）、孪生卷积多层循环网络（siamese convolutional multiple-layers recurrent neural network，SiamCRNN）（Chen et al.，2020）和核主成分分析卷积映射网络（kernel principal component analysis convolutional mapping network，KPCA-MNet）（Wu et al.，2021）。在这些对比方法中，前四种是传统方法，后四种是基于深度学习的方法。DSFA 和 SiamCRNN 通过自动生成的样本训练网络来识别变化区域。DCVA 和 KPCA-MNet 分别利用预训练 CNN 和核 PCA 卷积提取深度特征后检测变化。

使用查准率、查全率、$F1$ 分数和总体精度四个指标可以评估不同变化检测方法的性能。

3）实验结果

图 3-31 为不同方法在 QuickBird 数据上的变化检测结果。总体而言，自监督型深度学习变化检测方法优于其他方法。具体来说，MAD 和 IRMAD 由于仅使用光谱特征进行变化检测，导致检测结果中存在着严重的椒盐噪声。PCA-Kmeans 考虑了上下文信息，能够较好地识别出变化区域，但是依旧存在一些误检。ISFA 只识别了具有高反射率的变化建筑物，遗漏了很多其他变化的地物。DSFA 虽然引入了神经网络挖掘深层次信息，但由于使用了不可靠的预检测结果作为训练样本，其性能仍然不佳。DCVA 通过预训练的 CNN 提取深度特征，较为准确地检测出变化区域并有效消除了椒盐噪声。然而，由于训练场景和 QuickBird 数据的差异，自动生成的深层次特征可能无法有效地描述该数据两期影像间的变化。此外，SiamCRNN 同样使用了不正确的预检测结果进行训练，生成了不可靠的变化检测结果，而 KPCA-MNet 产生了由光照变化等外部因素导致的误检。在自监督型深度学习变化检测方法产生的变化检测结果中，不仅识别出主要的变化区域，而且误检较少。

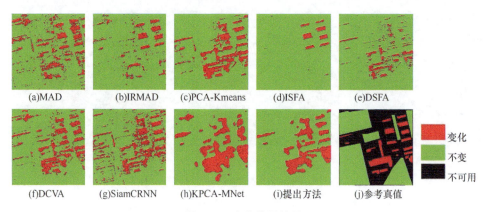

(a)MAD　　(b)IRMAD　　(c)PCA-Kmeans　　(d)ISFA　　(e)DSFA

(f)DCVA　　(g)SiamCRNN　　(h)KPCA-MNet　　(i)提出方法　　(j)参考真值

变化　不变　不可用

图 3-31　变化检测结果

表 3-17 为不同方法的变化检测精度。可以看出，自监督型深度学习变化检测方法的 $F1$ 分数和总体精度优于其他方法，$F1$ 分数为 95.67%，比 MAD、IRMAD、PCA-Kmeans、

ISFA、DSFA、DCVA、SiamCRNN 和 KPCA-MNet 分别高 28.62%、28.88%、10.59%、46.00%、28.59%、15.39%、26.18%和 7.98%。总体精度为 98.33%，比 MAD、IRMAD、PCA-Kmeans、ISFA、DSFA、DCVA、SiamCRNN 和 KPCA-MNet 分别高 13.17%、9.32%、4.03%、11.45%、8.69%、6.66%、12.16%和 3.35%。

表 3-17　不同变化检测方法的精度　　　　　　（单位：%）

方法	查准率	查全率	F1 分数	总体精度
MAD	59.29	77.14	67.05	85.16
IRMAD	81.71	56.48	66.79	89.01
PCA-Kmeans	87.24	83.03	85.08	94.30
ISFA	99.54	33.09	49.67	86.88
DSFA	88.64	53.95	67.08	89.64
DCVA	74.80	86.64	80.28	91.67
SiamCRNN	61.13	80.49	69.49	86.17
KPCA-MNet	84.25	91.42	87.69	94.98
提出方法	97.28	94.11	95.67	98.33

7. 讨论与分析

1）提出样本选择方法的有效性

使用九种样本选择方法对比验证提出的样本选择方法的有效性和优越性。对比方法 1 首先使用 CVA 和 K-means 聚类生成初始变和不变的样本，然后随机选择 30%进行训练。对比方法 2 基于 CVA 和 FCM 聚类生成训练样本。对比方法 3 利用 CVA 和层次 FCM 聚类产生样本。对比方法 4 使用邻域准则细化对比方法 2 获得的样本。对比方法 5 使用预训练 CNN 提取的深度特征计算差异影像，并使用 FCM 聚类产生样本。对比方法 6 在对比方法 5 结果的基础上，利用邻域准则进行细化。对比方法 7、8 和 9 是提出方法的变体，分别使用层次 FCM 聚类、K-means 聚类和 K-medoids 聚类代替 FCM 聚类。

图 3-32 展示了使用不同样本选择方法训练轻量级 CNN 后的变化检测精度。提出方

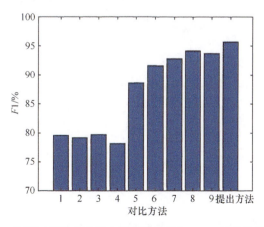

图 3-32　使用不同样本选择方法训练轻量级 CNN 的变化检测精度

法的 $F1$ 分数明显优于其余对比方法，表明其能够产生更可靠的训练样本，具有更强的鲁棒性。

2）轻量级 CNN 的有效性

使用五个深度神经网络对比验证构建的轻量级 CNN 的有效性和优越性。对比网络 1 是一个仅包含全连接层的神经网络（Du et al.，2019），对比网络 2 为 SiamCRNN（Chen et al.，2020），对比网络 3 是长短期记忆网络（Lyu et al.，2016），对比网络 4 是深度孪生卷积神经网络（Zhan et al.，2017），对比网络 5 是多尺度胶囊网络（Gao et al.，2021）。

表 3-18 展示了不同深度网络的变化检测精度。提出的轻量级 CNN 的 $F1$ 分数和总体精度优于其他方法，表明其在变化检测中具有更强的可用性。

表 3-18 不同神经网络的检测精度			（单位：%）
网络	查准率	查全率	$F1$ 分数	总体精度
对比网络 1	77.65	80.50	79.05	91.65
对比网络 2	94.69	89.78	92.17	97.02
对比网络 3	95.15	92.64	93.88	97.64
对比网络 4	95.48	87.80	91.48	96.80
对比网络 5	74.35	84.62	79.16	91.28
轻量级 CNN	97.28	94.11	95.67	98.33

3）影像块尺寸的影响

影像块尺寸 ω 是影响提出变化检测方法性能的关键参数。大尺寸会引入不相关的信息，而小尺寸可能会导致空间信息的利用不足。将 ω 设置为不同的值进行变化检测，检测结果的 $F1$ 分数与 ω 的关系如图 3-33 所示。整体上，$F1$ 分数随着 ω 的增大先增大后减小，最优的 ω 为 21 个像素。

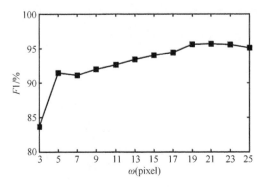

图 3-33 ω 和 $F1$ 分数的关系

参 考 文 献

柏延臣, 王劲峰. 2005. 结合多分类器的遥感数据专题分类方法研究. 遥感学报, 9(5): 555-563.

陈晋, 何春阳, 史培军, 等. 2001. 基于变化向量分析的土地利用/覆盖变化动态监测(I)-变化阈值的确定方法. 遥感学报, 5(4): 259-266.

李德仁. 2003. 利用遥感影像进行变化检测. 武汉大学学报: 信息科学版, 28(S1): 7-12.

李亚平, 杨华, 陈霞, 等. 2008. 基于 EM 和 BIC 的直方图拟合方法应用于遥感变化检测阈值确定. 遥感学报, 12(1): 85-91.

马国锐, 李平湘, 秦前清. 2006. 基于融合和广义高斯模型的遥感影像变化检测. 遥感学报, 10(6): 847-853.

唐朴谦, 杨建宇, 张超, 等. 2010. 基于像素比值的面向对象分类后遥感变化检测方法. 遥感信息, 1: 69-72.

王桂婷, 王幼亮, 焦李成. 2009. 自适应空间邻域分析和瑞利-高斯分布的多时相遥感影像变化检测. 遥感学报, 13(4): 639-652.

魏立飞, 钟燕飞, 张良培, 等. 2010. 遥感影像融合的自适应变化检测. 遥感学报, 14(6): 1204-1213.

Abonyi J, Szeifert F. 2003. Supervised fuzzy clustering for the identification of fuzzy classifiers. Pattern Recognition Letters, 24(14): 2195-2207.

Baatz M. 2000. Multi resolution segmentation: an optimum approach for high quality multi scale image segmentation//Beutrage Zum AGIT-Symposium. Heidelberg: Salzburg: 12-23.

Bazi Y, Bruzzone L, Melgani F. 2005. An unsupervised approach based on the generalized Gaussian model to automatic change detection in multitemporal SAR images. IEEE Transactions on Geoscience and Remote Sensing, 43(4): 874-887.

Blaschke T, Hay G J, Kelly M, et al. 2014. Geographic object-based image analysis-towards a new paradigm. ISPRS Journal of Photogrammetry and Remote Sensing, 87: 180-191.

Bovolo F, Bruzzone L, Capobianco L, et al. 2010. Analysis of the effects of pansharpening in change detection on VHR images. IEEE Geoscience and Remote Sensing Letters, 7: 53-57.

Bruzzone L, Prieto D F. 2000. Automatic analysis of the difference image for unsupervised change detection. IEEE Transactions on Geoscience and Remote Sensing, 38(3): 1171-1182.

Camps-Valls G, Bruzzone L. 2005. Kernel-based methods for hyperspectral image classification. IEEE Transactions on Geoscience and Remote Sensing, 43(6): 1351-1362.

Cao X, Yao J, Xu Z, et al. 2020. Hyperspectral image classification with convolutional neural network and active learning. IEEE Transactions on Geoscience and Remote Sensing, 58(7): 4604-4616.

Celik T. 2009. Unsupervised change detection in satellite images using principal component analysis and k-means clustering. IEEE Geoscience and Remote Sensing Letters, 6(4): 772-776.

Chen H, Wu C, Du B, et al. 2020. Change detection in multisource VHR images via deep siamese convolutional multiple-layers recurrent neural network. IEEE Transactions on Geoscience and Remote Sensing, 58(4): 2848-2864.

Chen J, Chen X, Cui X, et al. 2010. Change vector analysis in posterior probability space: a new method for land cover change detection. IEEE Geoscience and Remote Sensing Letters, 8(2): 317-321.

Chen J, Xia J, Du P, et al. 2016. Combining rotation forest and multiscale segmentation for the classification of hyperspectral data. IEEE Journal of Selected Topics in Applied Earth Observations and Remote Sensing, 9(9): 4060-4072.

Chen X, Chen J, Shi Y, et al. 2012. An automated approach for updating land cover maps based on integrated change detection and classification methods. ISPRS Journal of Photogrammetry and Remote Sensing, 71: 86-95.

Chen X, Xiang S, Liu C L, et al. 2014. Vehicle detection in satellite images by hybrid deep convolutional neural networks. IEEE Geoscience and Remote Sensing Letters, 11(10): 1797-1801.

d'Addabbo A, Satalino G, Pasquariello G, et al. 2004. Three different unsupervised methods for change detection: an application//Proceedings of Geoscience and Remote Sensing Symposium 2004. IGARSS '04, 3: 1980-1983.

Dalla Mura M, Benediktsson J A, Waske B, et al. 2010. Morphological attribute profiles for the analysis of very high resolution images. IEEE Transactions on Geoscience and Remote Sensing, 48(10): 3747-3762.

de Silva D, Fernando W, Kodikaraarachchi H, et al. 2010. Adaptive sharpening of depth maps for 3D-TV. Electronics Letters, 46(23): 1546-1548.

del Valle Y, Venayagamoorthy G K, Mohagheghi S, et al. 2008. Particle swarm optimization: basic concepts, variants and applications in power systems. IEEE Transactions on Evolutionary Computation, 12(2): 171-195.

Drăguţ L, Csillik O, Eisank C, et al. 2014. Automated parameterisation for multi-scale image segmentation on multiple layers. ISPRS Journal of photogrammetry and Remote Sensing, 88: 119-127.

Drăguţ L, Tiede D, Levick S R. 2010. ESP: a tool to estimate scale parameter for multiresolution image segmentation of remotely sensed data. International Journal of Geographical Information Science, 24(6): 859-871.

Du B, Ru L, Wu C, et al. 2019. Unsupervised deep slow feature analysis for change detection in multi-temporal remote sensing images. IEEE Transactions on Geoscience and Remote Sensing, 57(12): 9976-9992.

Du P, Wang X, Chen D, et al. 2020. An improved change detection approach using tri-temporal logic-verified change vector analysis. ISPRS Journal of Photogrammetry and Remote Sensing, 161: 278-293.

Falco N, Marpu P R, Benediktsson J A. 2016. A toolbox for unsupervised change detection analysis. International Journal of Remote Sensing, 37(7): 1505-1526.

Fang H, Du P, Wang X. 2022. A novel unsupervised binary change detection method for VHR optical remote sensing imagery over urban areas. International Journal of Applied Earth Observation and Geoinformation, 108: 102749.

Fauvel M, Chanussot J, Benediktsson J A. 2006. Decision fusion for the classification of urban remote sensing images. IEEE Transactions on Geoscience and Remote Sensing, 44(10): 2828-2838.

Fung T, Ledrew E. 1987. Application of principal components analysis change detection. Photogrammetric Engineering and Remote Sensing, 53: 1649-1658.

Fung T, Ledrew E. 1988. The determination of optimal threshold levels for change detection using various accuracy indices. Photogrammetric Engineering and Remote Sensing, 54(10): 1449-1454.

Gao Y, Gao F, Dong J, et al. 2021. SAR image change detection based on multiscale capsule network. IEEE Geoscience and Remote Sensing Letters, 18(3): 484-488.

Ghamisi P, Couceiro M S, Benediktsson J A, et al. 2012. An efficient method for segmentation of images based on fractional calculus and natural selection. Expert Systems with Applications, 39(16): 12407-12417.

Ghamisi P, Couceiro M S, Benediktsson J A. 2014. A novel feature selection approach based on FODPSO and SVM. IEEE Transactions on Geoscience and Remote Sensing, 53(5): 2935-2947.

Ghamisi P, Couceiro M S, Martins F M L, et al. 2013. Multilevel image segmentation based on fractional-order Darwinian particle swarm optimization. IEEE Transactions on Geoscience and Remote sensing, 52(5): 2382-2394.

Ghosh S, Roy M, Ghosh A. 2014. Semi-supervised change detection using modified self-organizing feature map neural network. Applied Soft Computing, 15: 1-20.

Gonen M, Tanugur A G, Alpaydin E. 2008. Multiclass posterior probability support vector machines. IEEE Transactions on Neural Networks, 19(1): 130-139.

Gong M, Yang H, Zhang P. 2017. Feature learning and change feature classification based on deep learning for ternary change detection in SAR images. ISPRS Journal of Photogrammetry and Remote Sensing, 129: 212-225.

Gong M, Yang Y, Zhan T, et al. 2019. A generative discriminatory classified network for change detection in multispectral imagery. IEEE Journal of Selected Topics in Applied Earth Observations and Remote Sensing, 12(1): 321-333.

Gong P. 1993. Change detection using principal component analysis and fuzzy set theory. Canadian Journal of Remote Sensing, 19(1): 22-29.

Guindon S, Gascuel O. 2003. A simple, fast, and accurate algorithm to estimate large phylogenies by maximum likelihood. Systematic Biology, 52(5): 696-704.

Han K, Wang Y, Tian Q, et al. 2020. Ghostnet: More Features from Cheap Operations. Seattle: Proceedings of the IEEE/CVF Conference on Computer Vision and Pattern Recognition.

Haralick R M, Shanmugam K, Dinstein I H. 1973. Textural features for image classification. IEEE Transactions on Systems, Man, and Cybernetics, (6): 610-621.

Hay G J, Blaschke T, Marceau D J, et al. 2003. A comparison of three image-object methods for the multiscale analysis of landscape structure. ISPRS Journal of Photogrammetry and Remote Sensing, 57(5-6): 327-345.

Hsu C W, Lin C J. 2002. A comparison of methods for multiclass support vector machines. IEEE Transactions on Neural Networks, 13(2): 415-425.

Hu Y, Dong Y. 2018. An automatic approach for land-change detection and land updates based on integrated NDVI timing analysis and the CVAPS method with GEE support. ISPRS Journal of Photogrammetry and Remote Sensing, 146: 347-359.

Hughes G. 1968. On the mean accuracy of statistical pattern recognizers. IEEE Transactions on Information Theory, 14(1): 55-63.

Jiang F, Gong M, Zhan T, et al. 2020. A semisupervised GAN-based multiple change detection framework in multi-spectral images. IEEE Geoscience and Remote Sensing Letters, 17(7): 1223-1227.

Jiang Y, Hu L, Zhang Y, et al. 2022. WRICNet: a weighted rich-scale inception coder network for remote sensing image change detection. IEEE Transactions on Geoscience and Remote Sensing, 60: 4705313.

Joshi A J, Porikli F, Papanikolopoulos N. 2009. Multi-class active learning for image classification//2009 IEEE Conference on Computer Vision and Pattern Recognition. IEEE: 2372-2379.

Lambin E F, Strahler A H. 1994. Change-vector analysis in multitemporal space-a tool to detect and categorize land-cover change processes using high temporal resolution satellite data. Remote Sensing of Environment, 48: 231-244.

Le Hegarat-Mascle S, Seltz R, Hubert-Moy L, et al. 2006. Performance of change detection using remotely sensed data and evidential fusion: comparison of three cases of application. International Journal of Remote Sensing, 27(16): 3515-3532.

Le Hegarat-Mascle S, Seltz R. 2004. Automatic change detection by evidential fusion of change indices. Remote Sensing of Environment, 91: 390-404.

LeCun Y, Bengio Y, Hinton G. 2015. Deep learning. Nature, 521(7553): 436-444.

Li H-C, Yang G, Yang W, et al. 2020. Deep nonsmooth nonnegative matrix factorization network with semi-supervised learning for SAR image change detection. ISPRS Journal of Photogrammetry and Remote Sensing, 160: 167-179.

Li Q, Gong H, Dai H, et al. 2021. Unsupervised hyperspectral image change detection via deep learning self-generated credible labels. IEEE Journal of Selected Topics in Applied Earth Observations and Remote Sensing, 14: 9012-9024.

Li Y, Peng C, Chen Y, et al. 2019. A deep learning method for change detection in synthetic aperture radar images. IEEE Transactions on Geoscience and Remote Sensing, 57(8): 5751-5763.

Liu R, Jiang D, Zhang L, et al. 2020. Deep depthwise separable convolutional network for change detection in optical aerial images. IEEE Journal of Selected Topics in Applied Earth Observations and Remote Sensing, 13: 1109-1118.

Liu T, Yang L, Lunga D. 2021. Change detection using deep learning approach with object-based image analysis. Remote Sensing of Environment, 256: 112308.

Liu Y, Fan B, Wang L, et al. 2018. Semantic labeling in very high resolution images via a self-cascaded convolutional neural network. ISPRS Journal of Photogrammetry and Remote Sensing, 145: 78-95.

Lyu H, Lu H, Mou L. 2016. Learning a transferable change rule from a recurrent neural network for land cover change detection. Remote Sensing, 28(6): 506.

Maggiori E, Tarabalka Y, Charpiat G, et al. 2016. Convolutional neural networks for large-scale remote-sensing image classification. IEEE Transactions on Geoscience and Remote Sensing, 55(2): 645-657.

Malila W A. 1980. Change vector analysis: an approach for detecting forest changes with Landsat. LARS

Symposia, 385.

Mcfeeters S K. 1996. The use of the Normalized Difference Water Index(NDWI)in the delineation of open water features. International Journal of Remote Sensing, 17(7): 1425-1432.

Melgani F, Bruzzone L. 2004. Classification of hyperspectral remote sensing images with support vector machines. IEEE Transactions on Geoscience and Remote Sensing, 42(8): 1778-1790.

Mesquita D B, dos Santos R F, Macharet D G, et al. 2020. Fully convolutional siamese autoencoder for change detection in UAV aerial images. IEEE Geoscience and Remote Sensing Letters, 17(8): 1455-1459.

Mou L, Bruzzone L, Zhu X X. 2019. Learning spectral-spatial-temporal features via a recurrent convolutional neural network for change detection in multispectral imagery. IEEE Transactions on Geoscience and Remote Sensing, 57(2): 924-935.

Mountrakis G, Im J, Ogole C. 2011. Support vector machines in remote sensing: a review. ISPRS Journal of Photogrammetry and Remote Sensing, 66(3): 247-259.

Nemmour H, Chibani Y. 2004. Change detector combination in remotely sensed images using fuzzy integral. International Journal of Signal Processing, 1(4): 175-181

Nemmour H, Chibani Y. 2006. Multiple support vector machines for land cover change detection: an application for mapping urban extensions. ISPRS Journal of Photogrammetry & Remote Sensing, 61: 125-133.

Nielsen A A, Conradsen K, Simpson J J. 1998. Multivariate alteration detection(MAD)and MAF postprocessing in multispectral, bitemporal image data: new approaches to change detection studies. Remote Sensing of Environment, 64(1): 1-19.

Nielsen A A. 2007. The regularized iteratively reweighted MAD method for change detection in multi-and hyperspectral data. IEEE Transactions on Image Processing, 16(2): 463-478.

Otsu N. 1979. A threshold selection method from gray-level histograms. IEEE Transactions on Systems, Man, and Cybernetics, 9(1): 62-66.

Pacifici F, del Frate F, Solimini C, et al. 2007. An innovative neural-net method to detect temporal changes in high-resolution optical satellite imagery. IEEE Transactions on Geoscience and Remote Sensing, 45(9): 2940-2952.

Pal M, Mather P M. 2005. Support vector machines for classification in remote sensing. International Journal of Remote Sensing, 26(5): 1007-1011.

Peng D, Bruzzone L, Zhang Y, et al. 2021. SemiCDNet: a semisupervised convolutional neural network for change detection in high resolution remote-sensing images. IEEE Transactions on Geoscience and Remote Sensing, 59(7): 5891-5906.

Peng D, Zhang Y, Guan H. 2019. End-to-end change detection for high resolution satellite images using improved UNet++. Remote Sensing, 11(11): 1382.

Ridd M K. 1995. Exploring a VIS(vegetation-impervious surface-soil)model for urban ecosystem analysis through remote sensing: comparative anatomy for cities. International Journal of Remote Sensing, 16(12): 2165-2185.

Rouse Jr J W, Haas R H, Schell J, et al. 1974. Monitoring vegetation systems in the Great Plains with ERTS. NASA Special Publication, 351: 309.

Saha S, Bovolo F, Bruzzone L. 2019. Unsupervised deep change vector analysis for multiple-change detection in VHR images. IEEE Transactions on Geoscience and Remote Sensing, 57(6): 3677-3693.

Saha S, Mou L, Qiu C, et al. 2020. Unsupervised deep joint segmentation of multitemporal high-resolution images. IEEE Transactions on Geoscience and Remote Sensing, 58(12): 8780-8792.

Singh A. 1989. Review article digital change detection techniques using remotely-sensed data. International Journal of Remote Sensing, 10(6): 989-1003.

Sohl T. 1999. Change analysis in the United Arab Emirates: an investigation of techniques. Photogrammetric Engineering and Remote Sensing, 65: 475-484.

Song B, Li J, Dalla Mura M, et al. 2013. Remotely sensed image classification using sparse representations of morphological attribute profiles. IEEE Transactions on Geoscience and Remote Sensing, 52(8):

5122-5136.

Sugeno M. 1977. Fuzzy measures and fuzzy integrals: a survey // Fuzzy Automata and Decision Processes. Amsterdam: North Holland: 89-102.

Sun S, Mu L, Wang L, et al. 2022. L-UNet: an LSTM network for remote sensing image change detection. IEEE Geoscience and Remote Sensing Letters, 19: 8004505.

Sun W, Du Q. 2019. Hyperspectral band selection: a review. IEEE Geoscience and Remote Sensing Magazine, 7(2): 118-139.

Tang P, Du P, Lin C, et al. 2020. A novel sample selection method for impervious surface area mapping using JL1-3B nighttime light and Sentinel-2 imagery. IEEE Journal of Selected Topics in Applied Earth Observations and Remote Sensing, 13: 3931-3941.

Tang X, Zhang H, Mou L, et al. 2022. An unsupervised remote sensing change detection method based on multiscale graph convolutional network and metric learning. IEEE Transactions on Geoscience and Remote Sensing, 60: 5609715.

Vapnik V V. 2000. The Nature of Statistical Learning Theory. 2nd ed. New York: Springer-Verlag.

Volpi M, Tuia D. 2016. Dense semantic labeling of subdecimeter resolution images with convolutional neural networks. IEEE Transactions on Geoscience and Remote Sensing, 55(2): 881-893.

Wang X, Liu S, Du P, et al. 2018. Object-based change detection in urban areas from high spatial resolution images based on multiple features and ensemble learning. Remote Sensing, 10(2): 276.

Woo S, Park J, Lee J-Y, et al. 2018. Cbam: Convolutional Block Attention Module. Munich: Proceedings of the European Conference on Computer Vision(ECCV).

Wu C, Chen H, Du B, et al. 2021. Unsupervised change detection in multitemporal vhr images based on deep kernel pca convolutional mapping network. IEEE Transactions on Cybernetics, 52(11): 12084-12098.

Wu C, Du B, Zhang L. 2014. Slow feature analysis for change detection in multispectral imagery. IEEE Transactions on Geoscience and Remote Sensing, 52(5): 2858-2874.

Xian G, Homer C, Fry J. 2009. Updating the 2001 National Land Cover Database land cover classification to 2006 by using Landsat imagery change detection methods. Remote Sensing of Environment, 113(6): 1133-1147.

Yuan Y, Lv H, Lu X. 2015. Semi-supervised change detection method for multi-temporal hyperspectral images. Neurocomputing, 148: 363-375.

Zakeri F, Huang B, Saradjian M R. 2019. Fusion of change vector analysis in posterior probability space and postclassification comparison for change detection from multispectral remote sensing data. Remote Sensing, 11(13): 1511.

Zhan T, Gong M, Jiang X, et al. 2020. Unsupervised scale-driven change detection with deep spatial-spectral features for VHR images. IEEE Transactions on Geoscience and Remote Sensing, 58(8): 5653-5665.

Zhan Y, Fu K, Yan M, et al. 2017. Change detection based on deep siamese convolutional network for optical aerial images. IEEE Geoscience and Remote Sensing Letters, 14(10): 1845-1849.

Zhang C, Yue P, Tapete D, et al. 2020. A deeply supervised image fusion network for change detection in high resolution bi-temporal remote sensing images. ISPRS Journal of Photogrammetry and Remote Sensing, 166: 183-200.

Zheng Z, Zhong Y, Tian S, et al. 2022. ChangeMask: deep multi-task encoder-transformer-decoder architecture for semantic change detection. ISPRS Journal of Photogrammetry and Remote Sensing, 183: 228-239.

Zhu C, Li J, Zhang S, et al. 2018. Impervious surface extraction from multispectral images via morphological attribute profiles based on spectral analysis. IEEE Journal of Selected Topics in Applied Earth Observations and Remote Sensing, 11(12): 4775-4790.

Zhu Q, Guo X, Deng W, et al. 2022. Land-Use/Land-Cover change detection based on a Siamese global learning framework for high spatial resolution remote sensing imagery. ISPRS Journal of Photogrammetry and Remote Sensing, 184: 63-78.

第4章 多时相遥感影像分类与应用

4.1 多时相影像分类基本概念与方法

遥感影像往往是对地表空间的瞬时成像，由于各种自然或人为因素的影响，单一时相影像有时难以客观反映地表的真实情况，这些因素包括裸露和种植的耕地、不同生长季的作物、临时建筑工地、季节性水体等。解决这一问题的有效途径之一就是多时相遥感影像分类，即将研究区多时相遥感影像作为一个整体数据集进行处理，对于光谱特征不随时间变化的地物可以得到更可靠的分类结果，对于光谱特征随时间变化的地物则可以充分利用其光谱特征如 NDVI 时序变化信息作为辅助判别规则。针对单一时期、单一传感器影像有时难以真实反映地表实际状况的问题，可以采用接近时相的两期同一传感器或不同传感器影像进行联合分类，这也是多时相分类的一种常用方案。

4.1.1 基本概念与方法演进

多时相遥感影像分类是指以同一传感器或不同传感器获取的同一区域多时相遥感影像为数据源，通过多时相影像混合数据集、时空融合数据集、多时相影像特征集等作为分类器输入，在训练样本和特定分类器的支持下实现地表覆盖和地物分类。

采用同一传感器获取的多时相遥感影像进行分类是早期研究的重点，其目的一方面是对农作物、植被等光谱特征具有变化规律的地物进行类别细分，另一方面是对某一期影像中可能受云雾等影响的像元通过多时相信息进行判别。由于多时相影像中发生变化的地物一方面是类型变化，如由耕地转变为建设用地、裸地转变为水体等，另一方面则是植被由于物候规律和生长周期而发生的变化。对于前者，多时相影像数据集往往无法分类或者类别错分，因此通常结合规则判别选择最新时相的类别，或者对多时相影像进行特定数学运算（如波段平均、取中值等）后进行分类；对于后者，则可以计算像元的 NDVI 或其他植被指数，通过植被指数向量的变化实现类别细分。由于采用的是同一传感器，空间分辨率和光谱分辨率相同，因此分类特征判据稳定性较好，有利于克服单一时相影像的限制。

针对不同传感器获取的多时相遥感数据分类，如果多源数据的空间分辨率、光谱分辨率一致或接近，可以在几何和辐射处理后采用同一数据源的分类方法。如果多源数据的空间和光谱分辨率不一致，如 Landsat ETM+/OLI 影像与 Sentinel-2 或 MODIS 多光谱影像，往往首先要进行时空数据融合，获得特定光谱、空间分辨率的影像数据集，在此基础上进行分类，该方法的关键在于时空融合算法的选择和设计、分类器的选择与优化。

　　针对特定应用任务的需求，多时相遥感影像分类通常会聚焦于某一个特定的类别，如新增建筑用地、某一种农作物等，即所谓单类分类（one class classification）问题。解决此类问题的重点是选择适用的单一传感器或多传感器影像并进行几何、辐射预处理后，分析针对特定地物分类识别的知识和规则，确定对目标类别具有良好区分能力的多时相特征，以此特征集为基础进行分类。例如，针对某一种农作物，可以其多时相的NDVI 向量作为特征集，利用训练样本训练分类器，对所有待分类像元的 NDVI 向量输入分类器确定其类别。深度学习因其强大的学习能力和分类优势，在这一类任务中体现出良好的应用潜力。

　　多时相遥感影像分类常见的另外一种应用场景是已经具有某一基准或参考时期的遥感影像及对应的分类专题图，以此为基础对另一时相的遥感影像进行分类，其核心是从参考影像和分类产品中获得训练样本或分类模型，然后通过迁移学习应用于目标时相图像分类。迁移学习在多源、多时相遥感影像分类中正在得到越来越多的应用。

　　图 4-1 为多时相遥感影像分类的基本框架。与单一时相遥感影像分类相似，特征提取、分类算法和训练样本也是其中的三个关键技术。

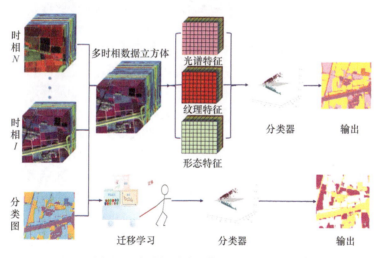

图 4-1　多时相遥感影像分类基本框架

4.1.2　多时相影像特征提取

　　同一传感器多时相遥感影像分类中最直接的特征组合是将预处理后的多时相影像直接组合，形成一个堆栈式的多时相数据集，以多时相数据集中每个波段的灰度值或反射率组成的向量作为分类判据。针对不同的地物特点和分类目标，有时可以通过波段选择或主成分变换等对单一时相多光谱数据集、多时相混合数据集进行降维处理，选择若干具有良好区分能力的波段或特征分量，在减少数据量、提高效率的同时改进多时相数据集的分类能力。为了提高特征区分能力，从多时相遥感影像中提取 NDVI、NDBI 等地物光谱指数，或者从某些波段或分量上计算纹理统计量等空间特征，构成新的特征集用于分类，也是常见的解决方案。

　　对于多传感器多时相影像，通常采用两种特征提取策略：时空数据融合后的特征提取、多传感器数据特征级融合。时空数据融合首先对多传感器数据进行融合，综合不同数据的优势，生成具有高时间分辨率、多光谱分辨率和较高空间分辨率的多时相融合数据，这一数据融合可以采用同一传感器多时相数据的特征提取策略进行处理。多传感器数据特征级融合是对不同传感器的数据分别提取某些特征，然后将这些特征组合用于后续分类，如从 SAR 影像中提取纹理特征、极化特征等，从多光谱影像中提取 NDVI 等特征，提取的多时相异构特征进行特征级融合，可以完成分类任务。

　　除了将单一时相影像分别提取特征、组成多时相特征集进行分类之外，对多时相遥感影像进行时间维处理，提取体现时间维变化或趋势的特征参数，近年来也受到了研究人员的重视，其关键在于多时相影像运算与特征提取，如对多时相 NDVI 变化计算变化量、斜率或用某种函数拟合多个时相的 NDVI 等。

4.1.3　多时相影像分类算法

　　根据多时相数据组织处理方案和选择的分类器，多时相遥感影像分类策略包括以下四种。

　　（1）多时相混合数据集或特征集直接输入分类器进行分类。这种策略的具体分类算法流程和单一时相分类相同，采用特定的分类器根据训练样本进行学习，然后对一个数据集进行分类，其特点是用于分类的数据集或分类特征是多时相遥感影像或派生特征构成的混合数据集，多时相信息直接隐含在待分类数据中。考虑到多时相数据维数比较高且波段之间具有较强的相关性，可以先对多时相数据通过主成分变换等处理进行降维，以降维后计算得到的若干包含了多时相影像主要信息的主成分作为分类判据。

　　（2）多时相影像独立分类后决策级融合分类。将每一时相的遥感影像按照常规方法进行分类得到单时相分类图，然后将多时相分类器按照一定的融合规则进行决策级融合，融合规则既可以采用标签级的多数投票法等，也可以采用测量级的融合算法即将每一时相各像元属于每一类别的概率进行融合运算。由于不同时相之间某些地表覆盖类型会发生变化，因此多时相决策级融合分类需要对类别变化的像元按照知识或规则等进行特殊处理。

　　（3）深度神经网络多时相遥感影像分类。深度学习近年来在遥感影像处理中得到广泛应用，多时相遥感影像分类是其中重要的一个方面。一方面，可以将深度神经网络作为一种典型的分类器，按照策略（1）中的思路对多时相数据集或特征集进行分类；另一方面，目前已有多种专门针对多时相数据处理的深度神经网络，如 LSTM、RNN 等。

　　（4）多时相遥感影像迁移学习分类。多时相遥感影像迁移学习分类侧重于将某一时相的训练样本、分类模型等从源域迁移到目标域影像，对其他时相的影像进行分类。当前国内外已生产了一系列具有较高精度的土地覆盖、土地利用、不透水面、植被等专题产品，政府业务部门也通过普查、调查等手段获取了现势性强、精度高的地理国情和土地利用等权威产品，这些产品中本身就隐含着丰富的领域知识和规则，通过迁移学习等机器学习新方法，将公共产品中的知识、规则和样本等用于多时相影像分类，是一种实现遥感影像增量学习与自动分类的有效策略。样本迁移、模型迁移是多时相遥感影像迁移学习分类最常用的策略,样本迁移在已有产品支持下结合源影像自动选择高质量的训练样本并迁移至目标影像,实现对分类器的训练和目标影像分类。模型迁移将源影像及对应产品中使用的分类模型应用于目标影像,进行必要的参数微调等处理后,利用目标影像的训练样本训练分类模型,最终完成分类工作。相对而言,样本迁移可以避免从目标影像中选择训练样本的工作,充分利用源影像和已有产品自动生成训练样本集,在实际应用中效率更高。

4.1.4　多时相训练样本选择

训练样本是监督分类的前提和基础,训练样本的数量、分布、代表性和质量直接影响分类精度。常规遥感影像分类中训练样本往往通过人机交互,在参考数据或专题产品的基础上生成。在训练样本数量不足的情况下,半监督学习、主动学习等通过引入未标记样本参与学习训练过程,可以有效改善分类精度,如转换自监督支持向量机(transductive self-supervised support vector machine)等。在众源地理信息如 POI 数据、OSM 地图等辅助下选择训练样本,也是近年来遥感与社会感知数据融合的研究方向之一。

多时相遥感影像分类中训练样本选择与常规单时相分类样本选择流程类似,但由于训练样本将用于多时相影像分类,因此训练样本需要在多时相影像中没有发生变化、对特定类别具有代表性的像元。多时相遥感影像聚类可以根据观测数据本身的特性确定归属于同一光谱类别的像元,进而通过人机交互解译确定不同类别的训练样本和测试样本。通过某一时相高质量训练样本与其他时相遥感影像的综合比较分析或迁移学习,也是选择多时相训练样本的有效方式。

尽管多时相遥感影像分类的基本假设是地物类别变化不大,但必然有若干像元的类别发生了变化,如果训练样本选择的是多时相未变化像元,则这些变化像元往往会被归入未分类。根据多时相影像分类的目标,有时需要对这些发生变化的像元进行特定的处理,如选择最新时相的类别作为该像元的类别、选择该像元在不同时相类别出现的众数(多数投票)类别等,具体根据多时相遥感影像分类的实际任务需求选择相应的处理方法。

4.2　多时相影像迁移学习与分类

当前对地观测卫星以及存档影像数据提供了多时相的海量遥感影像,具备了大数据的种类多、体量大、动态多变、高价值以及冗余模糊的“5V”特征(张兵,2018)。对地观测数据和技术的服务对象与研究任务也日益复杂,土地资源、环境保护、海洋、测绘、气象以及民政部门与行业都对遥感观测数据有业务需求,导致对地观测数据的处理与表达方式的需求也日渐多元化(徐冠华等,2016)。虽然对地观测数据在体量、时效性、分辨率等方面可以基本满足需求,但在遥感数据处理、分析以及进一步的感知、认知的能力上尚显缺乏(李德仁等,2017)。对遥感数据目前还做不到自动化、智能化、实时化的解译与处理，影像的信息智能提取与理解成为亟须解决的关键科学技术问题（李德仁，2003；李德仁等，2012）。

传统的多时相影像分类通过对多期同分辨率遥感影像分别进行目视解译，手动选取训练样本，基于监督分类算法生成多期地表覆盖分类结果，在遥感时序分类中得到了广泛的应用。但是，传统多时相分类方法存在以下局限性：①考虑到地表覆盖变化，时序地表覆盖分类需要标注多期的训练样本集，因此需要多倍的时间与人工投入，成本较高；②在大范围应用的场景下，高分辨率参考影像往往只能覆盖小部分区域，使得训练样本集难以很好地代表整体研究区的地物分布；③对于历史影像，由于缺少高分辨率参考影像，从中分辨率影像中直接目视标记的样本缺乏可靠性。

因此，在多时相影像监督分类的框架下，引入降低成本与代价的方法策略有利于多时相/时间序列地表覆盖的智能化快速重建，为实现时空多维地理场景感知与动态建模提供基础数据支持。以特征迁移、模型迁移、实例迁移、关联知识迁移为主的迁移学习方法在遥感影像分类领域中得到了充分的应用与发展。迁移学习凭借源领域影像与训练样本集的先验知识，在目标域影像无训练样本或少量训练样本的前提下，获得目标域影像分类结果，很大程度地降低了目标影像获得高精度解译结果的成本和难度。

4.2.1　迁移学习概述

用于学习的训练样本数量足够且与测试集满足独立同分布假设是传统机器学习分类中的两个重要前提。但是地表覆盖分类问题中，特别是对于多时相的遥感数据，上述两个前提往往难以满足。通过放宽第一个前提条件，从利用少量训练样本建立学习模型出发，主动学习（Tuia et al.，2011a）与半监督学习（Han et al.，2018）得到了广泛应用，同时放宽两个前提条件则推进了迁移学习（transfer learning，TL）方法的应用。迁移学习的主要思想是通过采用已有知识对不同但相关的领域问题进行求解（庄福振等，2015）。迁移学习为多源多时相的地表覆盖分类提供了更加低成本的解决方法，在遥感领域得到了广泛的关注与研究。

域适应（domain adaptation，DA）是一种重要的迁移学习方法，在遥感影像地表覆盖分类中得到了广泛应用。遥感影像的域适应问题是将不同区域的影像或同一区域不同时相的影像考虑为源域与目标域两个部分，利用源域中的知识训练分类器，解决目标域影像分类问题（Tuia et al.，2016）。域适应在遥感影像迁移学习中可以被划分为四种类型，分别为不变特征选择（DA by selecting invariant features）、数据分布适应（DA by adapting data distribution）、分类器适应（DA by adapting the classifier）与主动学习法（DA by active learning）。不变特征选择法通过选择影像不受观测条件影响的特征子集，去除受观测条件影响的特征，组成具有较高跨域稳定性的特征空间，完成从源域到目标域的地表覆盖分类（Bruzzone and Persello，2009；Persello and Bruzzone，2016）。数据分布适应法通过特征映射的方式为源域与目标域创造一个公共特征空间，保持两个域的数据分布相同或相似，此时源域样本学习的分类器可以适用于目标域的影像分类（Petitjean et al.，2011；Sun et al.，2016）。分类器适应法主要基于半监督学习方法，利用目标域的无标记数据调整源域的学习模型,达到准确分类目标域影像的目的(Bruzzone et al., 2006; Chi and Bruzzone, 2007)。不同于上述域适应方式,主动学习的域适应方法必须保证目标域有少量初始样本,通过启发式方法迁移源域训练样本(Demir et al., 2012; Tuia et al., 2011a)。

基于变化检测的迁移学习方法在降低域之间分布差异上有较好的鲁棒性,在多时相遥感影像分类中有广泛的应用。该方法无须对源域与目标域之间的特征或分类器进行调整,而是通过确定双时相/多时相影像之间的不变区域来降低目标域影像与源域影像之间的统计分布差异。Chen 等(2012)提出了联合变化检测与分类的地表覆盖自动更新方法。Demir 等(2013)提出了基于变化检测的迁移学习(change detection driven transfer learning,CDTL)方法。Yu 等(2016)引入面向对象分析方法,采用面向对象的变化检测与多阈值分割,迁移源域样本完成目标域历史影像的地表覆盖重建。Xu 和 Chen(2019)构建利用 Landsat 时间序列影像的变化检测模型。该模型通过迁移不变区域参考地表覆盖标签形成训练样本,从单一年份地表覆盖生成多年分类结果。Crowson 等(2019)通过对源域影像进行分类,从后验概率角度选择高置信度的样本标签,形成源域训练样本,通过最大化相对光谱矢量的变化检测方法迁移生成目标域样本。Wu 等(2020)通过卷积神经网络分割影像,获得对象单元,通过不变对象单元迁移训练样本,完成对变化单元的更新分类。

4.2.2　多时相影像知识迁移

地表覆盖产品、多/高光谱影像指数、夜间灯光数据等多源遥感数据产品中都包含丰富的地表覆盖/土地利用知识。不同于人机交互解译的结果,上述专题数据产品中的知识往往具备一定程度的不确定性。例如,地表覆盖产品受限于精度,难以对每一个斑块形成正确的分类结果,并且斑块与实际地物也难以完全正确匹配。而对于各类光谱指数,需要选定合适的阈值才能对某类特定地物形成有效的参考专家知识。为了实现训练样本的低成本、自动化获取,可以利用知识迁移的理论,综合多源专题数据产品,制定一定的规则从产品中迁移地表覆盖相关知识,形成训练样本集。

1. 多源专题数据产品知识迁移框架

考虑到多源专题数据产品的优势与不足,研究构建了一种基于知识迁移的迁移学习方法来支持城市地表覆盖自动更新(图 4-2),选取与地表覆盖产品生产年份相近时相的多源遥感数据,针对每一类地物设计优化规则,使得优化后的地表覆盖产品与选取的前一时相遥感影像基本匹配。在获得前一时相优化后的地表覆盖产品基础上,从优化后的地表覆盖产品中选择样本,形成前一个时相的可靠训练样本集。不同于常用的随机选择方法,该方法采用了一种基于光谱相似性的样本选择策略,使得选取的样本更加符合全体样本在特征空间的分布,且具有更好的类别可分性。通过变化检测方法将样本标签传递到后一时相,利用监督分类方法更新获得后一时相的地表覆盖更新结果。

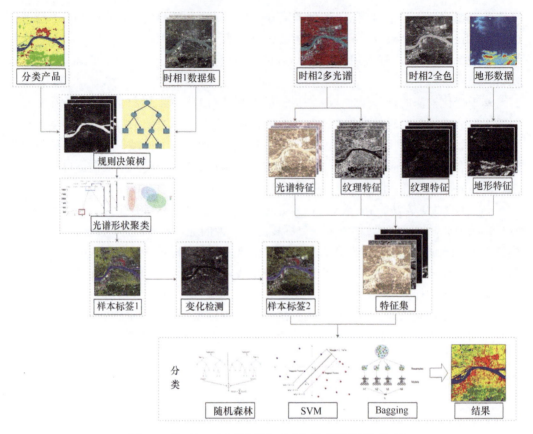

图 4-2 基于知识规则的样本迁移与地表覆盖更新流程

2. 多源专题数据产品优化方法

针对不同的地类，从多源遥感数据产品中计算选取关键指标，设置一系列的知识规则，去除掉地表覆盖产品中与当前遥感影像不匹配的地表覆盖信息，使得保留下来的地表覆盖标签与多光谱遥感影像中的真实地物信息一致。每一个关键指标通过二值化形成掩膜图，对不匹配的地表覆盖标签进行掩膜。基于此，对于地表覆盖产品中的第 i 个标签像元 p_1^i，假设其对应的标签为 ω_j，则该像元优化后的标签为

$$\omega_j^* = \omega_j \times \prod_{k=1}^{K} f_k^{\omega_j} \tag{4-1}$$

式中，ω_j^* 为优化后的类别标签；$f_k^{\omega_j}$ 为针对第 ω_j 个地类的第 k 个知识规则的掩膜图，由于掩膜图上只有 0 或 1 的二值化信息，因此 $\prod_{k=1}^{K} f_k^{\omega_j}$ 的计算结果也是 0 或者 1，因此优化后的 ω_j^* 结果为 ω_j 或 0，0 为不匹配的标签像元，在优化后的地表覆盖产品 M_1^* 中表达为未分类。通过上述方法对地表覆盖产品进行优化后，得到 M_1^*，M_1^* 中与影像 X_1 匹配的像元对应类别标签与 M_1 保持一致，与 X_1 不匹配的像元则标记为未分类。

3. 光谱相似性引导的样本选择策略

对于同一类地物而言，其各个波段的地表反射率值往往比较接近，在同一个数值范围内。例如，房屋、道路、广场等不同类型的人工地表的反射率都比较高，而湖泊、河流、水库等水体的地表反射率都比较低。样本选择策略是对不同的地类分别执行的，度量光谱相似性可以不考虑光谱曲线中每个波段对应的值的具体大小，只考虑每个波段反射率值的相对大小即可。这样光谱相似性问题可以简化为光谱形状的相似性问题。

基于压缩光谱曲线形状（compressed spectral curve shape，CSCS）的聚类方法通过定义曲线形状变换（curve shape transform，CST），将原始的光谱反射率曲线压缩为光谱形状二值化的特征编码，代表光谱曲线中两两波段之间的走势。CST 的具体定义如下：假设 $X = \{x^1, x^2, \cdots, x^m, \cdots, x^M\}$ 代表某个地类标记的多光谱数据，其中标记像元数量为 M，多光谱波段数为 N，$x^m = \{x_1^m, x_2^m, \cdots, x_n^m, \cdots x_N^m\}$ 代表第 m 个由 N 个波段组成的光谱向量；令 $Y = \{y^1, y^2, \cdots, y^m, \cdots, y^M\}$ 为 X 的 CST 变换结果，其中 $y^m = \{y_1^m, y_2^m, \cdots, y_{N(N-1)/2}^m\}$ 代表维度为 $N(N-1)/2$ 的光谱曲线形状的特征编码向量，y^m 由 x^m 通过式（4-2）与式（4-3）计算得到：

$$y^m = \left\{ \phi\left(x_q^m - x_p^m\right) \middle| p < q; p, q = 1, 2, \cdots, n, \cdots, N \right\} \tag{4-2}$$

$$\phi(z) = \begin{cases} 1, z \geqslant 0 \\ 0, z < 0 \end{cases} \tag{4-3}$$

式中，p、q 分别为多光谱影像中的任意两个波段；x_q^m 与 x_p^m 分别为第 q 个与第 p 个波段的反射率值；z 为 x_q^m 与 x_p^m 之间的差值；$\phi(z)$ 为二值化函数。

将优化后的地表覆盖产品 M_1^* 通过 CSCS 聚类，获得各个地类的聚类簇和直方图，保留统计量最大的簇作为初始的被选中样本。按照统计量大小顺序，对剩下的簇逐个与其他地类的簇计算基于 J–M 距离的样本可分性，考虑到当样本可分性小于 1 时代表不具有可分性，因此当前簇与其他地类的最大簇样本可分性小于 1 时，将当前簇移除，当前簇与其他地类的非最大簇样本可分性小于 1 时，将这一对簇都去除。对所有地类的聚类簇执行上述操作，将剩下的簇保留，组成新的各地类标记数据。对新的地类标签按照不同光谱形状再生成统计直方图，训练样本将在新的标记数据中按直方图的比例随机抽取。这样选取的训练样本在具有更好的样本可分性的前提下，也符合各类样本数据在特征空间的分布。具体的样本选择流程如图 4-3 所示。

4. 变化检测与地表覆盖更新

对于地表覆盖的更新任务，采用变化检测技术测定地表覆盖变化的空间范围，可以充分提高地表覆盖更新的效率。通过对地表覆盖产品对应年份的影像与目标时相影像进

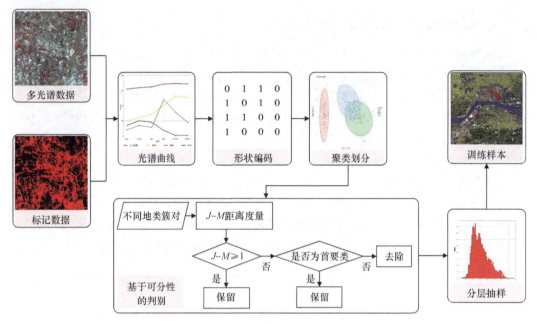

图 4-3 光谱相似性引导的样本选择策略流程

行变化检测，确定不变区域，不变区域的类别标签有极大的概率与目标时相影像的地表覆盖信息一致。将不变区域的类别标签与目标时相影像中对应的像元组成目标时相训练样本，自动形成目标时相的训练样本集。通过变化向量分析，结合大津法阈值确定检测的不变区域，传递不变区域的样本标签，获得待分类时相的训练样本。为了获得理想的分类效果，除了原始光谱特征外，分别提取光谱指数特征、纹理特征与地形特征，形成包含光谱、空间以及地形的空间–光谱特征集，输入分类器中完成目标影像的地表覆盖更新。

4.2.3 多时相影像样本迁移

用时间序列遥感影像重建过去几十年的地表覆盖是实现时空多维地理场景感知与动态建模的基础，但存档历史遥感影像分类面临样本选择难、多时相影像协同解译水平低的问题。高精度的地表覆盖产品中存在部分可利用的类别标签，结合同一年份或相近时相的遥感影像生成训练样本集，重复利用这些训练样本，可以减少甚至完全避免手动标记新的训练样本。充分利用地表覆盖产品和遥感影像特征，构建无监督的方法自动迁移训练样本，形成有效的训练样本集，满足大区域多时相地表覆盖的分类需求，为地理环境演变建模提供有效支持。

1. 面向地表覆盖产品的无监督样本迁移框架

地表覆盖产品中的斑块提供了一种有效的几何约束，可以作为迁移与优化原始地表覆盖信息的一种先验局部空间单元。考虑产品中的斑块信息作为先验知识，本节提出一种针对地表覆盖产品的样本优化迁移模型（图 4-4），在无须手动设置任何参数与选择新训练样本的前提下，利用单时相影像快速准确地从地表覆盖产品中获取有价值的可利用样本标签，替代传统遥感影像监督分类中的手动选取样本的环节。将提出的样本迁移模型嵌入多时相影像分类的算法中，快速获得高精度多时相地表覆盖制图结果。

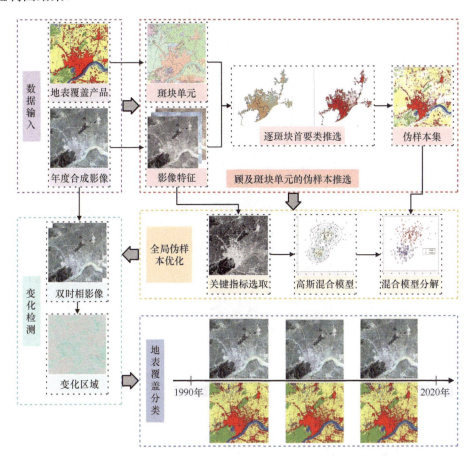

图 4-4 基于无监督样本迁移方法的多时相地表覆盖分类流程

2. 局部单元样本迁移方法

为了有效约束斑块单元内的错误地表覆盖信息，采用集成多种光谱指数特征的归一化光谱向量（normalized difference spectral vector，NDSV）作为聚类的特征输入。该特征对于聚类算法有以下优势：①NDSV 计算得到的光谱向量特征是归一化且全局连续的，适合直接作为无监督模型的输入特征；② NDSV 的每一维特征信息相互关联，有助于分析复杂地表覆盖环境下的各类地物的分布，增益聚类算法的相似性度量过程；③该方法完整计算了所有的波段组合，保障了在聚类分析过程中有效约束斑块单元内的错误地表覆盖信息。对于第 d 个像元而言，原始光谱特征为 $x_d^B = \left(x_d^{b_1}, x_d^{b_2}, \cdots, x_d^{b_B} \right)$，相应的 NDSV 计算公式如下：

$$y_d = \begin{vmatrix} f\left(x_d^{b_1}, x_d^{b_2}\right) \\ f\left(x_d^{b_1}, x_d^{b_3}\right) \\ \vdots \\ f\left(x_d^{b_1}, x_d^{b_B}\right) \\ f\left(x_d^{b_2}, x_d^{b_3}\right) \\ \vdots \\ f\left(x_d^{b_{B-1}}, x_d^{b_B}\right) \end{vmatrix} \tag{4-4}$$

式中，y_d 为第 d 个像元的光谱特征向量；$x_d^{b_B}$ 为 b_B 波段的反射率值；$f\left(x_d^{b_{B-1}}, x_d^{b_B}\right)$ 为 b_{B-1} 波段与 b_B 波段的归一化差值。将计算得到的 NDSV 特征与地形特征（高程、坡度）组合，形成属性约束特征集。

将 K-means 作为基础的聚类算法对 $p = \left\{p_j\right\}_{j=1}^{J}$ 逐个实施聚类分析，以第 j 个斑块 p_j 为例，其中 p_j 由 N 个像元组成，则 p_j 对应的多光谱数据为 $X_{p_j} = \left\{x_1^B, x_2^B, \cdots, x_n^B, \cdots, x_N^B\right\}$，对应的属性特征集为 $Y_{p_j} = \left\{y_1, y_2, \cdots, y_n, \cdots, y_N\right\}$。假设 p_j 对应的类别标签为 ω_u，为了从 p_j 中分离出与 ω_u 正确关联的子集，将 Y_{p_j} 通过 K-means 方法聚类划分为 K_j 个簇 $\left\{C_j^1, C_j^2, \cdots, C_j^{K_j}\right\}$，K-means 通过最小化平方误差完成对簇的划分：

$$E = \sum_{k=1}^{K_j} \sum_{y_n \in C_j^k} \left\| y_n - \mu_k \right\|_2^2 \tag{4-5}$$

式中，E 为平方误差；K_j 为预期划分的簇数；y_n 为 Y_{p_j} 中 n 的第个特征向量；C_j^k 为第 k 个簇；μ_k 为 C_j^k 的均值向量。

K_j 是上述过程中唯一需要输入的变量，且最优的聚类簇数可以更好地划分 Y_{p_j}。通过计算 calinski-harabasz（C-H）指数来寻找每个局部单元内的最优簇数，C-H 指数通过方差比准则（variance ratio criterion，VRC）来评价聚类效果的好坏，在聚类结果的基础上，计算总体簇间方差 SS_B（overall between-cluster variance）与总体簇内方差 SS_W（overall within-cluster variance），计算方差比的公式如下：

$$VRC_{K_j} = \frac{SS_B}{SS_W} \times \frac{\left(N - K_j\right)}{\left(K_j - 1\right)} \tag{4-6}$$

式中，N 为 Y_{p_j} 的特征向量的数目；K_j 为聚类簇数；VRC_{K_j} 为簇数为 K_j 下的方差比结果。通过定义簇数范围，逐个计算 VRC 结果，将 VRC 最大值对应的簇数作为当前局部单元下的聚类簇数。

在几何与属性约束下，将每个局部单元内的像素集合划分为多个簇，将占比最多的簇保留并继承原始地表覆盖产品的类别标签，迁移得到伪样本集。之所以称为伪样本集，是考虑到地表覆盖产品几乎不可能保证每个斑块都分类正确，因此当前的样本集中存在一定数量的错误，需要进一步优化。

3. 全局样本优化方法

局部单元样本迁移方法从地表覆盖产品 $M=\{\Omega, p\}$ 中获取了伪训练样本集 $D_{\mathrm{pseudo}}=\{d_{p_1},d_{p_2},\cdots,d_{p_j},\cdots,d_{p_J}\}$。为了尽量剔除伪样本集中错误的样本，获得一个优化后的训练样本集 D（$D\in D_{\mathrm{pseudo}}$），此处提出一种基于高斯混合模型的全局样本优化方法。从全局影像特征出发，构建高斯混合分布，从统计分布角度约束伪样本集中的错误样本。采用高斯混合模型分解的手段将伪样本集划分，保留正确分布，获得目标训练样本集，自动完成样本优化的过程。

对 D_{pseudo} 按照对应类别标签 ω_i 进行分解，在分类体系 $\Omega=\{\omega_i\}_{i=1}^{I}$ 下将伪样本表达为不同地类伪样本集的集合 $D_{\mathrm{pseudo}}=\{D_{\omega_1},D_{\omega_2},\cdots,D_{\omega_i},\cdots D_{\omega_I}\}$。$D_{\omega_i}$ 为类别 ω_i 对应的伪样本集，可以视为 ω_i 类与非 ω_i 类的两个高斯分布的混合，对 D_{ω_i} 构建如下高斯混合模型：

$$p_{\mathcal{M}}(y)=\alpha_1\cdot p(y|\mu_1,\Sigma_1)+\alpha_2\cdot p(y|\mu_2,\Sigma_2) \tag{4-7}$$

式中，$p_{\mathcal{M}}(\cdot)$ 为概率密度函数；α_1、μ_1、Σ_1 分别为第一个高斯分布的混合系数、均值向量与协方差向量；α_2、μ_2、Σ_2 分别为第二个高斯分布的混合系数、均值向量与协方差向量。

采用迭代期望最大化（expectation maximization，EM）计算高斯混合模型，假设训练集 $D_{\omega_i}=\{d_1^{\omega_i},d_2^{\omega_i},\cdots,d_{N_i}^{\omega_i}\}$ 由 N_i 个样本组成，令 GM$_1$ 与 GM$_2$ 分别代表生成 D_{ω_i} 训练集的高斯混合成分，则对于第 n_i（$n_i\leqslant N_i$）个样本而言，有隶属于 GM$_j$（$j=1,2$）的后验概率 $\gamma_{(n_i,j)}$。EM 算法计算高斯混合模型分为两个部分，首先执行 E 步，通过当前的混合成分参数，计算 $d_{n_i}^{\omega_i}$ 属于 GM$_1$ 与 GM$_2$ 的后验概率 $\gamma_{(n_i,1)}$ 与 $\gamma_{(n_i,2)}$；然后将 E 步的后验概率作为权重，采用最大似然法估算新的混合参数 α_j、均值向量 μ_j 以及协方差向量 Σ_1，这部分为算法的 M 步。通过 E 步和 M 步的不断迭代更新，直到 M 步似然函数的变化率（$\Delta\mathrm{LL}(\cdot)$）小于设定阈值。

选择 NDVI、MNDWI 以及地形数据中的坡度特征作为关键特征，完成对地表覆盖主要类别水体、人工地表、林地、草地以及耕地的全局优化，具体优化流程如图 4-5 所示。

4. 多时相地表覆盖分类

通过变化向量分析结合大津法确定阈值检测不变区域，传递不变区域的样本标签，获得待分类时相的训练样本。采用随机森林（random forest，RF）作为分类器完成多时相地表覆盖分类制图。研究中用于分类的训练样本并非手动选择，导致最终用于多

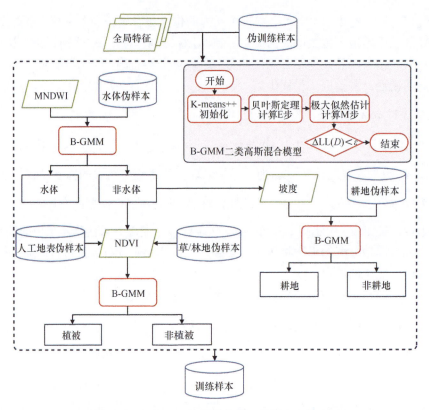

图 4-5 基于高斯混合模型的全局伪样本优化流程

时相分类的样本中存在少量错误，而且 RF 中的基分类器互相之间相关性较弱，各自的错误预测也是几乎不相关的，因此 RF 通过多个基分类器的集成学习可以提高最终分类的结果。其他类似的集成学习方法也可以替代 RF 完成分类任务。

4.2.4 知识迁移与地表覆盖更新试验

用于测试的试验区共有三个，分别为南京市城区及其周边地区（以下简称南京），杭州市城区及其周边区域（以下简称杭州）以及太湖流域地区。以上三个区域均为典型快速城镇化地区，其中南京与杭州作为城市尺度的试验区，面积为 8100 km²，对应影像大小为 3000×3000；太湖流域作为城市群尺度的试验区，实际面积在 37000 km² 以上，选择太湖流域作为试验区是为了测试提出的样本迁移方法在大尺度城市群区域的实际效果。地表覆盖产品数据选取 GlobeLand30 V2010，多光谱数据选取 Landsat 影像，夜间灯光遥感数据选取 DMSP-OLS。

图 4-6 展示了南京与杭州试验区的地表覆盖更新结果，其中图 4-6（a）～图 4-6（c）分别是南京基于 SVM、Bagging 与 RF 的地表覆盖分类结果，图 4-6（d）～图 4-6（f）分别是杭州基于 SVM、Bagging 与 RF 的分类结果。为了量化评估地表覆盖更新的结果，地表覆盖真实数据通过目视解译目标影像与时相相近的谷歌地球高分数据获得，采用勾选多边形的方式获得验证数据，最终获得了超过 30000 个验证样本用于评价地表覆盖的更新效果。

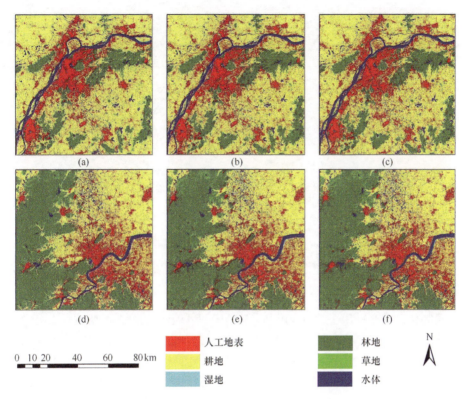

图 4-6 南京、杭州地表覆盖更新结果

(a) 南京 SVM 更新结果; (b) 南京 Bagging 更新结果; (c) 南京 RF 更新结果; (d) 杭州 SVM 更新结果; (e) 杭州 Bagging 更新结果; (f) 杭州 RF 更新结果

表 4-1 为南京与杭州的地表覆盖更新的精度评价结果,可以看出,提出的方法能够较好地满足地表覆盖更新的需求,总体精度与多数地类的精度评价结果均在 95% 以上。为了进一步验证地表覆盖更新方法的有效性,本书选取了两年影像,结合变化检测结果,随机选取一些变化区域进行目视解译的比对,验证地表覆盖更新方法对变化地物的更新制图效果。

表 4-1 南京、杭州试验区地表覆盖更新精度评价

试验区	SVM		Bagging		RF	
	OA/%	Kappa 系数	OA/%	Kappa 系数	OA/%	Kappa 系数
南京	96.60	0.9550	95.10	0.9353	95.48	0.9402
杭州	97.85	0.9680	97.40	0.9614	97.31	0.9601

太湖流域位于中国东部地区,处于长江三角洲(以下简称长三角)城市群的核心位置,包括上海市、江苏南部、浙江北部以及部分安徽地区,总面积约为 37000 km^2,流域整体以平原地貌为主,如图 4-7 所示。太湖流域是长三角城市群重要组成部分,经济水平发达,城镇化程度高,人类活动剧烈,地表覆盖变化快速。

选用的地表覆盖产品为 GlobeLand30 全球地表覆盖产品,该产品基于知识引导的像素级与对象级方法(pixel and object based methods with knowledge,POK)的遥感影像

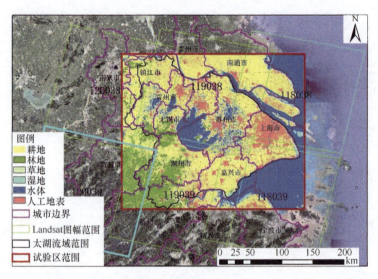

图 4-7　试验区范围

制图技术制作，研究采用了 V2000 以及 V2010 两个年份的产品。研究区为包含太湖流域空间范围的外接多边形，试验区大小为 9752 像元×8074 像元，需要六幅 Landsat 影像覆盖，图幅号分别为 120/038、119/038、118/038、120/039、119/039 与 118/039。各个年份的影像采用当年 Landsat 年度观测序列中值合成，试验中选取的影像年份为 1990 年、1995 年、2000 年、2005 年、2010 年与 2015 年共计 6 期中值合成数据。经过投影转换与裁切等预处理，获得试验区的多时相影像数据。图 4-8 为试验区 1990～2015 年地表覆盖分类结果。

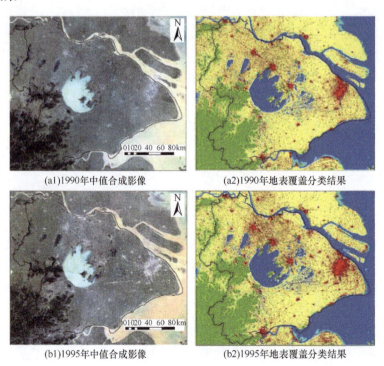

(a1)1990年中值合成影像　　　　　　(a2)1990年地表覆盖分类结果

(b1)1995年中值合成影像　　　　　　(b2)1995年地表覆盖分类结果

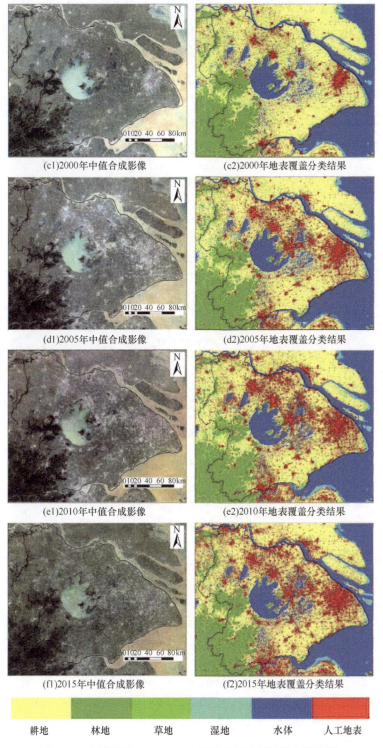

(c1)2000年中值合成影像　　　　　　　(c2)2000年地表覆盖分类结果

(d1)2005年中值合成影像　　　　　　　(d2)2005年地表覆盖分类结果

(e1)2010年中值合成影像　　　　　　　(e2)2010年地表覆盖分类结果

(f1)2015年中值合成影像　　　　　　　(f2)2015年地表覆盖分类结果

耕地　　　林地　　　草地　　　湿地　　　水体　　　人工地表

图 4-8　太湖流域 1990～2015 年多时相地表覆盖分类结果

表 4-2 为 1990～2015 年共六期的地表覆盖分类精度评价结果。可以看出，2000 年

与 2010 年的总体精度（OA）超过 91%，表明样本迁移方法可以有效替代手动标记样本的过程，获得高质量的训练样本。在只采用原始多光谱特征与地形特征的基础上，其他年份的地表覆盖分类精度也都在 90% 左右，因此提出的样本迁移方法与多时相分类技术可以自动生成可靠的地表覆盖分类结果。

表 4-2　太湖流域 1990～2015 年地表覆盖分类精度评价结果

年份	1990 年	1995 年	2000 年	2005 年	2010 年	2015 年
OA/%	89.87	90.20	91.58	89.50	91.52	90.12
Kappa 系数	0.8674	0.8717	0.8907	0.8646	0.8903	0.8717
样本数量	1570	1520	1401	1571	1828	1973

4.3　多时相影像农作物分类

当前农业用地精细提取主要采用国外 Landsat 和 Sentinel 等卫星影像数据，综合分辨率、影像获取成本以及实用性考虑等方面，国产高分一号宽幅多光谱相机（GF-1 wide field view，GF-1 WFV）数据有较大应用潜力，但是利用率较低，需要有更多适合 GF-1 WFV 数据的应用方法助其推广应用。在分类体系方面，多数方法用到了经验统计、阈值分割与决策树结合，然而每种方法均有特定的适用条件，直接应用到目标区域易导致不同农业用地间难以有效区分。农业种植存在区域性，需要大量的实地观测和调查数据支撑，因而不同农业用地提取方法可扩展性较差。针对上述存在的问题，本节提出了一种基于时间序列国产 GF-1 WFV 影像的农业用地精细提取与农作物分类方法，结合南京市农业用地分布情况构建了分类体系，通过随机森林分类器对研究区农业用地进行精细提取和分析。

4.3.1　数　据　集

南京市位于江苏省西南部的丘陵地区，经纬度范围 31°14′N～32°37′N，118°22′E～119°14′E，面积约为 6587 km²。南京市农作物以冬小麦、水稻以及油菜为主，渔业以鱼类和虾蟹类为主，地理分布上主要集中在江宁区以及高淳区，以内陆水域养殖方式进行水产养殖。作物生长生育期划分标准参考了联合国粮食及农业组织（Food and Agriculture Organization，FAO）划分的 4 个阶段，分别为初始生长期、生长发育期、生长中期和生长后期。

GF-1 配置了 2 台 2m 空间分辨率全色/8m 空间分辨率多光谱相机，4 台 16m 空间分辨率宽幅多光谱相机（WFV1、WFV2、WFV3 和 WFV4）。多光谱波段分别为蓝波段（0.45～0.52μm）、绿波段（0.52～0.59μm）、红波段（0.63～0.69μm）以及近红外波段（0.77～0.89μm）。经检索，2018 年全年覆盖南京市的高分一号影像共 158 景。遥感影像中云量较多的影像主要集中在 6～9 月，通过综合考虑云量、覆盖范围、影像时相以及影像质量选取了 34 幅影像用于时间序列数据集构建，其中 4 月以及 8 月数据由于多云影响而无法直接满足分类需求的影像，需要云掩膜处理后与邻近时相影像拼接获得，进而构建连续的时间序列数据。

4.3.2　分类方法与实现

研究主要技术路线如图 4-9 所示。首先选择 GF-1 WFV 影像为数据源，对其进行辐射定标、大气校正、投影转化等预处理，行政区划、基本农田统计数据以及数字高程等作为其他数据。预处理后的数据集经过云掩膜处理后构建时序数据集，并利用非对称高斯拟合进行时序重构获得主要农业用地时序特征。通过综合实地考察选取训练样本，结合分类体系选取合适的分类器进行初步分类，在初步分类结果基础上结合土地覆盖情况加入面向对象形状特征、雷达 VV/VH 极化波段等辅助特征精细区分水体与水产用地、大棚与建筑以及小麦与油菜，最终实现了基于 GF-1 WFV 影像的农业用地精细提取与作物分类。

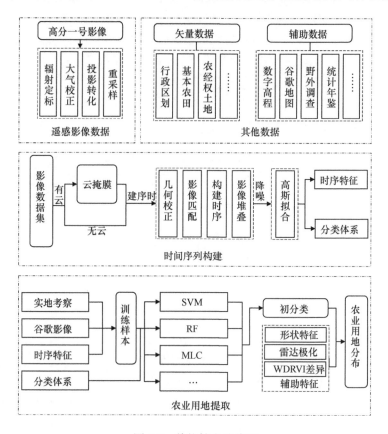

图 4-9　整体技术路线图

4.3.3　时间序列特征集构建

1. 影像云掩膜

时间序列数据构建过程中由于云层的遮挡，导致数据获取不连续，地表光谱特征发生变化，从而形成影像中观测不到的盲区。在大多数情况下，生产工作人员普遍选择避开云层的影像进行提取分析，然而云层覆盖较多的影像依旧包含部分可用信息，在长时间序列构建过程中可以提供有效辅助，因此构建时间序列之前首先提取云层范围，将其掩膜处理，随后选择邻近时相的影像数据与之拼接，进而获得符合分类要求的影像。

云层在遥感影像中相较于其他地物亮度值较高，可以通过阈值分割法进行剔除，常用的阈值分割方法有最大类间方差法、最小误差法、高斯阈值法以及 Kittler 算法等（Li et al.，2017）。分割方法核心是分析云层的光谱特征，选择灰度直方图和 IHS 变换（intensity，hue，and saturation）两种模型。云层在影像、直方图以及 IHS 色彩空间中表现出以下特点：①云层反射性强，因此在直方图中呈现出集中分布于高反射区域，在 IHS 色彩空间中，亮度（intensity，I）相较于其他地物明显较高。②云层在影像上普遍呈现白色并且在可见光 RGB 三个波段内较为接近，因此饱和度（saturation，S）较低。③云层通常是聚集在一起的，区域特点明显。基于上述特点，研究在阈值分割法基础上引入专家投票机制，分别在影像的蓝波段（blue band，B）、绿波段（green band，G）、红波段（red band，R）、近红外波段（near-infrared band，NIR）以及 IHS 色彩空间中的亮度和饱和度分量上进行阈值分割，提取初步的云层分布结果，最后通过投票机制确定云层的分布情况，流程如图 4-10 所示。

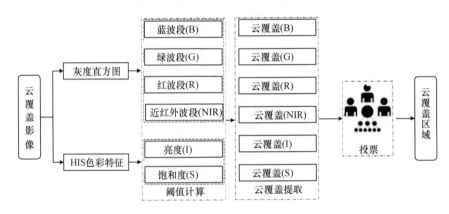

图 4-10　云覆盖提取流程

2. 遥感指数特征计算

遥感影像数据压缩的主要方法为降低数据维数，常用的有主成分分析法和归一化差异指数法，通过波段运算凸显目标地类同时抑制背景噪声。此处采用宽动态植被指数（wide dynamic range vegetation index，WDRVI）（Gitelson，2004）和归一化水体指数（normalized difference water index，NDWI）（Mcfeeters，1996）对影像进行特征提取，计算公式如下：

$$WDRVI = \alpha \times \frac{\rho_{NIR} - \rho_{RED}}{\rho_{NIR} + \rho_{RED}} \tag{4-8}$$

$$NDWI = \frac{\rho_{GREEN} - \rho_{NIR}}{\rho_{GREEN} + \rho_{NIR}} \tag{4-9}$$

式中，ρ_{NIR} 为近红外波段反射率；ρ_{RED} 为红光波段反射率；ρ_{GREEN} 为绿光波段反射率。

3. 面向对象特征提取

面向对象分割综合了光谱特征、光滑度、紧密度和拓扑关系等几何特征来生成同质多边形对象，通过选取合适的分割尺度来减少错误分类的像元，能较好地解决椒盐噪声效应，使分析结果更加准确（李卫国和蒋楠，2012）。遥感影像分割借助 eCognition 软件实现，分割方法采用多尺度影像分割算法，依据"影像对象内部异质性最小"原则进行影像对象合并，根据不同的分割尺度设定不同的分割阈值，自下而上将原影像的像素依次组合成小图斑、大图斑直至合并为区域。具体尺度分割参数借助了自动获取最佳分割效果尺度参数的工具 ESP（estimation of scale parameter），基本指标是局部平均方法的变化率（Drăguţ et al.，2010，2014）。综合农业用地种植结构以及研究区地类分布情况，最终选取 45 为分割尺度参数。

4. 时间序列重构

在尺度分割基础上，综合谷歌影像以及实地勘察数据在研究区影像数据中均匀选取样本点，基于样本点分析提取各类地物的时间序列变化曲线数据。直接提取的样本点含有噪声数据，因此需要对时间序列曲线进行拟合重建处理。采用非对称高斯函数拟合法进行指数特征的拟合重建（Jonsson and Eklundh，2002）。拟合方法共包含三部分：区间提取、局部拟合以及整体连接。区间提取是拟合方法的第一步，即选择合适的最大值或最小值区间作为局部拟合区间，使用高斯拟合函数对局部区间的指数特征数据进行拟合，局部拟合公式为

$$f(t) = S = f(t; c_1, c_2, a_1, \cdots, a_5) = c_1 + c_2 g(t; a_1, \cdots, a_5) \tag{4-10}$$

$$g(t; a_1, \cdots, a_5) = \begin{cases} \exp[-\left(\dfrac{t - a_1}{a_2}\right)^{a3}], t > a_1 \\ \exp[-\left(\dfrac{a_1 - t}{a_4}\right)^{a_5}], t < a_1 \end{cases} \tag{4-11}$$

式中，c_1、c_2 分别为决定曲线的基准和振幅；a_1 为曲线最大值以及最小值对应时间的参数值；a_2、a_3、a_4、a_5 分别为左右半边曲线的宽度和陡度；局部特征拟合之后，定义全局拟合公式连接为整体，整体拟合函数为

$$F(t) = \begin{cases} \alpha(t) f_L(t) + [1 - \alpha(t)] f_C(t), t_L < t < t_C \\ \beta(t) f_C(t) + [1 - \beta(t)] f_R(t), t_C < t < t_R \end{cases} \tag{4-12}$$

式中，$f_L(t)$、$f_R(t)$、$f_C(t)$ 分别为一个极大值区间的局部拟合函数的左右两侧谷值对应局部函数和中间峰值局部函数，区间为 $[t_L, t_R]$；$\alpha(t)$ 和 $\beta(t)$ 为剪切系数。

4.3.4　分类体系构建与分类器

1. 分类体系构建

在分析了常见地物覆盖类型的时间序列指数特征后，基于地物时序特征的差异构建

分类体系，分类体系的建立遵循唯一性、主导因素以及相对一致性三个构建原则。综合研究区主要地物覆盖种类和自然经济状况，最终确定了南京市农业用地提取的分类体系：水体、农业用地、建设用地、林草地以及其他用地 5 种基本土地覆盖类型，具体如表 4-3 所示。农业用地进一步细分为水田（包括水稻收割后种植油菜以及冬小麦区域）、旱地、水产用地以及大棚；建设用地包括居民住宅用地、交通以及工矿用地；林草地包括林地、草地、疏林地以及灌木林等；其他用地则主要包括裸地和堆掘地等未开发利用土地。

表 4-3　研究区分类体系

编号	地类		说明
1	水体		人工水利设施和天然陆地水域，包括湖泊、河流等用地
2	农业用地	水田	水稻以及水稻收割后冬小麦、油菜以及休耕用地
		旱地	非水田种植用地，即以经济作物为主的农产品种植品用地
		水产用地	螃蟹以及鱼虾类养殖用地
		大棚	覆膜大棚用地
3	建设用地		城镇和农村居民住宅、交通和工矿等用地
4	林草地		包括天然和人工种植的乔木、灌木以及草本植物等的生长用地
5	其他用地		裸地和临时堆掘地等未开发利用的土地

2. 分类器选取与精度评定

分类器主要包括最大似然分类法（maximum likelihood classification，MLC）、支持向量机（support vector machine，SVM）（Mountrakis et al.，2011）、人工神经网络（artificial neural network，ANN）和随机森林（random forest，RF）（Joshi et al.，2016；Belgiu and Dragut，2016）。精度评价包括定性评价和定量分析两种，其中定性评价是由专家通过目视判断来对类别的提取情况进行主观评价。定量评价采用总体精度（overall accuracy，OA）、Kappa 系数、每一类的生产者精度（producer's accuracy，PA）和用户精度（user's accuracy，UA）4 个指标。

4.3.5　试验与分析

1. 局部试验区结果分析

选择南京市溧水区洪蓝街道南部下辖区域作为局部试验区，四种分类器精度如图 4-11 所示。RF 分类效果较其他分类器好一些，且耗时较少，MLC 和神经网络误差相对较大。Kappa 系数、OA、UA 和 PA 如表 4-4 所示。RF 的总体分类精度好于其他三个分类器，MLC 分类精度最差。因此，本研究选用精度最高的 RF 分类器对水体与水产用地、水田收割后的冬小麦和油菜用地以及建筑和大棚的空间分布三种用地类型进行提取。

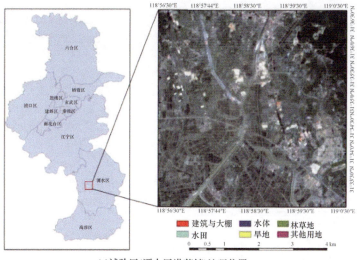

(a)试验区(溧水区洪蓝镇)地理位置

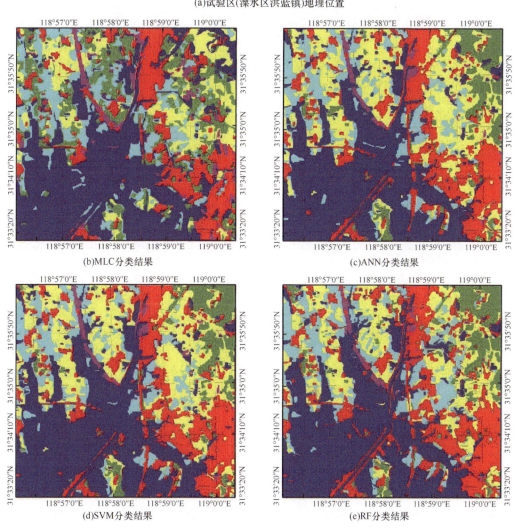

(b)MLC分类结果　　　　　　　　(c)ANN分类结果

(d)SVM分类结果　　　　　　　　(e)RF分类结果

图 4-11　试验区分类结果

表 4-4　不同分类器的分类精度

分类器	土地类型	水体和水产用地	建筑和大棚	水田	旱地	林草地	其他用地	UA/%
MLC	OA=79.3171%；Kappa 系数=0.7311							
	水体和水产用地	465	8	16	0	1	0	94.90
	建筑和大棚	0	410	0	9	1	5	96.47
	水田	11	0	103	52	9	2	58.19
	旱地	24	0	14	93	11	0	65.49
	林草地	6	8	18	63	93	1	49.21
	其他用地	18	27	11	0	0	44	44.00
	PA/%	88.74	90.51	63.58	42.86	80.87	84.62	
ANN	OA=91.4642%；Kappa 系数=0.8872							
	水体和水产用地	502	1	6	0	2	0	98.24
	建筑和大棚	0	447	3	0	2	0	98.89
	水田	2	2	136	28	7	2	76.84
	旱地	14	3	17	173	19	0	76.55
	林草地	0	0	0	16	85	0	84.16
	其他用地	518	453	162	217	115	50	89.29
	PA/%	95.80	98.68	83.95	79.72	73.91	96.15	
SVM	OA=93.1057%；Kappa 系数=0.9086							
	水体和水产用地	517	1	3	2	1	0	98.66
	建筑和大棚	0	447	4	0	3	0	98.46
	水田	0	2	138	23	6	2	80.70
	旱地	1	3	17	180	19	0	81.82
	林草地	0	0	0	12	86	0	87.76
	其他用地	6	0	0	8	0	50	89.29
	PA/%	98.66	98.68	85.19	82.95	74.78	96.15	
RF	OA=96.6513%；Kappa 系数=0.9556							
	水体和水产用地	524	0	0	0	0	0	100
	建筑和大棚	0	0	0	0	0	0	100
	水田	0	453	158	28	12	0	79.80
	旱地	0	0	4	185	3	0	96.35
	林草地	0	0	0	4	100	0	96.15
	其他用地	0	0	0	0	0	52	100
	PA/%	100	100	97.53	85.25	86.96	100	

（1）水体和水产用地精细分类。试验区选取长宽比、紧致度、密度、矩形拟合以及形状指数五个面向对象特征，利用 RF 分类器进行分类，分类效果如图 4-12 所示。

分析图 4-12 可知，图 4-12（c）和图 4-12（d）分别为面向对象特征增加前后的分类对比，可以看出添加空间特征之后，水体和水产用地混淆有所减轻，分类精度明显提升，被误分的像元与对象特征结合后更好地体现出本身。具体精度评价见表 4-5，增加面向对象特征后精度有较大提升，水产用地和水体之间的误分情况明显减少，进一步验证了长宽比、紧致度等面向对象的特征在提升水体和水产用地的精细分类精度方面效果较好。

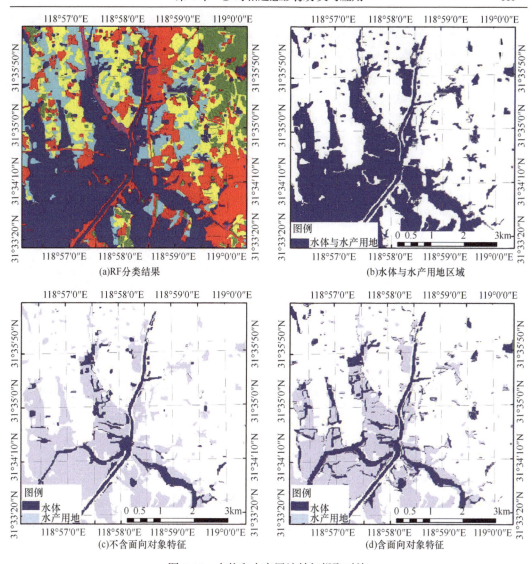

图 4-12　水体和水产用地精细提取对比

表 4-5　水体和水产用地混淆矩阵

类型	土地类型	水体	水产用地	UA/%
		OA=82.56%；Kappa 系数=0.5959		
无面向对象特征	水体	130	30	81.25
	水产用地	71	348	83.05
	PA/%	64.68	92.06	
		OA=94.3%；Kappa 系数=0.8744		
有面向对象特征	水体	185	17	91.58
	水产用地	16	361	95.76
	PA/%	92.04	95.50	

（2）冬小麦和油菜精细分类。对于试验区内油菜和冬小麦提取，同样选取若干样本并通过目视解译对水田覆盖区域 WDRVI 多次判断并结合试验区一的区分阈值，最终选择 3 月影像的 0.036 作为区分休耕区域与水稻和油菜种植区的阈值，选择 4 月影像的 0.053 作为区分油菜和冬小麦的阈值，以此阈值的细分结果如图 4-13 所示。结合野外实地样本对分类结果计算了混淆矩阵并进一步分析精度,对应精度评价指标如表 4-6 所示。从表 4-6 中可知，试验区的冬小麦和油菜之间的混淆情况较大，精度略低于休耕用地。

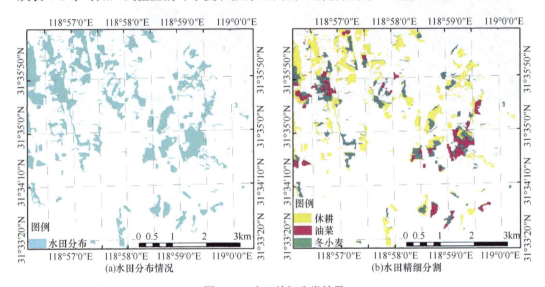

图 4-13   水田精细分类结果

表 4-6   水田精细提取混淆矩阵

类型	土地类型	油菜	冬小麦	休耕	UA/%
		OA=81.44%；Kappa 系数=0.7106			
水田精细提取	油菜	79	7	11	81.44
	冬小麦	7	127	25	79.87
	休耕	16	19	168	82.67
	PA/%	77.45	83.01	82.27	

（3）建筑和大棚精细分类。大棚和建筑的精细区分分别对比基于随机森林分类器的现有特征分类以及加入哨兵一号 VH 和 VV 极化波段后的分类效果,分类结果如图 4-14 所示，混淆矩阵见表 4-7。从表 4-7 中可以看出，加入雷达极化特征后精度有了明显提升，可能原因是试验区的大棚分布较为集中，进而使识别误差一定程度上有所降低。

最终分类结果如图 4-15 所示。从分类精度来看，水体和水产用地在引入面向对象特征后分类质量较高，建筑和大棚用地的提取精度也在引入雷达极化波段后有所提升，结合前面的精度指标综合说明提出的分类提取方法可以有效地提取土地覆盖并对农业用地进行精细提取。

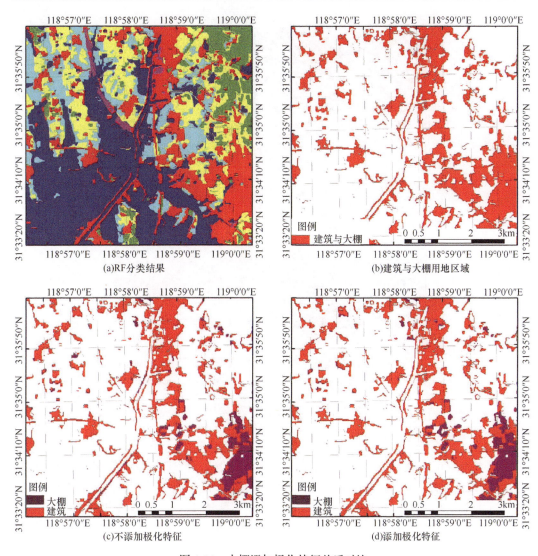

图 4-14　大棚添加极化特征前后对比

表 4-7　试验区二大棚和建筑用地混淆矩阵

类型	土地类型	建筑	大棚	UA/%
	OA=93.18%；Kappa 系数=0.8565			
不含雷达特征	建筑	273	0	100
	大棚	32	162	83.67
	PA/%	89.51	100	
	OA=95.50%；Kappa 系数=0.9037			
含雷达特征	建筑	284	0	100
	大棚	21	162	88.52
	PA/%	93.11	100	

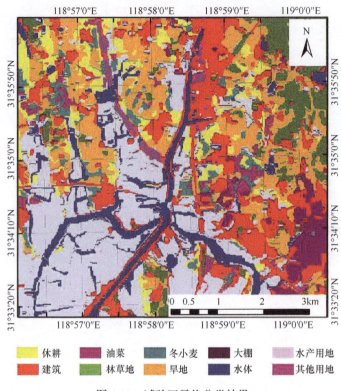

图 4-15　试验区最终分类结果

2. 南京市农业用地精细分类

综合南京市实地采样数据和谷歌高分影像在影像上均匀选择训练样本，随机选取其中 60%用来训练分类，剩余用来计算混淆矩阵评价精度。以预处理后的覆盖 2018 年的 12 期 GF-1 WFV 影像以及其 NDWI 与 WDRVI 指数特征为分类特征，随机森林分类方法作为分类器对南京市基本土地覆盖情况进行初步提取，在初步提取的土地覆盖分类基础上分别加入面向对象形状特征、雷达极化特征对水体和水产用地以及建筑和大棚进行精细分类，针对油菜和冬小麦在 3 月、4 月的差异变化特征，提取阈值对南京市水田区域进行精细提取，最后基于土地覆盖精细分类方法提取获得了南京市农业用地精细分布，结果如图 4-16 所示。

针对上述分类结果，利用混淆矩阵评价了 UA、PA、OA 和 Kappa 系数（表 4-8）。可以看出，南京市农业用地精细提取的 OA 和 Kappa 系数分别为 95.31%和 0.9431，所有类别中林草地和建筑的 UA 相对较高、最高分别为 96.75%和 97.21%。除小麦、油菜和休耕以外均在原始特征上增加额外特征并用随机森林分类器进行分类，精度高于决策树细分的油菜、小麦和休耕。总体来看，各类农业用地的分类充分利用了训练样本信息和分类方法的特点，有效地区分了各类农业用地的空间分布情况，较好地完成了作物分类的目标任务。尽管在部分作物提取方面精度不理想，但是综合 OA 和 Kappa 系数来看，分类提取方法获得的结果可以满足一般研究性土地利用分类精度，为后续的研究和分析奠定基础。

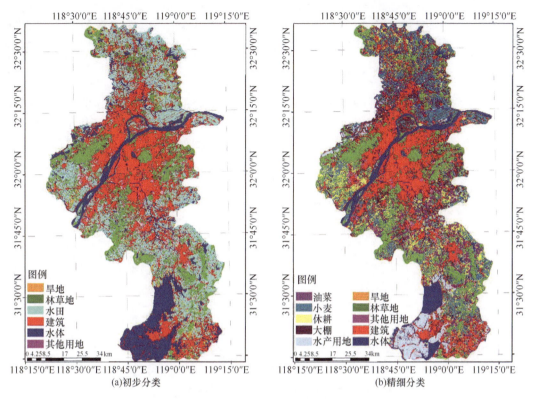

图 4-16　南京市农业用地提取结果

表 4-8　南京市农业用地精细提取精度

类别	建筑	水体	林草地	油菜	小麦	休耕	大棚	水产用地	旱地	其他用地
UA/%	97.21	96.72	96.75	84.88	86.86	89.52	95.76	95.46	96.41	94.42
PA/%	96.94	98.12	98.51	83.49	82.82	85.30	97.46	93.11	95.35	85.43
OA	95.31%				Kappa 系数			0.9431		

4.4　多时相影像建筑物分类应用

　　新增建设用地是城市建设的重要组成部分,准确提取它可协助城市规划和管理者掌握城市发展趋势与发展速度,实现动态监测与综合分析。欧洲航天局 Sentinel 系列遥感卫星面向社会免费共享 10 m 分辨率的光学、SAR 数据,为低成本、精准高效提取新增建设用地提供了高效的数据源。本节针对当前多时相影像变化检测算法及其在城市建筑监测应用的不足,提出了融合集成学习算法的面向对象新增建设用地提取方法,利用多时相 Sentinel 数据精确提取、分析了南京市 2016～2019 年的新增建设用地分布及其特征。

4.4.1　基于多时相影像的新增建设用地提取技术

　　集成学习能够有效集成不同机器学习算法的优势,进而提高新增建设用地提取精度。通过对比分析直接变化检测和分类后比较方法，本节评估选择了基于多时相 Sentinel 数据的新增建设用地提取的最优方案。

1. 基于变化检测的新增建设用地提取

直接变化提取是指将特定变化类别——新增建设用地作为目标类别，将其余地物组合作为非目标类别，通过分类来实现提取目的。该方法将两个时相的特征集组合为统一的数据集，运用集成学习进行新增建设用地提取。总体技术流程图如图 4-17 所示。

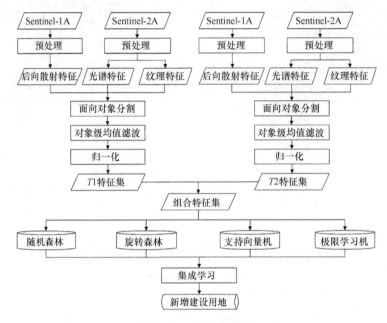

图 4-17　技术流程图

2. 基于分类后比较的新增建设用地提取

分类后比较法先对每个时相的数据单独分类，然后对两期分类结果进行分析比较得到新增建设用地。整体技术流程图与直接变化提取方法类似，区别在于得到单一特征集之后直接运用集成学习分类器进行分类，得到分类结果，通过比较分类结果得到新增建设用地，技术流程图如图 4-18 所示。

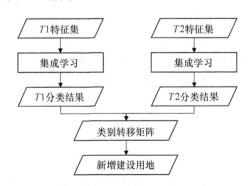

图 4-18　分类后比较法技术流程图

基于地理国情普查一级类，结合南京市地物分布情况，确定分类体系包括耕地、林地、草地、房屋建筑（区）、道路、构筑物、人工堆掘地、水域共 8 类，其中房屋建筑（区）、道路和构筑物为建设用地，其余为非建设用地。得到分类结果后，获取 $T1$ 时刻为非建设用地、$T2$ 时刻为建设用地的区域，即所求新增建设用地。

3. 多尺度图像分割

多尺度图像分割算法基于区域生长原理，采用自底向上的区域生长法，运用对象的几何、光谱特征，从单一像元开始生成区域，将较小对象逐步合并为较大的对象，直到所有对象内部均质性最大（董璐等，2016）。影像的异质性由对象的形状和光谱异质性决定，形状和光谱异质性加权为 1，形状异质性由紧凑度和平滑度决定，紧凑度和平滑度加权为1。分割基于 eCognition8.9 进行，运用控制变量法调节各个参数，最终将 30 设置为最优分割尺度，紧密度为 0.5，形状指数为 0.1。差异性较大的地物都被分为不同对象，异质性较小的同一地物大多被划分在同一对象之内，对象内部均质性较高。

基于 2019 年的 Sentinel-2A 影像进行分割并将结果用于其余年份。南京市整体以城市建设和扩张为主，年代越新建设程度越高，建设用地的范围和规模越大，形状越规则。尤其是新增建设用地，在年代较远的影像上部分会以未开发的草地或荒地的形式存在，区分度较小，基于最新年份进行分割可以最大限度地考虑建设用地的分布情况，以建设用地的形状进行分割，提高地物区分度，从而更加准确地提取新增建设用地。

应用面向对象分割结果，对 4 期数据所有特征进行全域均值滤波，计算每一对象内所有像元的平均值，用平均值代替原始值进行后续分析。该滤波为面向对象操作的关键环节，有如下优势：①滤波后同一对象内部保持一致，对象内的所有像元成为无差异整体，最后的提取结果将以对象为基本单元进行呈现，从而显著减少"椒盐现象"的发生；②滤波可以对数据进行平滑处理，减弱部分极端值或异常值的影响，提高数据可靠性；③滤波可以在一定程度上降低配准误差的影响。

4. 集成学习策略

集成学习是一种对现有机器学习算法进行综合利用及改进的方法，即多算法集成（Chi et al.，2009）。每种算法都有其独特的适用领域，在不同的特征空间或不同区域会有不同的性能表现，存在部分性能优异、部分性能不佳的情况。一种算法会有较大的局限性，考虑多种算法可以实现优势互补（刘培等，2014）。选择随机森林（Du et al.，2015）、旋转森林（rotation forest，RoF）（Xia et al.，2014，2015）、支持向量机（support vector machine，SVM）（Kuo et al.，2014；Xia et al.，2016；Belgiu and Dragut，2016）和极限学习机（extreme learning machine，ELM）（Huang et al.，2006，2012）作为基分类器，分别研究各分类器的分类性能及集成学习的效果。

随机选取 50%的样本用于训练，剩余样本用作测试。提取精度用 OA 和 Kappa 系数来衡量，取值 0～1，数值越大精度越高。集成学习采用精度加权投票策略进行多分类器集成（Wang et al.，2018），以各分类器的分类精度作为权重进行决策级集成，通过阈值分割得到最终结果。具体方法为：设 C 为分类结果，P 为分类精度，P_{EL} 为投票结果，则集成公式为

$$P_{EL} = \frac{P_{RF} \times C_{RF} + P_{RoF} \times C_{RoF} + P_{SVM} \times C_{SVM} + P_{ELM} \times C_{ELM}}{P_{RF} + P_{RoF} + P_{SVM} + P_{ELM}} \tag{4-13}$$

得到的 P_{EL} 为初步分类结果，根据需求划定分割阈值即可得到最终分类结果。如类别标签为 1 和 2，则 P_{EL} 最终取值在 1～2，可以 1 和 2 中点 1.5 为阈值进行分割，以此类推。据此方法，即使基分类器和类别数量增多，也能明确判定最终所属类别。

该分类策略有如下优势：①可以通过分类精度衡量各基分类器的适用性；②相比于直接众数投票法，精度加权投票法可以降低票数相同的概率，如四种基分类器出现两种属于第一类，另两种属于第二类时两类权重相等而难以区分的情况，降低分类结果的模糊性；③精度加权投票法把只能取离散值的硬分类转化为取连续值的软分类，使结果描述更加精确。

4.4.2　研究区与数据

本研究区为南京市，研究所用数据包括光学遥感数据、雷达卫星数据、2015 年地理国情普查数据和互联网楼盘动态信息等。利用 10 m 中分辨率的影像进行新增建设用地提取，既可以保证地物内部的异质性较小及不同地物的可分性较高，不会产生因分辨率过低而使地物难以区分的问题，又不会产生分辨率过高带来的同种地物光谱可分性（类内可分性）增加和不同地物的光谱可分性（类间可分性）降低等问题（Bruzzone et al.，2006；Carleer et al.，2005）。

1）雷达卫星数据

Sentinel-1 卫星是欧盟委员会（European Commission，EC）和欧洲航天局（European Space Agency，ESA）共同倡议的全球环境与安全监测系统"哥白尼计划"中的地球观测卫星，由 Sentinel-1A 和 Sentinel-1B 两颗卫星组成，载有 C 波段合成孔径雷达，重访周期为 12 天。SAR 数据为 Level-1 级别的干涉宽幅模式（interferometric wide swath mode，IW Mode）的地距多视产品（ground range detected，GRD），其方位向和距离向的分辨率均为 10m。

2）光学卫星数据

Sentinel-2A 卫星是"哥白尼计划"的光学卫星，载有多光谱成像仪，可覆盖 13 个光谱波段，从可见光和近红外到短波红外。幅宽达 290km，重访周期为 10 天，提供 10m、20m 和 60m 分辨率的影像。选用 Level-1C 级（L1C）多光谱数据，L1C 级数据是经过几何精校正的正射影像。研究具体使用了 10m 分辨率的蓝、绿、红和近红外波段数据。

针对南京市新增建设用地提取研究的时间段为 2016~2019 年，每年一期数据，利用相邻年份的数据进行新增建设用地提取。选用 2016 年 1 月 9 日、2017 年 3 月 28 日、2018 年 2 月 22 日和 2019 年 1 月 17 日的 Sentinel-1A 数据，每期需要两景数据以覆盖整个南京市；选用 2016 年 2 月 7 日、2017 年 4 月 2 日、2018 年 2 月 26 日和 2019 年 1 月 22 日的 Sentinel-2A 影像，每期需要五景数据以覆盖整个南京市。所用 Sentinel-2A 影像的云层覆盖率在 1%以内，数据质量较好，且都处于冬末春初的时刻，受季节变化影响较小。

3）实地调研数据

根据研究区和数据集特点，制定分类体系：将房屋建筑（区）、道路和构筑物定为建设用地，其余定为非建设用地。2017 年课题组进行多次实地调研，大量采样，结合历史高清影像，建立了 2017 年的样本库。

4）楼盘动态信息

在互联网大数据时代，城市中新增楼盘的信息都会在各种房地产家居网络平台上发布。利用 Python 获取了楼盘的开工时间，再大致估算楼房建设的年份，用于新增建设用地的验证分析。

5）遥感数据预处理

Sentinel-1A 数据预处理包括辐射校正、热噪声去除、滤波、拼接和裁剪，最终得到后向散射特征 VH 和 VV。Sentinel-2A L1C 是大气表观反射率产品，已经过几何精校正，需要进行辐射定标和 FLAASH 大气校正得到地表反射率。利用 Georeferencing 工具，在全图均匀选取多个控制点对两个时期的影像进行几何配准，使总体误差控制在半个像元以内。

4.4.3　新增建设用地提取结果

1. 基于多时相影像变化检测的新增建设用地提取结果

直接变化检测中各基分类器及集成学习的提取精度如表 4-9。

表 4-9　直接变化提取法实验结果统计表

方法	2016~2017 年		2017~2018 年		2018~2019 年	
	OA	Kappa 系数	OA	Kappa 系数	OA	Kappa 系数
RF	0.9245	0.8196	0.9381	0.8581	0.9387	0.8488
RoF	0.9141	0.8033	0.9141	0.8091	0.8962	0.758
SVM	0.9375	0.8546	0.9175	0.8099	0.9198	0.8023
ELM	0.8932	0.736	0.8591	0.6628	0.8632	0.6537
EL	0.9479	0.8777	0.9519	0.8907	0.9434	0.8623

由表 4-9 可知：①三组实验中集成学习方法无论是 Kappa 系数还是 OA 都是最高的，其中 2017～2018 年的精度最高，Kappa 系数超过 0.89，OA 超过 0.95；2018～2019 年的精度相对最低，但 Kappa 系数依然高于 0.86，OA 依然超过 0.94，说明集成学习方法既能保证非常高的精度又具有较高的稳定性。②基分类器中 ELM 的精度在三组实验中均为最低，Kappa 系数最高只有 0.736，最低只有 0.6537，OA 最高只有 0.8932，最低只有 0.8591，远低于集成学习的精度。③RF、RoF 和 SVM 中没有哪种分类器的精度始终最高，2016～2017 年 SVM 精度最高，2017～2018 年和 2018～2019 年都是 RF 最高，但三组实验中 RoF 始终最低。

由以上分析可知，每种分类器在不同的分类问题中适用性不同，不同分类器在相同问题中的适用性也有很大差异，只用单一分类器很难在所有问题中都得到最优效果。集成学习可以综合运用各种分类器的优势，对适用性高的分类器给予较高的权重，适用性低的分类器给予较低的权重，从而达到取长补短的效果，提高整体分类精度。

基于集成学习，提取三期新增建设用地，对三期结果进行并集运算得到 2016～2019 年的新增建设用地提取结果，为直观分析提取效果，选取新增房屋建筑、新增道路和新增构筑物典型区域，得到其 4 年 Sentinel-2A 影像和提取结果如图 4-19～图 4-21。

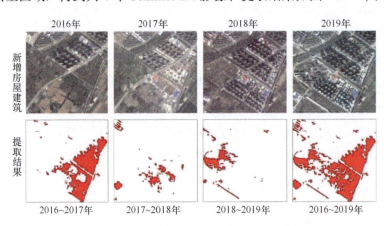

图 4-19 新增房屋建筑提取结果局部放大图

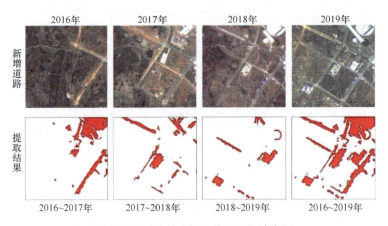

图 4-20 新增道路提取结果局部放大图

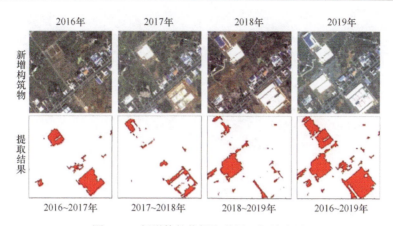

图 4-21　新增构筑物提取结果局部放大图

2. 基于分类后比较的新增建设用地提取结果

分类误差会引起后续的比较误差，导致新增建设用地提取结果偏高或偏低，从而造成误差的累积。对建设用地分类结果进行比较，对于任意相邻两时相的数据，获取前一时相为非建设用地、后一时相为建设用地的区域，即新增建设用地，其余为非新增建设用地，从而得到 2016～2017 年、2017～2018 年和 2018～2019 年三期提取结果。对三期结果进行分析，对于任意像元，若存在任意结果为新增建设用地时即定为新增建设用地，否则为非新增建设用地，从而得到 2016～2019 年整体的新增建设用地提取结果，如图4-22。运用样本点对提取结果进行精度评价，见表 4-10。

表 4-10　分类后比较法实验结果统计表

	2016～2017 年	2017～2018 年	2018～2019 年
OA	0.8255	0.8333	0.8226
Kappa 系数	0.5862	0.5971	0.5503

由表 4-10 可知，分类后比较法的新增建设用地提取效果比直接变化提取法差。分类后比较法 Kappa 系数最低 0.5503、最高 0.5971，不到 0.6，低于直接变化比较法 0.25 以上；OA 最低 0.8226、最高 0.8333，低于直接变化提取法 0.1 以上。

由图 4-22 可知，2016～2017 年提取的新增建设用地较多，如浦口区、溧水区、江宁区和高淳区等，这是 2017 年分类的新增建设用地数量较多所导致的。2017～2018 年提取的新增建设用地集中在长江北侧的六合区和浦口区，数量多于真实情况，这是 2018 年六合区和浦口区的新增建设用地分类结果较多导致的。2018～2019 年的提取结果少得多，但大部分分布在主城区，主城区城市化发展水平已经很高，不存在如此数量的非建设用地，所以提取结果也不够准确。2016～2019 年整体的提取结果明显也不准确，直观来看有近一半的区域被划分为新增建设用地，与实际严重不符，误差较大。

造成分类后比较法提取效果较差的原因在于，在分类器性能相同的情况下，在分类阶段会产生一次分类误差，在比较阶段会产生一次比较误差，两次误差存在乘性关系，整个过程会产生两次误差并进行乘性累积，导致最终的误差较大。

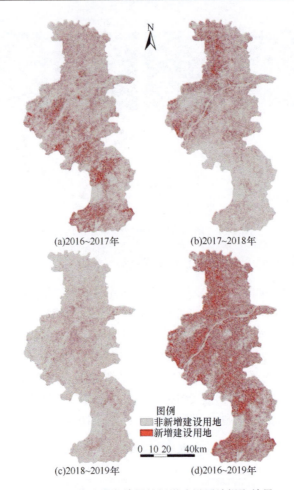

图 4-22　基于分类结果的新增建设用地提取结果

相比之下，直接变化检测法简化了提取过程，减少了误差产生的环节以及误差的累积，从而在技术流程上降低了系统误差，提高了提取质量。

4.4.4　讨论与分析

基于集成学习分类后比较和直接变化检测提取方法，对新增建设用地提取结果进行定性和定量分析，一方面统计新增建设用地面积，定量描述建设用地增长数量与增长速度；另一方面研究几何重心分布规律，定性分析建设用地增长方向。结合生态红线区，检测生态红线区内新增建设用地，为实现高效监管提供依据。

1. 城市扩张规模与速度

由新增建设用地提取结果，统计南京市各区各年新增建设用地面积，如表 4-11。其中，因为存在部分区域建设过程持续一年以上而被重复统计，2016～2019 年的总新增建设用地面积小于三年单独统计的面积之和，总面积应以表 4-11 中 2016～2019 年的统计面积为准。

表 4-11　南京市各区新增建设用地面积统计表

行政区划	行政区面积/km²	2016~2017 年新增面积/km²	2017~2018 年新增面积/km²	2018~2019 年新增面积/km²	2016~2019 年新增面积/km²	新增总面积占区面积/%	新增总面积占全市面积/%
江宁区	1572.9	15.2176	12.9825	9.391	36.1853	2.3005	0.5464
浦口区	912.3	11.7357	9.4979	5.7902	25.9348	2.8428	0.3916
六合区	1485.5	11.1381	10.1511	3.1064	23.7236	1.5970	0.3582
溧水区	1067.3	10.4141	5.6581	6.9131	21.8927	2.0512	0.3306
高淳区	802	6.7136	2.0617	7.6907	15.7528	1.9642	0.2379
栖霞区	381.88	5.1533	7.0027	3.1967	14.7088	3.8517	0.2221
雨花台区	134.6	2.1155	2.4141	0.9716	5.2104	3.8710	0.0787
建邺区	82.7	1.6612	1.8796	0.7761	4.163	5.0339	0.0629
鼓楼区	53.1	0.6898	1.4	0.2463	2.2547	4.2461	0.0340
秦淮区	49.2	0.6925	1.0802	0.3512	2.0764	4.2203	0.0314
玄武区	80.97	0.7877	0.6687	0.2109	1.6346	2.0188	0.0247
总计	6622.45	66.3191	54.7966	38.6442	153.5371	2.3184	2.3184

（1）从南京市整体来看，2016~2017 年新增建设用地面积 66.3191 km²，2017~2018 年新增 54.7966 km²，2018~2019 年新增 38.6442 km²，2016~2019 年总共新增 153.5371 km²，占全市面积的 2.3184%。三年单独统计的面积和比整体结果高 6.2228 km²，占总量的 4.05%，不影响分析。可见，2016~2017 年新增建设用地面积最大，其次是 2017~2018 年，最少的是 2018~2019 年，新增建设用地呈现逐渐减少的趋势。三年平均新增 51.179 km²，2016~2017 年比平均值多 15.1401 km²，2017~2018 年比平均值多 3.6176 km²，2018~2019 年比平均少 12.5348 km²。2016~2017 年比 2017~2018 年多 11.5225 km²，2017~2018 年比 2018~2019 年多 16.1524 km²，减少的速度越来越快。

（2）从各区总面积来看，各区每年新增建设用地面积的大小顺序基本一致，江宁区、浦口区、六合区和溧水区的面积最大，玄武区、秦淮区和鼓楼区的面积最小。江宁区新增总面积最大达 36.1853 km²，占南京市总面积的 0.5464%，玄武区最小，只有 1.6346 km²，占南京市总面积的 0.0247%，只有江宁区的 4.52%，说明新增建设用地主要分布在远离主城区的区域，主城区则相对比较少，主要原因是主城区大部分区域已被充分建设，能开发的地块较少，相比之下远离主城区的区域有较多可开发地块。

（3）考虑行政区本身的面积，计算新增建设用地面积占行政区面积的比例，发现新增建设用地总面积占区面积百分比最高的是建邺区、鼓楼区和秦淮区，均超过 4%；最低的是六合区、高淳区，不到 2%，说明主城区虽然增长总量较小，但增长速率居前列，增长驱动力大于非主城区。主城区中的玄武区增长比例只有约 2%，因为玄武区拥有玄武湖和钟山两个面积较大的无法开发的区域，拉低了整体的可开发比例。

（4）浦口区为江北新区，城市发展动力强劲，建设用地增长比例达 2.8428%，高于江宁、六合区、溧水区和高淳区等同样远离主城区的区域，体现了国家政策和政府扶持对城市建设的推动作用。

2. 生态红线内违章建筑检测

2014 年 3 月南京市人民政府印发了《南京市生态红线区域保护规划》，划定 13 种生态红线区域类型，实行分级管理，将其分级成一级管控区和二级管控区。

统计各年生态红线区内新增建设用地的面积，由表 4-12 可知，2016～2019 年生态红线区内新增建设用地总共 10.0893 km²，占三年新增建设用地总面积的 6.57%，占南京市总面积的 0.15%，面积总体较小，说明管控效果十分明显。其中一级管控区内的总面积共 0.668 km²，几乎可以忽略不计，所有面积基本分布在二级管控区内。2016～2017 年生态红线区总面积 4.8481 km²，2017～2018 年总面积 2.7464 km²，2018～2019 年总面积 2.8398 km²，说明总面积呈现先下降后趋于稳定的趋势。

表 4-12　生态红线区内新增建设用地面积统计表　　　　　（单位：km²）

	2016～2017 年	2017～2018 年	2018～2019 年	2016～2019 年
生态红线	4.8481	2.7464	2.8398	10.0893
一级管控区	0.3265	0.2557	0.0985	0.668
二级管控区	4.5216	2.4907	2.7413	9.4213

参 考 文 献

董璐, 惠文华, 胡琰. 2016. 一种面向对象遥感变化检测的影像分割策略. 遥感信息, 31(2): 80-85.

李德仁, 童庆禧, 李荣兴, 等. 2012. 高分辨率对地观测的若干前沿科学问题. 中国科学: 地球科学, (6): 15-23.

李德仁, 王密, 沈欣, 等. 2017. 从对地观测卫星到对地观测脑. 武汉大学学报(信息科学版), (42): 143-149.

李德仁. 2003. 论 21 世纪遥感与 GIS 的发展. 武汉大学学报(信息科学版), (2): 127-131.

李卫国, 蒋楠. 2012. 基于面向对象分类的冬小麦种植面积提取. 麦类作物学报, 32(4): 701-705.

刘培, 杜培军, 谭琨. 2014. 一种基于集成学习和特征融合的遥感影像分类新方法. 红外与毫米波学报, 33(3): 311-317.

徐冠华, 柳钦火, 陈良富, 等. 2016. 遥感与中国可持续发展: 机遇和挑战. 遥感学报, 20(5): 679-688.

张兵. 2018. 遥感大数据时代与智能信息提取. 武汉大学学报(信息科学版), 43(12): 108-118.

庄福振, 罗平, 何清, 等. 2015. 迁移学习研究进展. 软件学报, 26(1): 26-39.

Belgiu M, Dragut L. 2016. Random forest in remote sensing: a review of applications and future directions. ISPRS Journal of Photogrammetry and Remote Sensing, 114: 24-31.

Bruzzone L, Carlin L. 2006. A multilevel context-based system for classification of very high spatial resolution Images. IEEE Transactions on Geoscience and Remote Sensing, 44(9): 2587-2600.

Bruzzone L, Chi M, Marconcini M. 2006. A novel transductive SVM for semisupervised classification of remote-sensing images. IEEE Transactions on Geoscience and Remote Sensing, 44(11): 3363-3373.

Bruzzone L, Persello C. 2009. A novel approach to the selection of spatially invariant features for the classification of hyperspectral images with improved generalization capability. IEEE Transactions on Geoscience and Remote Sensing, 47(9): 3180-3191.

Carleer A P, Debeir O, Wolff E. 2005. Assessment of very high spatial resolution satellite image segmentations. Photogrammetric Engineering and Remote Sensing, 71(11): 1285-1294.

Chen X, Chen J, Shi Y, et al. 2012. An automated approach for updating land cover maps based on integrated change detection and classification methods. ISPRS Journal of Photogrammetry and Remote Sensing, 71:

86-95.

Chi M, Bruzzone L. 2007. Semisupervised classification of hyperspectral images by SVMs optimized in the Primal. IEEE Transactions on Geoscience and Remote Sensing, 45(6): 1870-1880.

Chi M, Kun Q, Benediktsson J A, et al. 2009. Ensemble classification algorithm for hyperspectral remote sensing data. IEEE Geoscience and Remote Sensing Letters, 6(4): 762-766.

Crowson M, Hagensieker R, Waske B. 2019. Mapping land cover change in northern Brazil with limited training data. International Journal of Applied Earth Observation and Geoinformation, 78: 202-214.

Demir B, Bovolo F, Bruzzone L. 2012. Detection of land-cover transitions in multitemporal remote sensing images with active-learning-based compound classification. IEEE Transactions on Geoscience and Remote Sensing, 50(5): 1930-1941.

Demir B, Bovolo F, Bruzzone L. 2013. Updating land-cover maps by classification of image time series: a novel change-detection-driven transfer learning approach. IEEE Transactions on Geoscience and Remote Sensing, 51(1): 300-312.

Drăguţ L, Csillik O, Eisank C, et al. 2014. Automated parameterisation for multi-scale image segmentation on multiple layers. ISPRS J Photogramm Remote Sens, 88(100): 119-127.

Drăguţ L, Tiede D, Levick S R. 2010. ESP: a tool to estimate scale parameter for multiresolution image segmentation of remotely sensed data. International Journal of Geographical Information Science, 24(6): 859-871.

Du P, Samat A, Waske B, et al. 2015. Random forest and rotation forest for fully polarized SAR image classification using polarimetric and spatial features. ISPRS Journal of Photogrammetry and Remote Sensing, 105: 38-53.

Gitelson A A. 2004. Wide dynamic range vegetation index for remote quantification of biophysical characteristics of vegetation. J Plant Physiol, 161(2): 165-173.

Han W, Feng R, Wang L, et al. 2018. A semi-supervised generative framework with deep learning features for high-resolution remote sensing image scene classification. ISPRS Journal of Photogrammetry and Remote Sensing, 145: 23-43.

Huang G B, Zhou H, Ding X, et al. 2012. Extreme learning machine for regression and multiclass classification. IEEE Trans Syst Man Cybern B Cybern, 42(2): 513-529.

Huang G, Zhu Q, Siew C. 2006. Extreme learning machine: theory and applications. Neurocomputing, 70(1-3): 489-501.

Jonsson P, Eklundh L. 2002. Seasonality extraction by function fitting to time-series of satellite sensor data. IEEE transactions on Geoscience Remote Sensing, 40(8): 1824-1832.

Joshi N, Baumann M, Ehammer A, et al. 2016. A review of the application of optical and radar remote sensing data fusion to land use mapping and monitoring. Remote Sensing, 8(1): 1-23.

Kuo B, Ho H, Li C, et al. 2014. A kernel-based feature selection method for SVM with RBF kernel for hyperspectral image classification. IEEE Journal of Selected Topics in Applied Earth Observations and Remote Sensing, 7(1): 317-326.

Li Z, Shen H, Li H, et al. 2017. Multi-feature combined cloud and cloud shadow detection in GaoFen-1 wide field of view imagery. Remote Sens Environ, 191: 342-358.

Mcfeeters S K. 1996. The use of the normalized difference water index(NDWI)in the delineation of open water features. Int J Remote Sens, 17(7): 1425-1432.

Mountrakis G, Im J, Ogole C. 2011. Support vector machines in remote sensing: a review. ISPRS-J Photogramm Remote Sens, 66(3): 247-259.

Patel N N, Angiuli E, Gamba P, et al. 2015. Multitemporal settlement and population mapping from Landsat using Google Earth Engine. International Journal of Applied Earth Observation and Geoinformation, 35: 199-208.

Persello C, Bruzzone L. 2016. Kernel-based domain-invariant feature selection in hyperspectral images for transfer learning. IEEE Transactions on Geoscience and Remote Sensing, 54(5): 2615-2626.

Petitjean F, Ketterlin A, Gançarski P. 2011. A global averaging method for dynamic time warping, with applications to clustering. Pattern Recognition, 44(3): 678-693.

Sun H, Liu S, Zhou S, et al. 2016. Unsupervised cross-view semantic transfer for remote sensing image classification. IEEE Geoscience and Remote Sensing Letters, 13(1): 13-17.

Trianni G, Angiuli E. 2013. Urban mapping in landsat images based on normalized difference spectral vector. IEEE Geoscience and Remote Sensing Letters, 11(3): 661-665.

Tuia D, Pasolli E, Emery W J. 2011a. Using active learning to adapt remote sensing image classifiers. Remote Sensing of Environment, 115(9): 2232-2242.

Tuia D, Persello C, Bruzzone L. 2016. Domain adaptation for the classification of remote sensing data: an overview of recent advances. IEEE Geoscience and Remote Sensing Magazine, 4(2): 41-57.

Tuia D, Volpi M, Copa L, et al. 2011b. A survey of active learning algorithms for supervised remote sensing image classification. IEEE Journal of Selected Topics in Signal Processing, 5(3): 606-617.

Wang X, Liu S, Du P, et al. 2018. Object-based change detection in urban areas from high spatial resolution images based on multiple features and ensemble learning. Remote Sensing, 10(2): 276.

Wu T, Luo J, Zhou Y N, et al. 2020. Geo-object-based land cover map update for high-spatial-resolution remote sensing images via change detection and label transfer. Remote Sensing, 12(1): 174.

Xia J, Chanussot J, Du P, et al. 2015. Spectral-spatial classification for hyperspectral data using rotation forests with local feature extraction and Markov random fields. IEEE Transactions on Geoscience and Remote Sensing, 53(5): 2532-2546.

Xia J, Chanussot J, Du P, et al. 2016. Rotation-based support vector machine ensemble in classification of hyperspectral data with limited training samples. IEEE Transactions on Geoscience and Remote Sensing, 54(3): 1519-1531.

Xia J, Du P, He X, et al. 2014. Hyperspectral remote sensing image classification based on rotation forest. IEEE Geoscience and Remote Sensing Letters, 11(1): 239-243.

Xu G, Chen B. 2019. Generating a series of land covers by assimilating the existing land cover maps. ISPRS Journal of Photogrammetry and Remote Sensing, 147: 206-214.

Yu W, Zhou W, Qian Y, et al. 2016. A new approach for land cover classification and change analysis: integrating backdating and an object-based method. Remote Sensing of Environment, 177: 37-47.

第5章 时间序列光学遥感影像分析与应用

5.1 双向连续变化检测与分类

在遥感科学中，时间序列遥感数据常被用于监测一段时间范围内陆地表面的性质和动态（Kuenzer et al.，2015）。在遥感数据和计算机技术发展的支撑下，过去几十年发展了大量面向土地覆盖动态监测的时序遥感变化检测和土地覆盖分类技术，连续变化检测与分类方法（continuous change detection and classification，CCDC）便是其中最具代表性的方法之一。

5.1.1 连续变化检测与分类方法

CCDC 是美国地质勘探局（USGS）为满足新时代的土地覆盖动态监测需求，由地球资源观测与科学中心（EROS）的土地变化监测、评估与预测（Land Change Monitoring，Assessment and Projection，LCMAP）科学团队开发的新一代时序变化检测和土地覆盖分类方法（Zhu and Woodcock，2014b）。

CCDC 由连续变化检测（continuous change detection，CCD）模块和监督分类模块组成。其中，CCD 利用所有 Landsat 数据构成的时间序列，通过稳健的时序变化检测方法将土地覆盖变化识别为时间序列数据中的断点，而监督分类则被用于确定断点间隔的各子序列的土地覆盖类型（Zhu et al.，2015）。

凭借能够充分利用 Landsat 这个目前最为宝贵的对地观测数据库的能力，CCDC 已被广泛用于与土地覆盖变化密切相关的众多领域，如评估《联合国气候变化框架公约》中减少发展中国家森林砍伐和森林退化造成的排放（REDD+）方案的实施情况（Arévalo et al.，2019），研究以土地覆盖类型为表征的生态系统变化等（Wang et al.，2019；Xu et al.，2018）。此外，CCDC 作为 LCMAP 的核心方法，被 USGS 用于监测美国本土（Contiguous United States，CONUS）的地表动态变化（Brown et al.，2019；Zhu et al.，2016b），生产的 CONUS 逐年土地覆盖产品也通过 EROS 向全世界公开发布（Xian et al.，2021）。

1. 连续变化检测

CCD 的主要目的是将土地覆盖变化识别为时间序列中的断点。基于不同土地覆盖类型具有不同光谱时间特征的假设，CCD 认为土地覆盖变化会导致光谱随时间的轨迹（即光谱时间特征）以较大幅度持续偏离之前的模式。基于该假设，CCD 利用时间序列前面一定数量的有效观测，通过拟合一个时序模型对随后若干观测进行预测，最终根据这些预测值是否超过预设的变化检测阈值从而检测土地覆盖变化。有效观测是指包含着地表有效光谱辐射信息的观测，是除受云和云阴影污染之外的观测（Zhu and Woodcock，2014a）。这些用于拟合时序模型的观测被称为模型拟合窗口，用于根据预测值与真实观测偏差确定是否发生变化的观测被称为变化检测窗口。

CCD 利用经典的 STL 时序分解模型对时序遥感数据进行拟合。STL 是包含一个简单线性函数和一个多项谐波函数的加性模型，能通过模型拟合将时间序列分解为季节性分量、趋势性分量和残差分量（Cleveland et al.，1990）。其中，由谐波函数拟合的季节性分量可被用于表征植被物候等年内周期性趋势（Jakubauskas et al.，2001）；由线性函数拟合的趋势性分量常被用于表征年际间的长期趋势（Verbesselt et al.，2010a）；而残差分量一般被认为是模型无法解释的部分，包括传感器差异、地形差异等因素导致的数据噪声等（Zhu et al.，2015）。

CCD 利用多个观测组成的变化检测窗口检测断点能有效排除短期地表扰动过程（如飓风、洪水等）对土地覆盖变化检测精度的影响。在确定变化检测阈值时，CCD 基于模型拟合值与实际观测值间的残差服从标准正态分布的假设，根据拉依达（3Sigma）准则，将变化检测阈值设置为时序模型的均方根误差（RMSE）的 3 倍大小，从而将变化检测阈值与时序模型拟合精度结合起来，尽可能降低确定变化检测阈值时的主观性。CCD 不仅具备在多个波段上检测土地覆盖变化的能力，同时也具备自动化程度高（无须数据筛选）和主观性低（参数设置少）等优点。

2. 土地覆盖分类

遵循同一基本假设，CCDC 选择随机森林（random forest，RF）作为分类器，以子序列的时序模型系数作为特征，根据样本监督分类确定各子序列土地覆盖类型。

子序列光谱时序特征主要包括光谱平均特征、光谱周期性特征和光谱波动特征。其中，光谱平均特征根据时序模型中线性函数的斜率和截距两个参数以及子序列起止时间计算得到；光谱周期性特征由时序模型中谐波函数的系数表征。以包含 3 次谐波函数的 STL 模型为例，每一个波段上均能得到 1 个光谱平均特征、6 个光谱周期性特征以及 1 个 RMSE 作为光谱波动水平特征，最终输入分类器的特征数量为 $8 \times N_{band}$，N_{band} 代表参与变化检测的波段数量。

5.1.2 连续变化检测的方向性

传感器获取地表辐射信息的时间为遥感影像打上了时间戳，根据影像获取时间的先后顺序排列而成的时间序列遥感数据自然也就具有了方向的属性。除时间序列遥感数据之外，绝大部分时序变化检测方法都是基于时间序列的局部信息检测变化，这部分时序变化检测方法也存在方向性。变化检测即获取土地覆盖类型从何种类型变为何种类型（from-to）信息（Gong et al.，2008）的过程，其本质就隐含了方向的属性。

对于变化检测而言，检测方向决定着以什么信息为基准。以正向检测为例，在双时相变化检测中这意味着以较早获取的一期影像为基准,而在时序变化检测中代表着以先前获取的多期影像所包含的信息为基准。当改变检测方向时,由于局部信息相应发生变化,导致可能获得不同的变化检测结果。而目前绝大部分时序变化检测方法都忽视了时间序列方向性的这一潜在属性,只是以获取时间从早到晚的顺序进行变化检测。

CCD 是一种典型基于局部信息的时序变化检测方法。为更好地介绍检测方向对变化检测结果的影响,做如下假设:一个包含 n 个观测的时间序列 $O = \{O_1, O_2\}$ 中包含的两个子序列 O_1 和 O_2 分别属于 lc_1 和 lc_2 两种土地覆盖类型。其中, O_1 子序列包含 i 个观测, 即 $O_1 = \{o_1, o_2, \cdots, o_i\}$, $O_2 = \{o_{i+1}, o_{i+2}, \cdots, o_n\}$, o_t 表示 t 时刻的观测。根据之前的介绍,当从时间序列正向检测土地覆盖变化时,模型拟合窗口为子序列 O_1 ,变化检测窗口为 O_2 的子序列 $O_{2det} = \{O_{i+1}, O_{i+2}, \cdots, O_{i+1+w}\}$,其中 w 为检测窗口大小,且 $w > 1$;当从时间序列的逆向进行检测时, 拟合窗口和检测窗口则分别变为 O_2 和 O_1 的子序列 $O_{1det} = \{O_{i-1}, O_{i-2}, \cdots, O_{i-1-w}\}$ 。

正如前面介绍的那样,如果以 Δ 代表变化检测窗口中所有观测估计值的综合偏差,THOLD 表示与模型拟合误差相关的变化检测阈值,那么可以将 CCD 检测时序断点的过程表示为判断 Δ/THOLD 是否大于 1 的过程。当改变检测方向时, THOLD 和 Δ 的值均会随模型拟合窗口和变化检测窗口的变化而发生变化,导致 CCD 从时间序列的不同方向对同一土地覆盖变化过程存在检测结果不同的可能。

5.1.3　双向连续变化检测与分类模型构建

双向连续变化检测与分类模型（bidirectional CCDC，Bi-CCDC）是以 CCD 的检测方向性为基础、对 CCDC 进行改进的一种方法。其基本思路是分别利用时间序列正、逆两个方向的变化检测结果,通过牺牲虚检率的方式保证漏检率,再通过后处理降低虚检增加对时间序列土地覆盖制图精度的影响。Bi-CCDC 主要包括双向变化检测（Bi-CCD）（Zheng et al.，2022）、时序重分割、土地覆盖监督分类以及隐马尔可夫模型后处理四个步骤,其流程如图 5-1 所示。

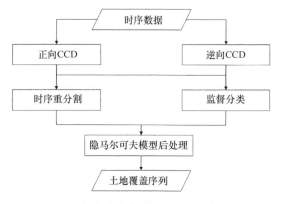

图 5-1　双向连续变化检测与分类方法流程图

其中，Bi-CCD 利用 CCD 分别从时间序列的正向和逆向进行变化检测。逆向检测即在输入数据时将时间序列进行反转即可。监督分类是利用 RF 分类器获得正向和逆向 CCD 分割出子序列土地覆盖类型后验概率的过程。时序重分割和隐马尔可夫模型后处理是该方法的核心，将在下文详细介绍。

1. 时序重分割

时序重分割是利用正、逆两个方向检测出的所有断点对时间序列进行重新分割。CCDC 的技术特点决定了土地覆盖变化被识别为时间序列上的断点是其能够被正确检测的前提。对于 CCDC 而言，CCD 漏检的土地覆盖变化一定会传递到最终的时序土地覆盖制图中，而虚检还能通过后续土地覆盖分类得以纠正。例如，图 5-2 所示的时间序列一共检测出 3 个断点，断点 1 和 3 虽然为 CCD 的虚检，但通过土地覆盖分类最终能排除其土地覆盖变化。因此，为保证时序土地覆盖制图精度，应以漏检率作为主要目标，在确保漏检率较低的前提下尽可能降低虚检率。

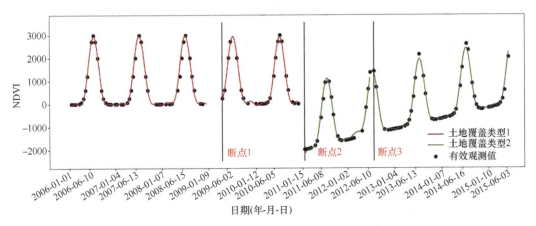

图 5-2　CCD 虚检和漏检对时序土地覆盖制图精度影响示意图

时序重分割后时间序列被划分为若干新子序列。根据新的子序列与正、逆变化检测子序列的相互关系，可以把新子序列划分为以下 4 种类型，分别为：①同时为某正向子序列和某逆向子序列的子集；②仅属于某正向子序列的子集；③仅属于某逆向子序列的子集；④既不属于任何正向子序列的子集，也不属于任何逆向子序列的子集。

对于第一类子序列而言，由于该类子序列参与了正、逆两个方向的时序模型拟合，因此存在两个土地覆盖类型后验概率。确定该类子序列后验概率的过程即确定子序列更符合哪个方向光谱时间特征的过程。考虑到模型拟合精度能有效表征光谱时间特征的准确程度，选择 RMSE 作为指标，将 RMSE 最小方向的后验概率赋予该类子序列。第二和第三类子序列由于仅参与一个方向的时序模型拟合，它的土地覆盖类型后验概率即与参与模型拟合方向的后验概率一致。第四类子序列不参与任何方向时序模型拟合，因此无法确定其后验概率。

图 5-3（a）为一个 Landsat ARD 像元 SWIR2 波段的反射率时间序列实例。图 5-3（b）和图 5-3（c）分别为正、逆两个方向的连续变化检测与分类结果，其中红色垂直虚

线表示各子序列的终点，由 CCD 检测出的断点和时间序列的终点共同构成。由这两个子图可以看出，CCD 从时间序列正向在 1999 年检测出一个断点，从逆向分别在 1996 年、1999 年和 2015 年检测出 3 个断点。图 5-3（d）为 Bi-CCD 检测出的 5 个非重复断点经时序重分割将时间序列分割为 6 个新子序列，其垂直柱状图表示观测值与时序模型拟合值的残差绝对值，正向时序模型残差显示在零轴上方，逆向时序模型残差显示在零轴下方。

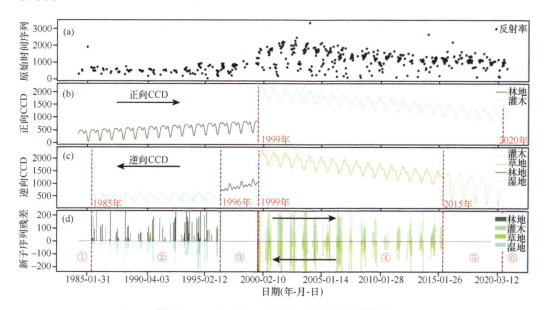

图 5-3　Landsat ARD 示例像元时序重分割结果

新子序列①和⑥分别属于上面介绍过的第一种和第二种类型，它们的土地覆盖类型后验概率分别与正向和逆向第一个子序列分类结果一致。新子序列②～⑤均属于上面提到的第三种类型，它们的后验概率由其 0 轴上下残差大小决定。当 0 轴上方残差大于下方时，其后验概率与对应的正向子序列一致，否则与对应的逆向子序列一致。

2. 隐马尔可夫模型后处理

时序重分割会将时间序列分割为更多的子序列，不可避免地导致时间序列更为破碎。同时，根据正、逆两个方向时序土地覆盖分类结果确定新子序列的后验概率也会增加时间序列中的土地覆盖转换频率，加重时序土地覆盖制图的非一致性。

隐马尔可夫模型（hidden Markov models，HMMs）是一种参数表示随机过程统计特性的概率模型，包含一个双重随机过程，分别是状态变量之间相互转移的马尔可夫过程和由状态变量产生相应观测的一般随机过程（Baum and Petrie，1966）。隐马尔可夫模型中的状态是隐藏且有限的，且根据马尔可夫过程的阶数，当前状态只与它前面的一个或多个状态有关（图 5-4）。观测被视为由隐藏状态按照特定概率函数生成的一般随机过程（Leite et al.，2011），其本身是可以被观测的，且观测次数理论上不受限制（McClintock et al.，2020）。

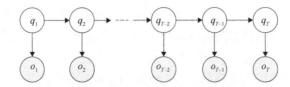

图 5-4　一阶隐马尔可夫模型示意图

HMMs 广泛的兼容性使得其被喻为计算序列分析中的乐高（一种可自由组合的积木）（Eddy，2004），已被用于对包括自然和人为的各种系统观测序列中隐含模式的研究（Westhead and Vijayabaskar，2017）。HMMs 已被证实能够以贝叶斯理论改善时间序列土地覆盖产品的可靠性（Abercrombie and Friedl，2016），并被用于生产 MODIS 第六版（collection 6）逐年土地覆盖产品（MCD12Q1）（Sulla-Menashe et al.，2019）。

一个基本的隐马尔可夫模型可以表示为 $\lambda = (\pi, A, B)$。π 代表初始概率分布，其中 $\pi_i = P\{q_1 = S_i\}$ 表示初始时刻为第 i 种状态的概率。假设一共有 N 种状态，则所有状态构成的集合表示为 $X = \{S_1, S_2, \cdots, S_N\}$。$A = \{a_{ij}\}$ 代表状态转移概率分布，$a_{ij} = P(q_{t+1} = S_j \mid q_t = S_i)$ 表示状态由第 t 时刻的 S_i 转移为 $t+1$ 时刻的 S_j 的概率。A 通常以 $N \times N$ 的矩阵表示，因此也被称作状态转移矩阵。$B = \{b_i(k)\}$ 代表观测概率分布，其中 $b_j(k) = P(o_t = V_k \mid q_t = S_j)$ 代表 t 时刻状态 S_j 发射观测变量 V_k 的概率。B 也被称为发射概率矩阵，通常以 $N \times M$ 的矩阵表示，其中 M 为观测变量的数量，对于连续型观测变量，M 可以无穷大。所有观测构成的集合表示为 $O = (V_1, V_2, \cdots, V_M)$。

HMMs 常被用于解决评估、预测和学习这三大基本问题（Rabiner，1989）。评估问题也被称为概率计算问题，用于计算在给定模型 λ 的情况下观测到序列 $O = \{o_1, o_2, \cdots, o_T\}$ 的概率 $P(O \mid \lambda)$。预测问题也被称为解码问题，用于在给定模型 λ 的情况下求解最可能出现观测序列 $O = \{o_1, o_2, \cdots, o_T\}$ 的状态序列 $Q = \{q_1, q_2, \cdots, q_T\}$，即求解 $P(Q \mid O, \lambda)$。学习问题用于估计模型 λ 的三个参数 A、B 和 π，从而使得观测序列 $O = \{o_1, o_2, \cdots, o_T\}$ 的概率最大。

对于时序遥感土地覆盖制图而言，HMMs 能够通过解决评估问题计算每个观测属于每种土地覆盖类型的概率，从而获得每个观测概率最大的土地覆盖类型，以及通过解决预测问题求解概率最大的土地覆盖序列。求解评估问题和预测问题最直观的方式是通过循环迭代计算每一种可能情况的概率。这种穷举方案虽然最符合大脑对问题的认知，但大量重复计算造成的巨大的计算量使得该方法在解决现实问题时往往难以实现。为解决上述问题发展出了两种优化解法，分别是用于解决评估问题的前向–后向（forward-backward）算法（Viovy and Saint，1994）以及解决预测问题的维特比（Viterbi）算法（Siachalou et al.，2015）。

为比较不同优化算法的应用效果，分别利用前向–后向算法和维特比算法对时序重分割后得到的后验概率向量序列进行后处理，并得到优化后的土地覆盖时间序列。在构建时序土地覆盖分类后处理 HMMs 模型时，将子序列的土地覆盖类型视为隐藏的状态变量，将子序列的光谱时序特征视为显式的观测变量，由随机森林得到的每一类土地覆盖类型后验概率被视为相应的发射概率分布。对于观测变量而言，虽然光谱时序特征无法被直接观测，却是通过对光谱时间序列进行时序模型拟合得到的，因此可以被认为是对显式观测的一种抽象。将子序列分类得到的后验概率作为发射概率，是因为后验概率表征了该子序列的光谱时序特征属于某种土地覆盖类型的概率，即某种土地覆盖类型表现为（发射出）该子序列光谱时序特征的概率，其本质完全符合发射概率分布的内涵。

5.1.4　应 用 试 验

1. 试验数据

为验证提出的 Bi-CCDC 方法的有效性，选择目前世界范围内唯一提供密集时序（逐年）土地覆盖参考信息的 LCMAP 参考数据集（reference data product，RDP）作为试验数据。LCMAP RDP 是 EROS 为了验证 LCMAP 生产的逐年土地覆盖产品精度而生产的一套独立数据集（Pengra et al.，2020）。该数据集包含了美国本土范围内随机分布的 25000 个样本点（空间分布如图 5-5 所示）1984～2018 年逐年地表状态信息。每个样本空间覆盖范围为 30m×30m，对应着 Landsat ARD 图像中的一个像元。参考数据集中样本地表状态信息包括主要和次要土地利用类型及说明、主要和次要土地覆盖类型、地表变化过程和变化过程说明以及土地覆盖信息。

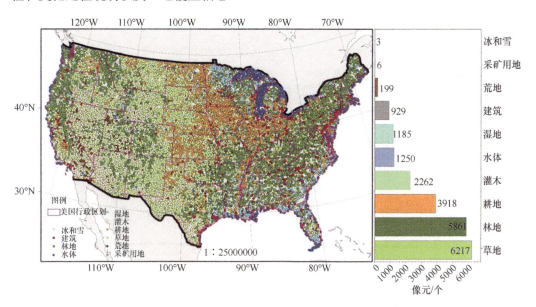

图 5-5　LCMAP 稳定参考样本土地覆盖类型及空间分布图

通过对该数据集进行分析发现，参考样本虽然是从美国本土范围内随机选取的，但是土地覆盖类型的特点导致该数据集土地覆盖类型以植被为主，绝大部分土地覆盖转换也发生在不同植被类型之间，极大地增加了时序变化检测的难度。其中，共 21830

个像元未发生土地覆盖变化，它们的空间分布、土地覆盖的类型和数量如图 5-6 所示。
3710 个发生土地覆盖变化的像元中共解译出 5616 次土地覆盖变化，这部分像元和其
中包含的土地覆盖变化类型的数量分别如图 5-6 和图 5-7 所示。由图 5-6 和图 5-7 可知，
所有土地覆盖变化中发生在非植被类型间的土地覆盖变化次数为 1106 次，约占总变化
数的 19.69%，而发生在林地、草地、灌木和耕地之间的土地覆盖类型转换次数为 3223
次，约占总变化数的 57.39%。其中，共 1100 次变化是由林地转换为草地，734 次变
化是由草地转换为灌木，727 次变化是由灌木转换为林地，耕地转换为草地也多达
662 次。

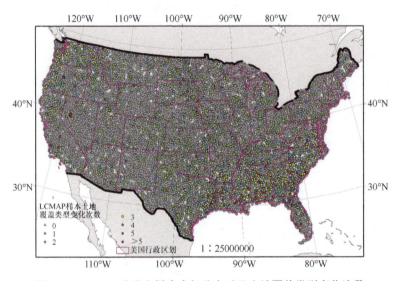

图 5-6　LCMAP 非稳定样本空间分布以及土地覆盖类型变化次数

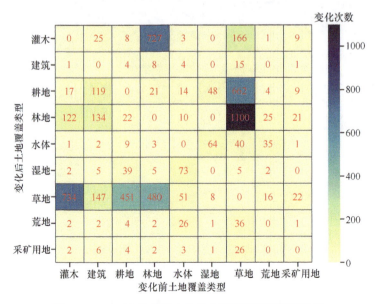

图 5-7　LCMAP 参考样本中各土地覆盖类型变化次数

2. 评价指标

为评估时序重分割和隐马尔可夫模型后处理，分别从时序变化检测和土地覆盖类型的角度选择合适的评价策略。

在对时序重分割进行评估时，选择虚假率和漏检率这两个变化检测领域最为常用的指标。评估时序变化检测精度首先需要明确评估对象。双时相变化检测是以像元为对象统计变化检测误差矩阵，然而由于一个像元的时序数据存在多个观测，而每一个观测既可能被正确检测，也可能发生漏检或虚检，因此以像元或时间序列为对象统计精度是不合适的。

为解决上述问题，采用 Zhu 等（2020）将变化本身视为评估对象的策略，即以观测为单位，通过检测每个观测是否发生虚检和漏检，从而得到每个时间序列的变化检测误差矩阵。在评估检测出的断点是否为正确检测时，采用时序变化检测精度评估领域的通用做法，将检测出的距离真实变化一定时间范围（时间容差窗口）之内的断点都认为是正确检测。参考 Awty-Carroll 等（2019）的相关设置，将时间容差窗口设置为 6 个观测窗口（96 天）。该评估策略下漏检率和虚检率的公式分别如下所示：

$$\text{omission} = \frac{n_{\text{ref}}^{\text{dis}}}{n_{\text{ref}}} \times 100\% \qquad (5\text{-}1)$$

$$\text{commission} = \frac{n_{\text{det}}^{\text{dis}}}{n_{\text{det}}} \times 100\% \qquad (5\text{-}2)$$

式中，omission 为漏检率；$n_{\text{ref}}^{\text{dis}}$ 为时间序列中没有被检测为断点的真实变化数量；n_{ref} 为时序中所有真实变化数量；commission 为虚检率；$n_{\text{det}}^{\text{dis}}$ 为将没有发生变化的观测检测为断点的数量；n_{det} 为检测出的断点总数量。

借鉴总体精度的思想对隐马尔可夫模型后处理进行评估。将制图得到的土地覆盖序列与参考序列的吻合程度（年份占比）作为土地覆盖序列的总体精度，其计算公式如下所示：

$$\text{OA}_{\text{lcts}} = \frac{\sum_{i=1}^{N} \left(\text{lc}_i^{\text{lcmap}} == \text{lc}_i^{\text{ccdc}} \right)}{N} \qquad (5\text{-}3)$$

式中，N 为子序列数量；$\text{lc}_i^{\text{lcmap}}$ 为第 i 年参考样本土地覆盖类型；$\text{lc}_i^{\text{ccdc}}$ 为第 i 年土地覆盖制图类型。

3. 评估结果

表 5-1 展示了标准 CCD 和时序重分割后的虚检率和漏检率，可以看出，数据集中土地覆盖类型主要在不同植被间变化，导致 CCD 的漏检率和虚检率均较高，分别为 73.42% 和 96.96%。通过时序重分割，漏检率大幅降低至 59.24%，降幅为 14.18%。虚检率也降低至 89.92%，降幅为 7.04%。

表 5-1　时序重分割的虚检率和漏检率　　　　　　　　（单位：%）

	CCD	时序重分割
虚检率	96.96	89.92
漏检率	73.42	59.24

不同方法的土地覆盖时间序列总体精度（图 5-8）存在着较为明显的差距。其中，正向 CCDC 在所有 LCMAP 参考样本中取得了 73.22%的平均总体精度，而逆向 CCDC 的总体精度均值仅为 56.38%。由于逆向 CCD 相比正向 CCD 检测存在更多虚检情况，两个单向 CCDC 土地覆盖序列总体精度间的巨大差异也能很好地反映虚检率对土地覆盖序列总体精度的影响。

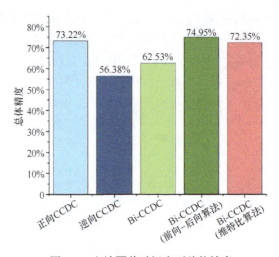

图 5-8　土地覆盖时间序列总体精度

　对于时序土地覆盖制图整体精度而言，利用正、逆两个方向变化检测结果进行的时序重分割取得了 62.53%的总体精度，介于从正、逆两个方向运行 CCDC 之间。这也从侧面证明了检测方向性通过进一步降低漏检率对土地覆盖序列总体精度具有正面意义。前向–后向算法和维特比算法分别取得了 74.95%和 72.35%的总体精度，相比时序重分割均取得了较大提升，而这部分提升完全是由贝叶斯方法通过降低土地覆盖分类中的不确定性取得的。其中，利用前向–后向算法进行后处理的 Bi-CCDC 在所有方法中取得了最高的总体精度，相比 CCDC 提升了 1.73%。

除了总体精度以外，还计算了每一个参考样本的土地覆盖序列总体精度，并以 10%作为间隔，即可得到参考样本总体精度的分布，并以柱形图的形式展示在图 5-9 中。如图 5-9 所示，两种 HMMs 方法不仅均有效提升了精度超过 90%参考样本的占比，同时还降低了精度小于 10%的样本比例，然而同样明显的是应用 HMMs 进行分类后处理会降低 20%～90%这部分参考样本的占比。因此，可以认为 HMMs 分类后处理能有效降低土地覆盖序列总体精度极低的样本占比，从而提升时序土地覆盖制图总体精度。

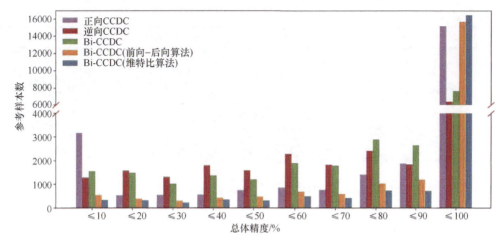

图 5-9　不同方法的土地覆盖制图总体精度分布差异

5.2　基于时序遥感影像的水体演变分析

掌握地表水体时空分布及其动态变化情况对环境保护和生态平衡、工农业发展非常重要。为解决水体覆盖产品时空分辨率较低、在浅水湖泊和人工水体识别方面精度不够等现象导致的地表水体地理过程描述不准确的问题，基于地表水体的光谱和时空特征构建了一个基于规则的地表水体要素分类框架，采用太湖流域所有可获取的 Landsat 图像对 1985～2020 年地表水体要素逐年制图，分析了流域水体的时空变化及人类活动对地表水体的扰动情况。

5.2.1　地表水体各要素的地物特征

根据野外考察及资料调查结果，太湖流域的水体可分为一般水体、湿地水体、池塘养殖水体和围网养殖水体四大类，如表 5-2 所示。其中，一般水体是指包括湖泊、

表 5-2　主要水体类型的空间特征

	一般水体	湿地水体	池塘养殖水体	围网养殖水体
无人机图像				
谷歌地球图像				

	一般水体	湿地水体	池塘养殖水体	围网养殖水体
Landsat影像				

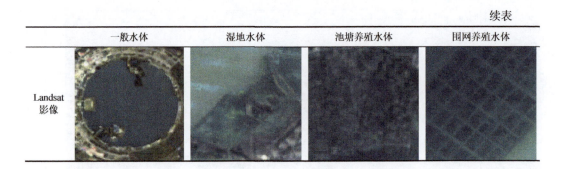

河流、海洋等常年没有水生植被覆盖（在遥感影像上观测到）的水体。湿地水体是指年内有稳定水生植物分布的水体，在夏季和秋季有密集的水生植物生长，水体表面连续且均一。池塘养殖水体是指专门用来从事水产养殖业的封闭性水体，包括虾蟹养殖、鱼塘、生态鱼塘、甲鱼养殖等，单个水体面积小。围网养殖水体是指利用网衣等材料制成的围网敷设在湖泊、水库、浅海中进行水产养殖的水体，为连片的网状结构。

总体来看，不同水体类型在空间形态、光谱信息和时序变化等特征方面差异显著，因此利用光谱、纹理和时序信息能够实现地表水体的提取和分类。

5.2.2　地表水体覆盖范围识别方法

1）指数法水体识别

目前常用的水体指数主要有归一化水体指数（NDWI）（McFeeters，1996）和改进归一化水体指数（MNDWI）（Xu，2006）。其中，MNDWI 能够更好地区分城市用地和水体，在区分山体阴影和水体方面也有优势，因此在太湖流域采用 MNDWI 来提取地表水体，并采用最大类间方差法（OTSU）（Otsu，1979）自适应获取阈值。

2）小型水体信息增强

地表水体类型丰富，形状和大小方面的差异明显，以窄河流及鱼塘为代表的小型水体与背景的差异不够显著，容易在提取水体时被漏分。非锐化滤波（unsharp masking）算法能够有效增强图像的纹理和细节信息，提升小型水体与背景的对比度，从而得到更完整的水体覆盖区域（Polesel et al.，2000）。其算法基本流程如下：①对原图像 f 进行模糊处理得到模糊图像 s；②从原图像 f 中减去模糊图像 s，产生的差值图像称为模板 m；③将模板叠加到原图像中，得到增强后的图像 e。

中值滤波相比均值滤波能够减少噪声引入并保持原图像中的边界信息，因此采用窗口大小为 5×5 的中值滤波图像（$MNDWI_{md}$）作为模板来强化 MNDWI 图像的细节信息。如图 5-10 所示，经过非锐化滤波算法增强后能够提取到更加完整的河流和水产养殖信息。

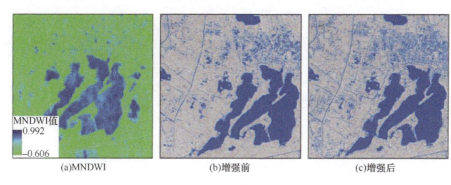

图 5-10　非锐化滤波对水体提取结果的增强效果

3）水体识别结果后处理

山体阴影是导致水体虚检的重要因素之一，DEM 常用作辅助数据以消除山体丘陵阴影和水体的混淆（Huang et al.，2017）。采用坡度>10°作为山体阴影的掩膜对地表水体提取结果进行后处理。耕地灌溉和水稻田灌水导致部分区域的耕地会被误分为水体，此外暴雨、洪水等极端事件也会导致部分植被区域被误分为水体。这两种情况下，地表积水留存的时间非常短，因此这里采用经验参数 $NDVI_{md}>0.3$ 作为掩模对地表水体提取结果进行后处理。

5.2.3　基于地理知识的地表水体分类

基于地表水体识别结果设计了一个基于知识规则的分类方法，按照水体的功能将地表水体细分为湖泊、河流、池塘养殖、围网养殖和湿地等类别。

太湖流域地表水体均为浅水水域且水草丰茂，水位的周期性升降和水生植物的季节性生长，导致难以利用光谱信息区分不同类型的水体。从地表形态上看，地表水体可分为面状水体（海洋、湖泊和宽阔的河面）、线状和点状水体（河流和小池塘）以及网状水体（池塘养殖）三大类，湖泊湿地和围网养殖要在面状水体的基础上进一步根据光谱和纹理信息加以区分，其中湖泊湿地表现为水生植物连续密集分布，而围网养殖表现为水生植物与围网边界形成的格网分布。根据这一思路设计了如图 5-11 所示的地表水体分类流程。

地表水体制图的第一步为根据地表形态特征将所有水体分为面状水体、线状水体和点状水体以及网状水体，其分类结果如图 5-12 所示。操作流程如下：①对地表水体提取的结果进行 5×5 窗口的形态学开操作，抹除点状、线状和网状的水体，将所有水体区分为面状水体和非面状水体；②对非面状水体 5×5 窗口进行形态学关操作，然后进行 5×5 窗口邻域求和，得到水体像素的局部累计值；③利用 OTSU 对局部累计值进行分割，高值部分为聚集分布的网状水体，而低值部分为线状水体和点状水体。

第二步为基于 NDVI 年度均值合成结果（$NDVI_{me}$），对面状水体再分类得到围网养殖和湖泊湿地覆盖范围。具体操作流程如下：①用 7×7 窗口对 $NDVI_{me}$ 求标准差，并用面状水体掩膜裁剪得到湖泊内部的标准差（STD_{lake}），并采用经验参数 $STD_{lake}>0.02$ 来提取围网养殖潜在区域；②用经验参数 $NDVI_{me}>-0.25$ 求取水生植被覆盖区域，并与面状水体求交集，得到湖泊湿地潜在区域；③在湖泊湿地潜在区域上对围网养殖区域进行掩膜处理，得到自然湿地范围。

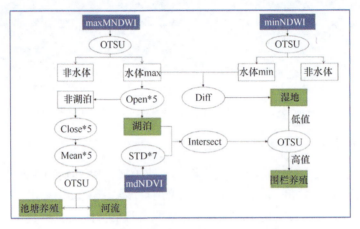

图 5-11　基于知识规则的地表水体分类流程
*指窗口大小为（5×5）

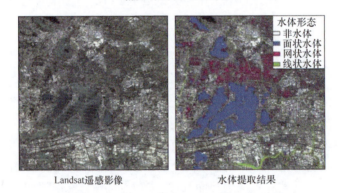

图 5-12　三种不同空间形态水体的提取结果

围网养殖和自然湿地的分布区域分类结果如图 5-13 所示。由于围网养殖在整个研究区密集分布，且形状规则完整，因此采用手动编辑的方式来消除孔洞和一些复杂湿地的干扰。

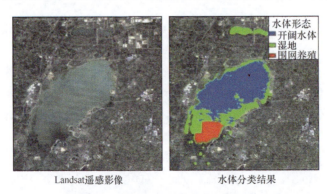

图 5-13　面状水体的不同地物类型

5.2.4　地表水体年度分类和精度评价

选用研究区 1985～2020 年所有可用的 Landsat 地表反射率数据和 DEM 数据进行太湖流域地表水体覆盖制图。地表反射率数据用来计算 MNDWI 和 NDVI 以及对应的年度合成值，选择用 pixel_qa 波段来计算云掩膜，该波段包含根据云和阴影提取算法生成的标准云掩膜信息（Zhu and Woodcock，2012）。采用 5.2.2 节的地表水体识别方法和 5.2.3 节的地表水体分类方法执行分类工作，生成的地表水体覆盖结果如图 5-14 所示。利用 TimeSync++目视解译获得的时空验证样本对地表水体分类结果进行精度评价。结果显示，太湖流域水体制图总体精度最低为 93.3%（2007 年），多年平均总体精度为 95.1%，平均生产者精度为98.9%，平均用户精度为 99.0%。其中，一般水体、湿地水体、池塘养殖水体和围网养殖水体的平均生产者精度分别为 83.96%、86.75%、72.5% 和 95.0%；平均用户精度分别为 93.7%、75.8%、73.0% 和 99.3%，满足后续分析所需的精度。

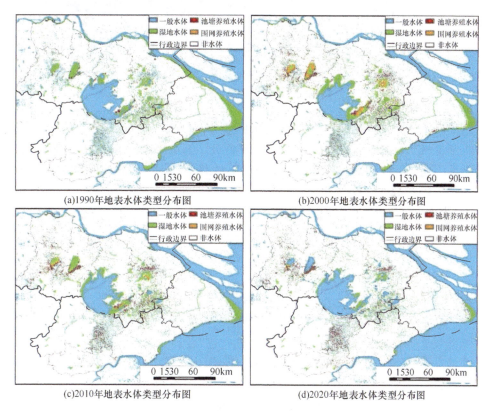

图 5-14　太湖流域地表水体主要年份制图结果

5.2.5　太湖流域地表水体时空变化分析

1. 太湖流域地表水体时空分布

太湖流域的地表水体覆盖范围广泛，且具有明显的空间分布不均衡性，如图 5-14

所示。太湖流域东部和西部的水体分布具有显著差异，流域东部的苏州和嘉兴境内湖泊众多且聚集分布，湖泊之间通过河网彼此连接，河网纵横，密集分布。太湖以西，由于主要为山地丘陵地貌，河流较少，湖泊之间距离较远，且多数孤立分布。

1985～2020 年，太湖流域地表水体的总面积呈波动上涨趋势，如图 5-15 所示。其中 2003 年之前，水体总面积呈现快速增加状态，从 4552.5 km² 增长为 5671.6 km²，年均增长 62.2 km²，2003 年以后则保持动态稳定状态。

图 5-15 地表水体覆盖面积变化图

从地表水体覆盖类型来说，1985～2020 年各类地表水体的总面积均发生了巨大变化。太湖流域的一般水体面积在 1985～2008 年处于波动减少的阶段，在 2008 年之后，一般水体的面积呈波动增加趋势。截至 2020 年，太湖流域一般水体的面积为 2808.1 km²。

太湖流域的湿地水体主要分布于太湖边缘地区和太湖周围的湖泊以及几乎所有的河流中。1985～2007 年，太湖流域水体处于沼泽化和湿地化的阶段，湿地水体的总面积一直在波动增加，到 2007 年湿地水体面积为 3285.4 km²。2008 年以后，湿地水体的分布范围开始加速减少。截至 2020 年，太湖流域湿地水体面积约为 1774 km²。

太湖流域的围网养殖水体从 1993 年开始出现在滆湖和长荡湖，逐渐发展到遍布流域西北的滆湖和长荡湖、流域东北的阳澄湖以及流域中间的东太湖。从 2003 年开始，一系列湖泊综合整治工程导致围网养殖工程被逐步拆除，目前围网养殖水体几乎已经全部消失。

池塘养殖水体在 2003 年以前快速扩张，面积从 1985 年的 449.8 km² 迅速增长为 2003 年的 1215.2 km²，年均增长 42.5 km²。2003 年至今，池塘养殖水体的面积基本处于稳定状态，与地表水体总面积保持稳定的趋势相似。池塘养殖水体的扩张是 1985～2020 年太湖流域地表水体总面积增加和减少的主要原因之一。

2. 陆地开放水域的时空变化

太湖流域的陆地水域主要包括三种：一般水体、湿地水体和围网养殖水体，这三种利用模式在 1985～2020 年各自都发生了显著的时空变化，具体如图 5-16 所示。

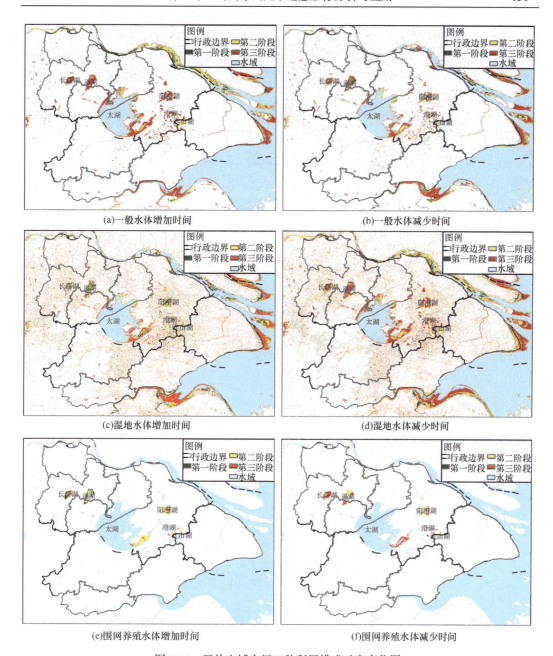

图 5-16　开放水域空间三种利用模式时空变化图

　　一般水体与湿地水体的变化是同步进行的，如图 5-16（a）～图 5-16（d）所示，当湿地水体扩张时，一般水体减少；当湿地水体缩减时，一般水体则增加。虽然湿地水体覆盖面积的变化受到气候和水位上涨和下降的影响，存在很明显的年际波动，但是1985～2020 年这种关联变化模式依旧可以分为两个阶段。2007 年之前，整个太湖流域的地表水体呈现湿地化趋势，即湿地水体面积扩张而一般水体面积缩减。1985～2006年，湿地水体面积从 2046.5 km² 增长为 3361.1283 km²，增长率为 62.6 km²/a。主要表现为太湖及其周边的几个大型湖泊里水草覆盖面积迅速增加，截至 2006 年，一般水体主要存在于太湖的中心区域，其他水域基本变为湿地。2007 年以后，太湖流域的地表水体呈现湿地退化趋势，到 2020 年，太湖流域湿地水体的总面积为 1774.0 km²，湿地水体退化速率为 122.1 km²/a。截至 2020 年，太湖及其周边的大型湖泊都呈现为一般水体，湿地水体仅存在于西太湖、东太湖、梅梁湾等有限区域。

太湖流域围网养殖水体出现较晚，1993 年首次出现在滆湖，之后的发展根据其增长模式可以分为两个阶段。第一阶段为 1992~2003 年，围网养殖水体呈现快速扩张趋势，并于 2002 年发展到历史峰值的 450.6 km²，覆盖滆湖、长荡湖、东太湖和阳澄湖的几乎所有水域 [图 5-16（e）]。第二阶段为 2003~2020 年，2003 年滆湖率先开始退渔还湖生态修复工程，大量的围网养殖被拆除并恢复湖泊原始状态，之后退渔还湖工程一直扩大，到 2020 年几乎所有的围网养殖均已消失 [图 5-16（f）]。

因此，太湖流域水体变化可概括为受到围网养殖调节的湿地化和逆湿地化过程。如图 5-17 所示，其主要的变化趋势是 2007 年以前的湿地化过程，其中 1992 年围网养殖出现在滆湖、长荡湖和 1998 年围网养殖出现在阳澄湖和东太湖两个事件均导致湿地水体面积变化呈现出"U"形；2003 年滆湖和长荡湖生态修复工程导致围网养殖面积迅速减少。2007 年至今是湿地退化过程，一般水体面积持续增加，其中 2009 年东太湖区域围网养殖面积的迅速减少导致一般水体面积的突增。

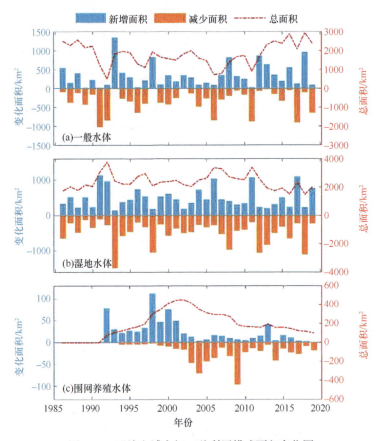

图 5-17　开放水域空间三种利用模式面积变化图

3. 池塘养殖水体的时空变化

池塘养殖作为太湖流域水产养殖的主要形式，在 1985～2020 年依赖太湖流域丰富的水资源获得了长足发展。池塘养殖主要分布在流域西北的溧湖和长荡湖周围、流域东北的阳澄湖附近、苏州南侧大部分地区以及湖州和杭州中间的大部分地区；在苏州地区附近也曾短暂出现过大量的池塘养殖。

对池塘养殖水体进行逐年变化检测，结果如图 5-18 所示，太湖流域每年都有大量新出现的鱼塘，也有大量的鱼塘消失，池塘养殖水体的发展从数量上可以分为两个主要阶段：

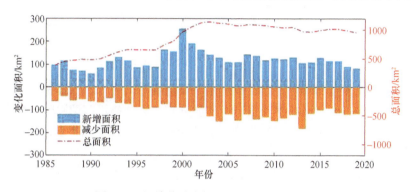

图 5-18　池塘养殖水体用地面积逐年变化图

（1）第一阶段为 1985～2003 年，池塘养殖在整个太湖流域快速发展，每年新增鱼塘的面积显著大于鱼塘减少的面积。尤其在 2001～2003 年，每年新增池塘养殖面积均大于 100 km²，2003 年池塘养殖总面积达到峰值 1215.2 km²，大量耕地变为养殖池塘。

（2）第二个阶段为 2003～2020 年，受到城市扩展的影响，池塘养殖新增速度减缓，而每年消失的池塘养殖面积显著增加，鱼塘的总面积呈现波动和趋势略微下降，2020 年池塘养殖的面积为 1207.5 km²。

如图 5-19 所示，1985 年池塘养殖主要分布在溧湖、长荡湖和东太湖周边，第一阶段主要在这几个主要湖泊周边扩散，2000 年前后开始大量出现在阳澄湖的东北方向和淀山湖周围。进入第二阶段后，东太湖东边方向靠近苏州的地方池塘养殖大量消失，开始向远离大型湖泊的方向发展，在流域西北部池塘养殖向西发展，在阳澄湖附近继续向

(a)1985年池塘养殖水体分布图

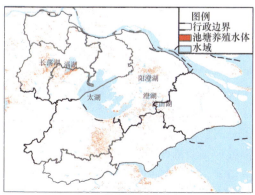

(b)2020年池塘养殖水体分布图

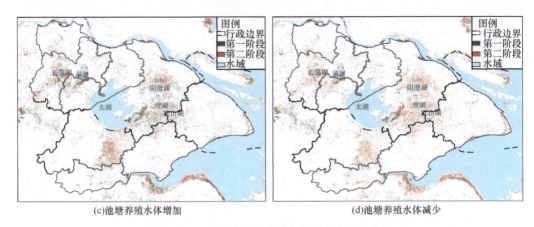

(c)池塘养殖水体增加   (d)池塘养殖水体减少

图 5-19   太湖流域池塘养殖水体时空变化分布图

东北方向发展；在太湖南部，池塘养殖开始大量出现并沿着太湖南岸和湖州到杭州之间的平原发展。至 2020 年，池塘养殖已经主要分布在滆湖和长荡湖周围、阳澄湖东北方向、东太湖北面的东山镇、太湖南岸和天目山以东湖州市和杭州市之间的广大土地上。

5.3   基于时序遥感影像的土地利用变化分析

城市是人类生活与经济发展的重要空间，土地城市化过程既体现为不透水面向外扩展，也体现为城市内部结构的时空变化。根据典型城乡地物的时空特征，本节采用融合面向对象策略和知识规则的分类方法对太湖流域 1985～2020 年的城乡用地类型进行提取，进一步分析城市化进程每个阶段的特点和城市发展的模式。

5.3.1   城乡要素的分类体系

根据野外调查和文献资料，太湖流域代表性的城乡用地包括城市居民区、工业区、大型基础设施、公园、建筑工地、农村居民点、矿山等，各要素在光谱和空间特征方面具有明显的差异。为准确描述城市化过程中农村用地向城市用地转化以及城市内部结构变化的过程，应用三生功能空间概念（李广东和方创琳，2016）描述各城乡用地要素为人类活动提供的功能差异，引入空间聚集性概念描述城乡用地的空间分布特征，进一步基于知识和规则实现对城乡用地典型要素的分类。

生产空间是经济活动的主要场所，包括工业区、大型商业区、采矿区等功能区；生活空间是社会生活的主要场所，主要包括各种类型的居民区以及学校、医院等功能区；生态空间是人类活动和自然环境交互的重要保障，主要包括城市范围内的绿地、湿地和湖泊等地物类型（徐磊，2017）。城乡用地空间分布特征主要表现为城市用地具有高度的空间聚集性，是人口、经济和社会活动聚集性的外在表现，而农村用地在空间上呈现离散分布的特点。综合考虑空间聚集性和地物要素功能差异，将城乡用地划分为城市生活用地、城市生产用地、城市生态用地、农村生活用地、农村生产用地和其他用地六类，其逻辑概念如图 5-20 所示。

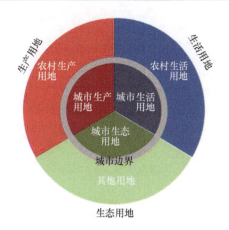

图 5-20　城乡用地分类逻辑图

5.3.2　基于 SNIC 的城市地表对象分割

城市居民区在遥感影像上呈现为由数百或数千像素构成、具有显著纹理特征的斑块，如图 5-21（a）、图 5-21（b）所示。像素级地物识别方法容易导致城市用地漏分误分，面向对象分类能够获取更加完整的地物斑块。采用超像素分割算法 SNIC（simple non-iterative clustering，简称非迭代聚类）进行地物要素分割，该算法综合考虑地物光谱特征相似性和空间邻近度，在保证分割精度的前提下能够获得更加紧凑和均匀的图像对象，同时自身非迭代、从任务开始就强制连接等特点使得分割所需时间和空间成本较低，有利于大范围、长时间序列遥感影像面向对象分类（Achanta and Susstrunk，2017）。

参与超像素分割的图像特征包括地表反射率数据（Red、Green、Blue、NIR、MIR 和 SWIR）的六个波段，MNDWI 和 NDVI 的年度最大值合成，TC 变换的亮度、绿度、湿度的年度中值合成结果，总计 11 个特征。SNIC 的参数设置方面，种子点数量使用经验参数为 20，连接度为 8，紧凑度为 1，邻域大小为 256，超像素的统计特征为每个特征的均值。

图 5-21（d）为使用 SNIC 分割算法对 Landsat 遥感影像进行超像素分割的结果，能够有效识别不同功能类型的地物斑块，获得比较完整的城乡用地边界。

(a)高分影像　　　　(b)Landsat影像　　　(c)基于像素的提取结果　(d)基于对象的提取结果

图 5-21　基于 SNIC 分割算法的城乡用地提取结果

5.3.3　城乡用地分类模型

根据城乡用地地物特征，本书构建了基于知识和规则的地物分类模型，流程图如图 5-22 所示。分类过程分为三个步骤，第一步为基于指数特征的开发用地提取，第二步为基于开发用地密度信息的城市边界提取，第三步为基于知识规则的城乡功能区分类。

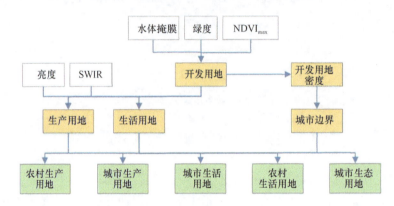

图 5-22　城乡用地分类流程图

1）开发用地提取

开发用地是居民用地、工商业用地、建筑工地等建筑用地和交通道路、工矿用地等人类建设开发地物的总和，不同类型的开发用地光谱、纹理特征差异较大，但开发用地与植被和水体相比具有显著的光谱差异。通过对水体指数和植被指数采用自适应阈值分割来提取开发用地，首先利用 MNDWI 的年度最大合成值（$\text{MNDWI}_{\max}$）提取水体覆盖区域，然后利用缨帽变换绿度波段（Green）和 NDVI 年度最大值合成（$\text{NDVI}_{\max}$）自适应阈值分割结果的交集来提取开发用地，其计算方法如下：

$$\text{Development} = \begin{cases} \text{MNDWI}_{\max} < T_1 \\ \text{Green} < T_2 \\ \text{NDVI}_{\max} < T_3 \end{cases} \tag{5-4}$$

式中，T_1、T_2 和 T_3 分别为 $\text{MNDWI}_{\max}$、Green 和 $\text{NDVI}_{\max}$ 基于 OTSU 算法获取的自适应阈值。

2）城市边界提取

基于开发用地密度信息和连通域策略方法的流程如下：首先对开发用地提取结果进行 5×5 窗口形态学闭操作和开操作，以消除狭窄道路和郊区小型农村居民点；其次采用 17×17 窗口的 IDW 权重算子（5 km）计算开发用地的邻域加权平均密度（Density）；然后利用 OTSU 算法对开发用地邻域密度进行二值分割，得到城市的范围（Urban）；最后使用 OpenCV 的 findContours 函数来提取 Urban 图层的轮廓，根据轮廓的拓扑信息来删除内部的孔洞。计算方法如下：

$$\begin{cases} h_i = \sqrt{(x_0 - x_i)^2 + (y_0 - y_i)^2} \\ W_i = \dfrac{h_i^{-2}}{\displaystyle\sum_{j=1}^{n} h_j^{-2}} \\ \text{Density} = \text{Development} \times W \\ \text{Urban} = \text{Density} > T_1 \end{cases} \qquad (5\text{-}5)$$

式中，W_i 为 IDW 权重算子；h_i 为邻域空间中的离散点到中心点的距离；(x_0, y_0) 为中心点的坐标；(x_i, y_i) 为邻域内各离散点的坐标。T_1 为 OTSU 算法在加权平均密度图中获取的自适应阈值。

3）城乡用地分类

基于独特的地物特征区分生产用地和生活用地是城乡用地分类的关键。生产用地地物特征包括：大部分工商业区域及建筑工地在 Landsat 影像上呈现高亮度和低植被覆盖度，在 SWIR 波段具有高反射率；部分早期的工业用地呈现暗色顶棚，亮度值低，在 SWIR 波段具有高反射率；部分建筑工地在 SWIR 波段反射率较低，但是具有高亮度和低植被覆盖度。在开发用地提取结果的基础上，采用如下流程来区分生产用地和生活用地。

通过对缨帽变换亮度分量（Bright）与多光谱波段分别进行自适应阈值分割并对其结果进行相交分析，提取出高亮区域的生产用地信息，公式如下：

$$\text{Production1} = (\text{Bright} > T_1)\ \text{and}\ (\text{NDVI}_{\max} < T_2)\ \text{and}\ (\text{ISA} = 1) \qquad (5\text{-}6)$$

通过对 SWIR 采用 0.25 固定阈值分割得到低亮度生产用地，公式如下：

$$\text{Production2} = (\text{SWIR} > 0.25)\ \text{and}\ (\text{ISA} = 1) \qquad (5\text{-}7)$$

将高亮度的生产用地和低亮度的生产用地结果合并，公式如下：

$$\text{Production} = (\text{Production1} = 1)\ \text{or}\ (\text{Production2} = 1) \qquad (5\text{-}8)$$

对开发用地掩膜和生产用地掩膜求差集运算，得到生活用地，公式如下：

$$\text{Residential} = (\text{Production} = 0)\ \text{and}\ (\text{ISA} = 1) \qquad (5\text{-}9)$$

得到城市边界、生产用地和生活用地的范围之后，如表 5-3 所示将城市用地分为城市生活用地、城市生产用地和城市生态用地，农村用地分为农村生活用地和农村生产用地。

表 5-3　城乡用地分类规则表

功能	位置	地物类别
Production = 1	Urban=1	城市生产用地
Residential = 1	Urban=1	城市生活用地
Development=0	Urban=1	城市生态用地
Production = 1	Urban=0	农村生产用地
Residential = 1	Urban=0	农村生活用地
Development =0	Urban=0	其他用地

5.3.4　城乡用地年度分类和精度评价

选择研究区 1985～2020 年所有可用 Landsat 遥感卫星图像进行太湖流域逐年城乡用地分类制图。其中，Level 1T 级别数据使用自带 BQA 波段来计算云掩膜，Level 2 级别的地表反射率数据选择用云和阴影提取算法（Zhu and Woodcock，2012）生成的 pixel_qa 波段来计算云掩膜。

城乡用地分类的精度评价结果如表 5-4 所示。结果显示，不同时期城乡用地分类的结果总体精度（OA）均大于 0.8，其中 2020 年 OA 为 0.90，Kappa 系数为 0.82。表 5-1 中，UA1～UA6 和 PA1～PA6 分别表示其他用地、城市生活用地、城市生产用地、城市生态用地、农村生活用地、农村生产用地对应的用户精度和生产者精度。

表 5-4　主要年份城乡用地精度评价结果

	1990 年	2000 年	2010 年	2015 年	2020 年
OA	0.89	0.86	0.82	0.89	0.90
Kappa	0.48	0.57	0.63	0.78	0.82
UA1	0.96	0.99	0.97	0.97	0.97
UA2	0.52	0.45	0.83	0.76	0.83
UA3	0.46	0.66	0.78	0.68	0.78
UA4	0.37	0.77	0.76	0.61	0.76
UA5	0.41	0.22	0.74	0.73	0.74
UA6	0.00	0.00	0.00	0.00	0.00
PA1	0.94	0.90	0.97	0.96	0.97
PA2	0.73	0.89	0.81	0.83	0.81
PA3	1.00	0.79	0.82	0.78	0.82
PA4	0.73	0.59	0.79	0.68	0.79
PA5	0.37	0.42	0.71	0.71	0.71
PA6	0.00	0.00	0.00	0.00	0.00

图 5-23 为主要年份城乡用地分类图苏州市部分结果，融合 SNIC 超像素分割和知识规则的分类方法能够准确识别城乡用地的不同类别，获得完整的土地利用覆盖信息。太湖流域城乡用地分类结果能够有效反映城市内部每种土地利用类型的空间格局及其演变规律，

　1990年遥感影像　　　　　　2000年遥感影像　　　　　　2010年遥感影像　　　　　　2020年遥感影像

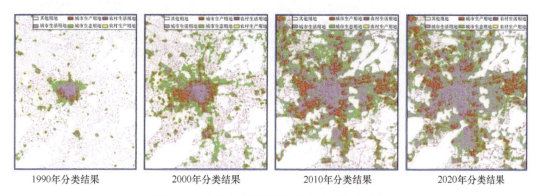

| 1990年分类结果 | 2000年分类结果 | 2010年分类结果 | 2020年分类结果 |

图 5-23 苏州市市区主要年份城乡用地分类图

如苏州市城乡用地分类结果显示，苏州市城市范围在过去 30 年出现了显著扩张，农村用地逐渐融入城市范围；城市生活用地是城市用地最主要的组成部分，占据城市大部分区域且城市的内部区域连续分布；城市生产用地主要分布于城市的外部区域，形成多个分布中心。

5.3.5 太湖流域城乡土地时空变化分析

1. 城乡用地的时空分布特点

随着城市化过程的发展，太湖流域人类活动区迅速扩张。截至 2020 年，太湖流域已经由早期的 8 个主要城市发展为 8 个大型城市和众多中小型城市，农村居民点有向外扩展、被城市吞并或者变为非建设用地等几种形式存在。如图 5-24 所示，1985～2020 年，太湖流域城乡用地面积从 5438.9 km² 增长为 15900.8 km²；其中农村用地面积从 3743.2 km² 降低到 3486.3 km²，面积缩减为原来的 93%；城市用地从 1605.7 km² 增长为 12414.6 km²，增长为原来的 7.73 倍。

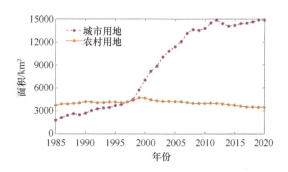

图 5-24 城乡建筑区域面积年际变化

太湖流域的城乡生活用地的演变可以分为三个阶段：1985～1998 年，城市规模、城市生活用地、城市生产用地和农村生活用地均呈现缓慢增长趋势；1999～2012 年，每个行政区划内的城市用地呈现快速增长趋势，农村生活用地呈现减少趋势；2012 年至今，每个行政区的城乡用地规模趋于稳定，其中城市生活用地呈现缓慢增长趋势，而城市生产用地和农村生活用地均呈现一定的减少趋势。

以主要城市行政区划为依据，分别统计每个城市 1985～2020 年城乡用地的总面积，以及城市生活用地、城市生产用地和农村生活用地三类的变化特征，具体如图 5-25 所示。

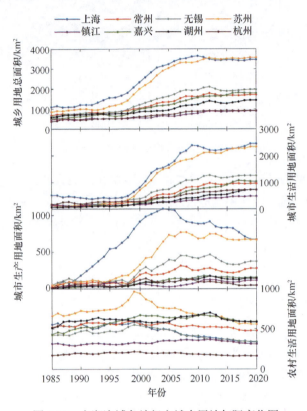

图 5-25 太湖流域各地级市城乡用地年际变化图

结果显示，太湖流域城乡用地演变具有时空不均衡性。首先，上海和苏州是 1985～2020 年太湖流域同时期城乡用地面积最多和最早出现显著增长的城市。这两个城市的生产用地快速增长时期分别为 1985～2006 年和 1994～2008 年，明显早于其他城市的快速增长期 1999～2012 年。其次，苏州是城市生活用地面积增长最快的城市，1985～2020 年增长了接近 20 倍，目前基本与上海的城市生活用地面积持平。再则，上海是太湖流域城乡用地面积最大的城市，在 1985 年城乡用地总面积达 1079.5 km²，其中城市用地（包括城市生活用地和城市生产用地）面积为 527.3 km²，占比为 48.8%。截至 2020 年，城乡用地总面积达到 3456.6 km²，其中城市用地为 3121.5 km²，占比达到 90.3%。

镇江和湖州的扩张速度与其他几个城市相比较慢，截至 2020 年，这两个城市的生产用地面积依然是整个太湖流域最低的，而且这两个城市是城市用地面积在行政区划内城乡用地占比最低的，分别为 65%和 59%（太湖流域仅包含杭州的一部分，因此杭州未包含在上述的对比之中）。

2. 城市化进程均衡性分析

以 1998 年（太湖流域进入快速城市化阶段前一年）的城市行政规划为依据，将太湖流域所有城市用地划分为核心城市区和非核心城市区，分别统计不同级别行政区域城市化发展规律。其中，核心城市区包含 1998 年各市的市辖区和与市辖区相连的区级行政单位，面积为 9618 km²，约占整个太湖流域面积的 27.5%；非核心城市区包括远离城市核心区的县、镇行政单元。统计结果如图 5-26 所示，核心城市区与非核心城市区的发展过程具有非常显著的时间差异。

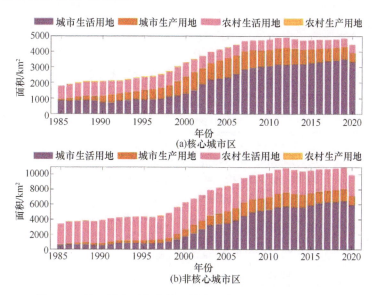

图 5-26　核心城市区与非核心城市区各地物类别面积变化图

1999 年之前，核心城市区与非核心城市区面积均呈现增加趋势，但是增加方式存在显著差异。核心城市区的生产用地快速增加而城市生活用地发展增加较慢，其中生产用地增加了 642.0 km²，生活用地增加了 226.5 km²；非核心城市区则相反，城市生产用地增加了 390.0 km²，而生活用地增加了 452.5 km²。

1999~2012 年，核心城市区与非核心城市区面积均快速增加，增加模式与第一阶段相比发生了转变。核心城市区和非核心城市区的城市建设用地均快速增加，且非核心区城市生活用地和生产用地增加速度开始显著高于核心城市区的增加速度。核心城市区生活用地和生产用地面积分别增加了 2089.2 km² 和 373.6 km²，而非核心城市区生活用地和生产用地面积分别增加了 4722.6 km² 和 1286.5 km²。

2013 年至今，核心城市区和非核心城市区面积增加速度均显著下降，发展模式均表现为生活用地面积增加而生产用地面积减少。其中，核心城市区的生活用地增长缓慢，与生产用地减少速度基本一样，因此核心城市区面积保持稳定不变；而非核心城市区城市生活用地增长速度较快，而生产用地下降速度较慢，因而城市面积保持缓慢的增长趋势。

城市生活用地在每个阶段均保持增长，而生产用地的增长具有显著的区域性和阶段性。第一阶段，核心城市区以生产用地快速增长为主，非核心城市区则以生活用地增长为主，此时城市化处于外延式增长阶段，存在较强的空间极化特征，核心城市区为城市扩展增长极。第二阶段，核心城市区与非核心城市区的生产和生活用地均快速增长，非核心城市区由于拥有广阔的外部空间而增长量显著多于核心城市区，城市化处于外延式增长阶段，且具有明显的空间扩散特征，空间不均衡性减弱。第三阶段，核心与非核心城市区外延式扩展均减弱，城市面积保持稳定而城市内部结构发生变化，城市进入内涵式发展阶段，城市扩展不均衡性进一步减弱。

3. 太湖流域城市化模式分析

为了研究太湖流域城市化过程中城乡用地类型变化特点，本节逐类别统计了几种常见的地物类型转变路径及其在 1985～2020 年的累计发生覆盖面积，其中有 8 种涉及城市化的用地变化类型在太湖流域比较显著（累计变化面积大于 2000 km^2）（表 5-5）。

表 5-5 不同土地转移路径发生累计面积表

模式	变化路径	面积/km^2
模式 1	其他用地—城市生活用地	6711.2
模式 2	其他用地—城市生活用地—城市生产用地	951.0
模式 3	其他用地—城市生活用地—城市生产用地—城市生活用地	1217.6
模式 4	农村生活用地—城市生活用地	2597.2
模式 5	农村生活用地—城市生活用地—城市生产用地	240.7
模式 6	农村生活用地—城市生活用地—城市生产用地—城市生活用地	332.6
模式 7	其他用地—城市生产用地	1352.5
模式 8	其他用地—城市生产用地—城市生活用地	2352.7

与城市化相关的用地类型变化，主要表现为城市生活用地和城市生产用地的新增与消失。模式 1 即从植被、水体等其他用地变为城市生活用地，是太湖流域城市化中最主要的模式，主要发生在各级城市的外围部分，属于城市外延性扩张的一部分。模式 4 即农村生活用地变为城市生活用地，代表农村人口城市化的过程，主要发生于城市的郊区，随着城市快速向外扩张，原来的农村居民点被城市范围吞并而成为城市生活用地，这是外延式增长的另一种模式。模式 8 即城市郊区未开发地先变成工厂等城市生产用地，继而随着城市生产用地的离心式扩张而变为城市生活用地，主要发生于大中型城市中环的位置，属于内涵式扩张的主要模式。此外，模式 3、模式 6 和模式 8 中，地物类别转变均经历了从原来城市生产用地变为城市生活用地这个过程，属于城市的内涵性扩张模式，1985～2020 年，太湖流域城市用地总面积增加了 10809 km^2，内涵式增长则累计有 3902.9 km^2，约占城市建设用地面积增长的 36.1%。

综上所述，将太湖流域城市化过程中的土地利用覆盖转化总结为三种模式。

（1）城市生活用地生长式扩张：以模式 1 和模式 4 为主的土地转化模式，具体表现为城市不断向外扩张，周边的农村用地和植被、水体等其他用地不断转变为城市生活用地。如图 5-27（a）所示，苏州市的生活用地在 1985～2020 年以生长式向外扩张。

（2）城市生产用地离心式扩张：以模式 8 为主的土地转化模式，具体表现为城市生产用地一般分布于城市的外围区域，随着城市扩张，生产用地转变为生活用地，城市外部的非城乡用地转变为新的生产用地。如图 5-27（b）所示，苏州市的生产用地在 1985～2020 年以离心式向外扩张。

（3）农村生活用地升级式扩张：以模式 4 为主的土地转化模式，具体表现为农村生活用地的范围不断扩大，土地类型变得更加丰富，升级为城市生活用地。如图 5-27（c）所示，苏州吴江区桃源镇 1957 年建桃源乡，1988 年撤乡设镇，属于典型的农村生活用地升级式扩张模式。

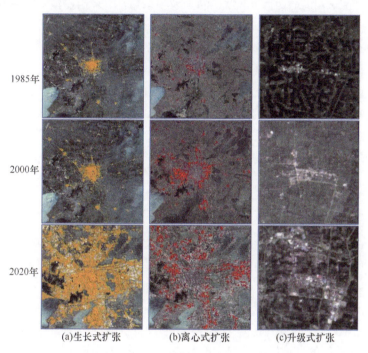

图 5-27　三种主要的城市扩张模式示意图

5.4　基于时序遥感影像的城市扩张与物候响应分析

相比多时相遥感影像变化检测，基于时间序列遥感影像的连续变化检测充分考虑了地物状态在年内和年际的规律性变化，能够更好地反映土地覆盖变化的动态过程，因此得到了广泛的关注。然而，时序模型的构建依赖较多经验设定，稳定性不足，结果的不确定性较高。针对上述问题，可以通过集成学习的思路来整合不同方法在时序模型判别中的优势，改善时间序列变化检测结果。除此之外，时间序列土地覆盖的变化检测目前并没有得到充分的利用，关于长时间尺度环境分析的相关研究仍然建立在土地覆盖不变的假设前提下。针对这一问题，以地表物候为例，充分考虑多种环境要素在时间和空间上的相互作用，本节提出了一种顾及连续土地覆盖变化的地表物候对城市化响应的分析框架，探索了城市化背景下地表物候的时空响应和变化规律。

5.4.1　基于集成学习的连续变化检测与分类方法

CCDC 算法是由 Zhu 和 Woodcock（2014b）提出的一种基于时间序列遥感影像的变化检测与分类方法。该方法通过对每一个像元在时间序列上的像元值（包括地表反射率、亮度和植被指数等)拟合数学模型来判断土地覆盖类型及其变化信息(Zhu et al., 2016a)。

$$\hat{P}(i,d) = a_i + b_{1i}\cos(2\pi d / T) + b_{2i}\sin(2\pi d / T) + c_i d \qquad (5\text{-}10)$$

式中，$\hat{P}(i,d)$ 为年积日 d 像元位置 i 的预测像元值；a_i 和 c_i 为像元位置 i 的趋势项系数；T 为年平均天数；b_{1i} 和 b_{2i} 为像元位置 i 的季节项系数，用来描述植被物候和太阳高度角变化引起的像元值的年内变化。理想情况下，包含的系数越多，拟合需要的晴空观测值越多，模型就越精确。然而，当系数过多时，模型会拟合噪声，并且运算量大幅提升。因此，季节项系数采用一阶正余弦函数，在保证精度的同时提升运行效率。

一旦像元位置在时间序列上有 15 个晴空观测值，便可以执行变化检测。该算法的核心思想是利用每个像元位置的连续晴空观测拟合谐波函数，令谐波函数在某个时间的预测值与实际观测值相比较。如果从某一时刻开始连续 3 个晴空观测值与预测值的差异都超过了给定阈值范围，那么第一个差异超出范围的像元观测值的观测时间即该像元发生土地覆盖变化的时间。CCDC 算法识别土地覆盖变化的过程如下：

$$\frac{1}{k}\sum_{i=1}^{k}\frac{|P(i,d) - \hat{P}(i,d)|}{3 \times \mathrm{RMSE}_i} > 1 \qquad (5\text{-}11)$$

式中，k 为时间序列数据中每景影像的特征维数；RMSE 为均方根误差，它归一化了所有波段在模型拟合过程中预测值和观测值的差异。CCDC 通常使用 3 倍 RMSE 的经验阈值来识别土地覆盖变化。在模型拟合过程结束之后，连续 3 个有效观测值与模型预测值的差异超过阈值时，则认为该像元位置在第一个差异超出范围的观测时间发生了土地覆盖类型变化（Zhu and Woodcock, 2014b）。在检测到整个时间序列中发生变化的时间断点后，对断点前后每一段连续的谐波模型进行土地覆盖分类。在时间序列土地覆盖分类中，每一个波段对应的各阶谐波函数参数及其拟合误差（RMSE）被用作分类器的输入特征。相同土地覆盖类型在时间维度上的变化模式相似，其对应的函数参数也较为一致，而不同土地覆盖类型的谐波函数系数差异显著，因此可有效支持类别区分。最后采用随机森林作为分类器，利用参数特征和样本来训练模型，得到研究区在时间序列范围内发生变化的时间、位置以及变化的轨迹。地表反射率随土地覆盖变化如图 5-28。

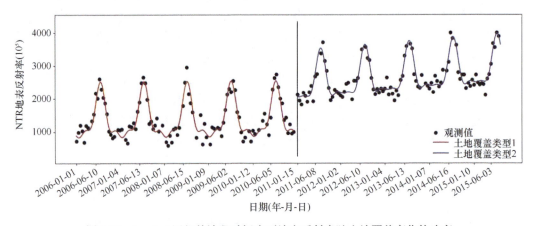

图 5-28　Landsat 近红外波段时间序列地表反射率随土地覆盖变化的改变

　　CCDC 算法与其他时间序列土地覆盖变化检测方法相比具有以下优势：①自动化程度高。在满足云量要求的条件下，可以尽可能多地使用时间序列影像或者数据，新加入的数据能够自动进行变化检测以及更新时间序列模型。②研究区的普适性。该算法不局限于特定的研究区或者数据集，可以在大多研究区和任意研究尺度上使用。③数据源的普适性。云量低于影像面积 80%的数据都可以作为输入数据，其中包括 2003 年 5 月 31 日之后 Landsat 7 机载扫描行校正器（SLC）故障导致的条带图像。此外，由于 CCDC 算法中时间序列模型已经考虑到物候学和太阳角度差异的影响，因此不需要对每一景影像做归一化，大大减少了数据预处理的难度。④应用价值高。该算法不仅能够识别土地覆盖类型变化的位置、时间以及变化的轨迹，还能够生成时间序列内任意时相的土地覆盖类型图，对于近实时的土地覆盖动态监测具有重要的意义。

　　然而，随着 CCDC 算法的使用，其也显露了一定的局限性。时序模型的构建依赖经验设定，稳定性不足，某个特定的判别方法并不能够保证在任何条件下都能够获得较好的结果（Chi et al.，2009）。同时，鉴于 CCDC 方法采用的是时间序列谐波模型的函数系数等参数作为分类器输入，而非直接利用地物反射特性（如地表反射率）进行分类，因此在基于模型参数进行时间序列分类时，所得的土地覆盖类型结果存在一定的不确定性（Healey et al.，2018）。这种不确定性对时间序列变化检测结果也会产生重要影响：一方面，在 CCDC 算法中时序断点的检测可能存在过分割的情况，即某一时刻地表并未发生变化而被检测到断点。在这种情况下分别对断点前后的模型进行分类，性能优异的分类器可以将断点前后的时序模型识别为同一类地物，那么该时序断点将不会保留，消除了模型过分割产生的影响；反之，对以时序参数为输入特征效果不佳的分类器，断点前后的时序模型被误分为两种土地覆盖类型，那么该时序断点将会保留，使变化检测结果出现误检。另一方面，对于正确检测到的时序断点，断点前后模型分别属于两类地物，而较差性能的分类器可能会将它们识别为同一类地物，导致该时序断点被误判为过分割断点，使变化检测结果出现漏检。针对上述问题，为了提高CCDC 的可靠性与鲁棒性，将多分类器集成的方法引入 CCDC 算法中，提出了集成连续变化检测与分类（ECCDC）算法。

　　ECCDC 算法根据谐波函数参数特征，利用分类器随机森林（RF）、支持向量机（SVM）和旋转森林（RoF）分别获得每一段时间序列模型的土地覆盖类型，通过多数投票集成的方法将出现频率最高的土地覆盖类型确定为该像元这段时间内的土地覆盖类型（Wang et al.，2018）。对于投票集成中存在的土地覆盖类型多数不唯一的情况，ECCDC 算法将多个结果类型中后验概率最大的确定为最终土地覆盖类型（Castellana et al.，2007）。因为在监督分类方法中，分类结果的后验概率反映了分类结果的可靠性，后验概率越高结果的可靠性越大。

$$C_{\text{final}} = \begin{cases} \text{MV}(C_1, C_2, C_3) \\ \max(C_1 \mid X, C_2 \mid X, C_3 \mid X) & \text{if } C_1 \neq C_2 \neq C_3 \end{cases} \quad (5\text{-}12)$$

式中，C_1、C_2 和 C_3 分别为 ECCDC 中 RF、SVM 和 RoF 的分类结果；X 为所有可能的分类结果；C_{final} 为最终的分类结果。

5.4.2 基于高时空分辨率时序植被指数的物候提取方法

1. 高时空分辨率时序 EVI 获取

时间序列增强型植被指数（EVI）是提取和分析研究区长时间范围地表物候的主要数据。由于 Landsat 影像获取在时间上的分布并不均匀，并且很多影像中云及云阴影覆盖面积较大，因此从时间序列 Landsat 影像中直接提取 EVI 加以使用并不是提取物候信息的最佳方式。GEE 平台提供 MODIS 时间序列 EVI 数据和 Landsat 时间序列 EVI 数据。时间序列 MODIS EVI 合成数据具有稳定的 16 天的高时间分辨率，是目前常用的大尺度物候信息提取的重要数据源。但是该数据的空间分辨率为 250m，不能够匹配 ECCDC 算法产生的 30m 空间分辨率土地覆盖类型和变化检测结果，而且 250m 空间分辨率的物候信息在城市尺度下过于粗糙。时间序列 Landsat EVI 合成数据提供与 ECCDC 结果匹配的 30m 空间分辨率，然而该数据的时间分辨率为 32 天，不利于平滑地拟合反映植被季节性波动的谐波函数曲线来精确地提取物候信息。

为充分利用两种时间序列 EVI 的优势，采用增强型时空自适应反射率融合模型（ESTARFM）来融合时间序列 MODIS 和 Landsat EVI 数据（Zhu et al.，2010）。ESTARFM 是一种基于光谱分解和系数转换理论方法的多源遥感数据融合模型，在 Gao 等（2006）提出的时空自适应反射率融合模型（STARFM）基础上进一步提升了性能。该模型可以融合 MODIS EVI 的高频时间信息和 Landsat EVI 的高空间分辨率信息，构建高时空分辨率的时间序列 EVI 数据，精准有效地模拟 MODIS EVI 中亚像元的异质性信息。在研究中，ESTARFM 通过相同时间的 MODIS 和 Landsat EVI 数据计算它们的空间权重差异模型，根据该模型来预测模拟与其他 MODIS EVI 相同时间的 30m 高时空分辨率 EVI 数据。首先在每年的四个季节中分别选取一组时间相近的 MODIS 和 Landsat EVI 来计算融合模型的参数。这样选取影像对的原因是它们基本能够代表植被在每年各个季节的生长情况来更好地拟合模型，同时又能避免选取所有时间相近的 EVI 影像而降低模型的计算效率。然后利用该模型计算出该年其他 MODIS EVI 对应时间的 30m 空间分辨率 EVI 影像，最终获取 2001~2018 年时间序列 16 天 30m 空间分辨率的 EVI 影像。

2. 基于时间序列 EVI 的物候指标提取

植被生长具有渐变特性，因此诸如 EVI 等植被指数在时间序列上呈现出理论上高度平滑的变化曲线（de Jong et al.，2011）。但是在 EVI 等植被指数的遥感产品及其衍生数据中，时间分辨率不足、云和冰雪等覆盖会导致某些像元值出现异常，因此需要对时间序列 EVI 数据进行滤波重建来消除噪声（龙鑫等，2013）。时间序列植被指数的滤波主要分为两类：曲线拟合法和基于滤波函数的拟合方法。前者主要包括非对称性高斯函数拟合法（Jonsson and Eklundh，2002）和双 Logistic 函数拟合法（Beck et al.，2006）等；后者主要包括 Savitzky-Golay 滤波法（边金虎等，2010）、植被指数时间序列谐波分析法（Jakubauskas et al.，2001）、均值迭代滤波法（Ma and Veroustraete，2006）和变权重滤波法（Zhu et al.，2012）等。采用嵌入在 TIMESAT 3.3 程序中的 Savitzky-Golay 滤波法对融合后的时间序列 EVI 进行滤波重建（Jönsson and Eklundh，2004）。这种方法在时域内采用局域多项式最小二乘法拟合来进行滤波，与传统的采用常数拟合的方法不同，它使用一个高阶多项式来实现最小二乘拟合滑动窗口近似的功能。相比其他滤波方法，Savitzky-Golay 滤波法的优势在于既能够有效地降低噪声，又能够保证拟合曲线的形状不会发生改变，同时还能够更好地逼近曲线的上包络线，捕捉到曲线极值周围的波动细节，更有利于准确识别植被生长季的开始和结束等物候信息（Luo et al.，2005）。

通过 Savitzky-Golay 滤波法得到的 EVI 拟合曲线提取 3 个物候指标：生长季开始（SOS）、生长季结束（EOS）以及生长季长度（GSL）。提取上述物候指标的常用方法有阈值法（固定阈值法、最大斜率阈值法和动态阈值法等）、曲率法和主成分分析法等。对南京市土地覆盖类型进行多次物候提取实验后，采用动态阈值法来提取地表的物候指标。方法的原理是，像元某时刻 EVI 值与年内最小值的差值达到了时域内最大差异值（最大值与最小值的差值）的特定比例时，该时刻被定义为植被的 SOS（年内左端）/EOS（年内右端）（Richardson et al.，2006；Shen et al.，2016）。相比固定阈值法和最大斜率阈值法，动态阈值法消除了背景值的差异对物候特征提取的影响。动态阈值法的表达式如下：

$$EVI_{thd} = \frac{EVI - EVI_{min}}{EVI_{max} - EVI_{min}} \qquad (5\text{-}13)$$

根据研究经验，将 SOS/EOS 的阈值比例设置为最大差异值的 20%，以在研究区获得更为准确的结果（Brown et al.，2010；Buyantuyev and Wu，2012；White and Nemani，2006；Zhou et al.，2016）。SOS 到 EOS 之间的时间跨度定义为 GSL。图 5-29 模拟了研究区内某像元基于 Savitzky-Golay 滤波法的时间序列 EVI 重建以及物候指标提取。

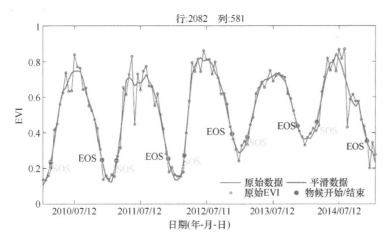

图 5-29　基于 Savitzky-Golay 滤波法的时间序列 EVI 重建以及物候指标提取

5.4.3　顾及土地覆盖变化的地表物候分析方法

1. 城市-农村物候差异分析

为了探索时间范围内不同地区的物候差异，同时考虑到土地覆盖的持续变化过程，通过 ECCDC 结果获得逐年的城市–农村范围，并将其与通过融合 EVI 结果获得的逐年物候信息匹配，分别统计城市和农村地区的地表物候指标，并对其进行基于加权最小二乘法的线性回归拟合，公式如下：

$$S = \min(\sum_{i=1}^{n} W_i(y_i - aX_i)^2) \tag{5-14}$$

式中，y_i 为第 i 个点的实际值；a 为线性拟合函数的斜率；aX_i 为第 i 个点的估计值；W_i 为第 i 个点的权重值，权重通过点对应的城市/农村斑块面积计算得出；S 为所有点估计值与实际值差异的加权平方和，当 S 值达到最小时，线性拟合函数得到最优解。此时，城市化对地表物候的影响方向可以通过线性函数的斜率 a 与 1 进行比较来判断。对拟合最优解的回归模型进行显著性检验，当 $P<0.01$ 时认为拟合结果是显著的。

2. 城市–农村物候趋势差异分析

在全球气候变化的背景下，地表物候同样具有长期的变化趋势（Richardson et al., 2013）。由于城市地区和农村地区的环境具有明显差异，有必要探讨它们在物候趋势方面的差异。然而，土地覆盖变化以及农村地区的城市化是探索它们各自物候趋势的主要干扰因素。因此，可以通过 ECCDC 算法排除这段时间内发生过土地覆盖类型变化的区域，保留时间范围内每一组城市–农村斑块中对应的稳定城市和农村像元。利用普通最小二乘法对稳定城市/农村像元进行回归拟合，获取它们各自物候变化趋势，最后通过基于加权最小二乘法的线性回归拟合得到稳定城市与农村地区的物候趋势差异，并通过显著性检验证明结果的可靠性。

3. 城市扩张引起物候转变分析

由于 ECCDC 方法可以获取发生城市化的时间和位置，因此它可以提供一个探索由土地覆盖变化引起物候转变的条件，并且可以通过土地覆盖变化类型将地表物候转变分类分析。这对于理解城市化对物候的直接影响具有重要的意义。为此，首先提取出其他土地类型转变为城市类型的像元，即发生城市化的像元。这些像元中以发生城市化的时间作为分界点，分别统计 2001～2018 年变化前后地表物候指标的均值，进行物候转变的对比分析。

5.4.4　实验结果与分析

1. 长时间城市扩张分析结果

根据南京市 1999 年 1 月 1 日～2019 年 6 月 9 日共 535 景 Landsat 5、Landsat 7 和 Landsat 8 地表反射率数据集和训练样本，通过 ECCDC 算法得到了南京市 2000～2018 年时间序列土地覆盖变化检测与分类结果（由于在模型初始化拟合中需要至少 15 期有效观测值，以及最后一年中只存在 5 个月的有效观测数据，因此去掉了通过 ECCDC 算法获得的第一年 1999 年和最后一年 2019 年的结果），如图 5-30 所示。结果表明，2000～2018 年南京市城市扩张了 736.50km^2，约占南京市总面积的 11.18%。

耕地和自然地表（包括林地、草地和水体等）不断缩小，逐渐被城市建设用地所覆盖。从像元位置来看，城市扩张大多是基于最初的长江南北沿岸的城市中心区不断向外扩张，并且距离城市核心区越近，扩张的发生时间越早。从土地覆盖类型来看，86.80%的像元在城市化之前的土地覆盖类型为耕地。这是因为南京市的主要土地类型为耕地且大多分布在城市的周围，因此城市扩张必然会侵占大面积的耕地。其他转为城市的土地类型按面积从大到小依次为水体（7.23%）、林地（4.00%）和草地（1.97%）。

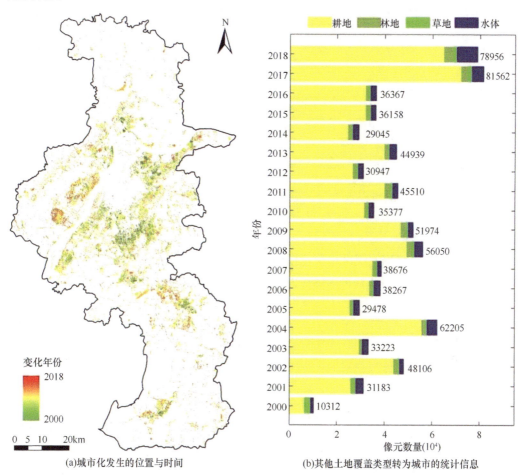

(a)城市化发生的位置与时间　(b)其他土地覆盖类型转为城市的统计信息

图 5-30　南京市 2000~2018 年城市扩张连续变化检测

ECCDC 算法在土地覆盖分类和变化检测的精度在表 5-6 和表 5-7 中详细列出。其分类的总体精度达到了 96.71%，Kappa 系数达到了 95.22%。在所有分类结果中，草地的精度最低，用户精度和生产精度分别为 80.20%和 86.17%。这是由于它在整个南京市覆盖面积非常少，选取的训练样本数量也较少，模型训练不够充分。另外，草地的光谱特征与同为植被的林地以及某些类型的耕地存在较高的相似性，容易产生混淆。对于研究中更受关注的城市类型，它的结果不论是在用户精度还是生产者精度方面都超过了95%，保证了南京市城市扩张检测的有效性和可靠性。在变化检测的精度方面，变化与非变化类型的用户和生产者精度均分别为 88.89%和 99.93%，证明了 ECCDC 算法在变化检测方面具有优异的表现。

表 5-6　南京市 2000～2018 年连续土地覆盖分类结果精度评价

	耕地	林地	草地	城市	水体	用户精度/%
耕地	1967	10	2	27	12	97.47
林地	11	446	1	2	0	96.96
草地	9	0	81	3	8	80.20
城市	27	3	3	797	1	95.91
水体	10	2	7	5	908	97.42
生产者精度/%	97.18	96.75	86.17	95.56	97.74	96.71

表 5-7　南京市 2000～2018 年连续土地覆盖变化检测结果精度评价

	非变化	变化	用户精度/%
非变化	2784	2	99.93
变化	2	16	88.89
生产者精度/%	99.93	88.89	99.86

由于 ECCDC 算法可以获得每一期影像的土地覆盖类型，因此可以根据该结果获取时间序列上连续的城市覆盖范围。为了探索城市与农村地区地表物候的差异，综合分析城市化对物候的影响，通过时间序列的连续城市地区来获取对应的连续农村地区。与传统的将城市边缘以外固定缓冲半径范围内的区域定义为农村的方式不同，实验利用保持城市与农村面积相同的准则来确定农村范围，通过已知的城市边界向外逐像元地增加缓冲半径，直到缓冲区面积刚好达到城市面积，那么该缓冲区的范围即与城市相对应的农村地区（Li et al.，2017）。这种方法可以在确保城市及其对应的农村地区具有相似规模的前提下分析地表物候。值得注意的是，时间序列分类结果中面积小于 10×10 个像元大小的城市斑块在分析城市物候的过程中会被去除，因为过小面积的城市和农村地区并不具有独立且稳定的地表物候特征。除此之外，由于水体并不具有物候信息，因此农村地区地表覆盖类型为水体的像元也被去除。

通过上述方法获得用于物候分析的 2001～2018 年南京市城市与农村地区的动态范围（图 5-31）。从图 5-31 中可以观察到，城市边界逐年持续扩张，从侧面说明有必要顾及连续的动态城乡边界来探索城市与农村间的地表物候差异，从而在中分辨率上准确地分析城市化对地表物候的影响。

2. 长时间序列地表物候信息获取

根据时间序列 MODIS 与 Landsat EVI 影像数据集和 ESTARFM 算法，获得了南京市 2001～2018 年高时空分辨率（16 天/30m）时间序列 EVI 数据集。以该 EVI 数据集为基础，结合 Savitzky-Golay 滤波法和动态阈值法对数据进行滤波重建和物候提取，获取了南京市 2001～2018 年地表物候指标。

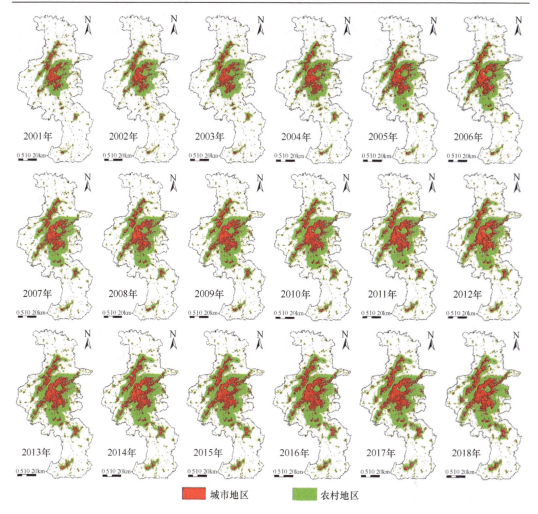

图 5-31　南京市 2001～2018 年逐年城市与农村的覆盖范围

3. 地表物候对城市扩张的响应分析

　　城市化会牺牲耕地和其他自然地表，但以往的物候研究大多是建立在一定时间范围内土地覆盖类型不变的假设下。因此，采用传统物候研究方法往往会造成一定的误差，同时由土地覆盖类型变化导致物候直接转变方面的研究也明显不足。而时间序列变化检测方法能够提供长时间大范围的地表覆盖变化信息，为长时间地表物候的分析与研究提供新的方向和强有力的技术支持。下文结合以上城市和农村范围、提取的遥感物候指标，进行了差异、趋势和影响的研究。

　　1）城市-农村物候差异

　　图 5-32 展示了 SOS、EOS 和 GSL 三个物候指标的散点图，可以看出，2001～2018年南京市城市和农村地区具有较为明显的差异。散点图中的点表示南京市内某年某个城市-农村斑块的物候指标，散点大小代表该城市-农村地区的面积大小（即点的权重）。整体上看，三个散点图线性拟合回归线的 $R^2 \geqslant 0.91$ 且 $P < 0.01$。这说明在相同的气候背

景下，南京市城市与农村地区的物候具有高度的相关性。在 SOS 的散点图中，拟合的线性函数的斜率<1（斜率为 0.991），表明城市地区的 SOS 相比农村地区早，平均提前了（0.59±0.58）天；而在 EOS 的散点图中，拟合的线性函数的斜率>1（斜率为 1.005），表明城市地区的 EOS 相比农村地区晚，平均推迟了（1.65±1.55）天；在 GSL 的散点图中，拟合线性函数的斜率>1（斜率为 1.011），表明城市地区的 GSL 相比农村地区更长，平均延长了（2.77±2.61）天。由于只有当温度达到一定阈值时植被才会生长，并且地表物候与地表温度显著的相关关系也已被许多研究证实（Shen et al.，2011；Wang et al.，2015），因此可以认为城市与农村地区的物候差异主要是由城市热岛效应所造成的温度差异引起的。同时，结果也证明了城市扩张形成的环境对地表物候具有一定的影响，这种影响会随着城市化的进行不断向周边地区辐射。

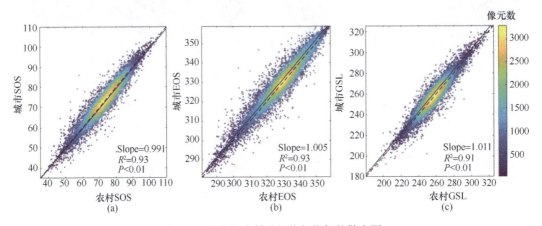

图 5-32　城市与农村地区物候指标的散点图

2）城市−农村物候趋势

图 5-33 展示了稳定城市−农村地区平均物候趋势的散点图。每个散点图采用了加权最小二乘线性回归拟合。通过对散点图的分析可以得到如下结论：①70.81%的 SOS 点、78.79%的 EOS 点和 80.72%的 GSL 点位于散点图坐标轴的第一象限，表明在全球气候变化的背景下，南京市大部分地区的 SOS 和 EOS 具有推迟的变化趋势，GSL 具有延长的变化趋势；②SOS 和 EOS 散点图中线性回归函数的斜率均小于 1，而 GSL 散点图中线性回归函数的斜率大于 1。结合对散点图的统计分析，表明农村地区 SOS 和 EOS 趋势变化的速度比城市地区分别快（0.12±0.12）d/a 和（0.02±0.02）d/a；而农村地区 GSL 趋势变化的速度比城市地区慢（0.04±0.04）d/a。因此，城市地区地表物候趋势的表现与农村地区相比具有一定的差异。总体来看，在城市地区地表物候变化趋势对全球气候变化的响应没有农村地区明显，即城市地表物候对气候变化响应的敏感性弱于农村地区，这与城市局部气候区的观点是一致的（Stewart and Oke，2012）。人为活动导致的气体排放和地表覆盖变化改变了城市地区的大气组成和地表过程，进而影响了地表能量平衡和大气边界层，形成了区别于全球气候的独特的局部气候区（Middel et al.，2014）。

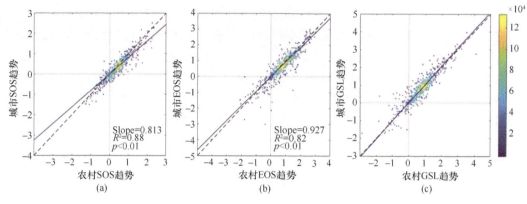

图 5-33　稳定城市与农村地区的物候趋势散点图

3）城市扩张引起物候转变

图 5-34 展示了 2001～2018 年南京市发生城市扩张地区土地覆盖变化前后物候差异的空间分布。总体上看，像元在发生了城市化后，65.77%的 SOS 和 70.33%的 EOS 推迟，

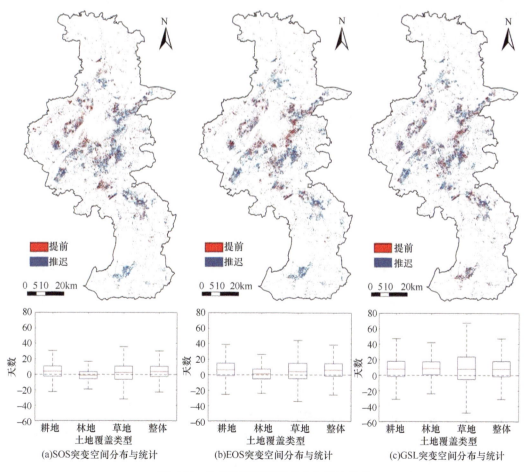

图 5-34　物候突变的空间分布与统计信息

70.83%的 GSL 延长。图 5-34 中的箱式图分别统计了不同土地覆盖类型城市扩张前后的物候差异：①土地覆盖类型从林地转为城市时，SOS 发生了提前（提前的中位数为 0.98 天），而从耕地和草地转为城市时，SOS 发生了推迟（推迟的中位数分别为 4.38 天和 2.57 天）；②从 EOS 来看，任何土地覆盖类型变为城市，它们的 EOS 都发生了推迟，耕地、林地和草地类型推迟的中位数分别为 6.94 天、0.63 天和 5.27 天；③同样地，任何土地覆盖类型转为城市后 GSL 都发生了延长，耕地、林地和草地类型延长的中位数分别为 8.40 天、9.92 天和 10.79 天。由于水体的物候指数几乎为 0，因此实验对水体转为城市的情况不予以分析。上述结果表明，在城市扩张中土地覆盖类型变化对地表物候转变具有直接影响，这种影响大多朝着生长期长度增加的方向发展。

5.5　基于时序遥感影像的冰川变化分析

亚洲高山区被称为"地球第三极"和"亚洲水塔"，受气候变化影响，该地区发生着快速、剧烈的变化。冰川是气候变化最灵敏的指示器之一，开展冰雪环境遥感观测任务对气候变化响应研究具有重要意义。复杂的表碛物、剧烈变化的地形、连续云雨天气等让藏东南冰川环境遥感分析变得困难。为解决表碛覆盖型冰川提取精度不高且长期监测不足的问题，本节利用 Landsat 时间序列影像，提出了具有上下文、多源、层次化数据分析能力的冰川环境分类方法。以南迦巴瓦峰–加拉白垒峰为研究区，实现了表碛型冰雪环境的长期连续遥感观测。

5.5.1　研究方法与技术路线

基于对象和规则的层次化分类方法（multiple hierarchical object-and-rule-based classification，MHORC）引入了面向对象的图像处理框架，其主要包括四个步骤：①利用 SNIC 算法分割图像，提取特征相似的同质对象；②基于同质对象建立层次化冰川环境分类规则；③基于 MHORC 方法处理 Landsat 时序数据，生成冰川环境的时序数据；④基于时间序列谐波分析（HANTS）算法分析冰川环境的时序变化特征。整体技术流程如图 5-35 所示。利用 Landsat 时序遥感影像和地形数据，基于 MHORC 方法提取了研究区冰川范围的时序数据集，该数据在夏季为无积雪覆盖的冰川，在其他季节受到季节性积雪的潜在影响。

5.5.2　基于对象的图像分析

基于像素的图像分析只考虑单个像素的光谱特征，易产生"椒盐噪声"，制约遥感提取和分类的精度（Robson et al.，2015）。相比之下，基于对象的图像分析（object-based image analysis，OBIA）综合利用光谱和背景信息，将影像中具有相似光谱、纹理特征的邻近像素聚集分割构建空间连续对象，以分割对象为基本单元进行图像处理分析，从而有效抑制了"椒盐噪声"，提高了图像分析上下文特征融合的能力。

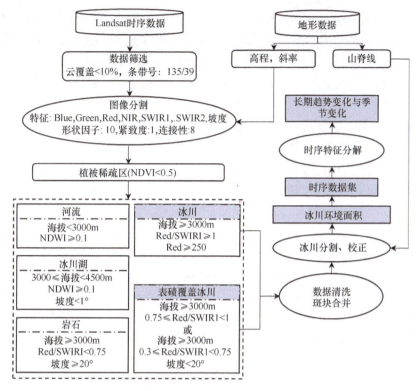

图 5-35　MHORC 技术流程

图像分割是 OBIA 中的关键步骤之一,可以从具有同质特征的像素中构建对象(Hossain and Chen,2019)。超像素分割可以自动将图像划分为数千个不重叠的超级像素,由于内存要求低、参数少,非常适用于大尺度、时序遥感影像处理与分析(Achanta et al.,2012;Yang et al.,2020)。SNIC 分割算法首先在图像上构建一个规则的网格来建立初始中心像素,邻近像素与中心像素的相似度用空间位置特征和颜色特征度量,公式如下:

$$d_{j,k}=\sqrt{\frac{\left\|x_j-x_k\right\|_2^2}{a_1}+\frac{\left\|c_j-c_k\right\|_2^2}{a_2}} \qquad (5\text{-}15)$$

式中,$d_{j,k}$为像素 j 像素 k 的相似度距离;a_1 与 a_2 分别为空间距离 x_j-x_k 与颜色距离 c_j-c_k 的归一化因子。

紧凑性和连通性是 SNIC 分割算法中的两个重要参数。山地冰川一般具有狭长的形状,尤其是山谷冰川。因此,遥感图像分割中紧凑性参数设置为 1,以保持其狭长的不规则形状。过高的连通性使得冗余类被整合成单一的对象,而过小的连通性则降低了几何和背景信息的可用性。通过重复对比实验,连通性参数设置为 8 时整体的分割表现较好。

5.5.3　基于多层次规则的分类

光谱指数能够直接利用地表反射特征差异,突出感兴趣目标,在地表要素时序分析中得到广泛应用。然而,研究区冰川类型复杂、冰碛分布广泛、海拔落差大、景观多样性强，类光谱特征地物和阴影极大地增加了冰川提取的不确定和挑战。利用指数阈值分割难以实现对冰川边界的精准定位。通过遥感监督分类方法虽可提取冰川范围，但由于样本依赖，难以应用于大范围时间序列地表要素的提取与分析。

为提取分析冰川环境，首先提取非植被或稀疏植被区，然后进一步进行如下分类。

（1）纯净冰雪提取。研究区受纬度和季风影响，雪线和冰川末端海拔较高，因此通过设定高度阈值，进一步约束冰雪提取范围。主要冰雪遥感指数包括 Red/SWIR、NIR/SWIR 和归一化雪指数（NDSI）（Hall et al.，1995）。基于比值法的指数能减小阴影和冰碛覆盖的影响，如 ρ_{red}/ρ_{SWIR}（Andreassen et al.，2008；Bolch et al.，2010；Pandey et al.，2016；Paul and Kaeaeb，2005；Rastner et al.，2014）。研究采用 ρ_{red}/ρ_{SWIR1} 作为冰雪识别指数，其阈值设为 1。地形陡峭区域通常难以形成积雪，但陡坡上阴影的冰雪指数值较高，易被识别为冰。为解决此问题，使用红光波段反射值（ρ_{red}）来掩膜阴影区。综上，冰雪范围提取的约束条件包括以下三条：①海拔≥3000 m，②ρ_{red}/ρ_{SWIR1}≥1，③ρ_{red}≥250。

（2）表碛冰川提取。表碛覆盖型冰川的光谱特征与冰碛物的占比相关，山谷冰川的冰舌坡度（slope）较缓，冰碛物占比高，而其前端的冰崖地势起伏大，冰碛物占比相对较低。鉴于此，将以上两部分分别提取，再合并得到完整、不冗余的表碛冰川范围。中游冰川提取的约束条件包括：①海拔≥3000 m，②0.75≤ρ_{red}/ρ_{SWIR1} ＜1。冰川冰舌提取的约束条件包括：①海拔≥3000m，②0.3≤ρ_{red}/ρ_{SWIR1} ＜0.75，③坡度≤20°。

（3）冰川湖提取。研究区有一个海拔 4305m 的冰川湖，名为那木拉错（94°57'E，29°32'N）。湖面结冰会造成冰雪被误提，因此研究顾及湖泊的平坦地形特征，利用地形因素（坡度≤1°）和水体指数（NDWI≥0.1）来识别冰川湖。

（4）裸岩提取。南迦巴瓦峰和加拉白垒峰由于峡谷中的风蚀和冰蚀作用，形成了地形陡峭的裸岩区域，同时由于其海拔较高存在少量冰雪，因此利用坡度≥20°、海拔≥3000 m 和 ρ_{red}/ρ_{SWIR1} ＜0.75 提取。

（5）河流提取。研究区内流淌着雅鲁藏布江、帕隆藏布及其支流，为消除冬季河流对冰雪提取的影响，利用海拔＜3000 m 和水体指数（NDWI≥0.1）提取低海拔地区的水体。

按照以上过程提取后，还需要进行以下后处理：①栅格转矢量，②合并冰雪和表碛型冰川，③掩膜冰川湖，④舍弃面积小于 0.1 km² 的斑块，⑤利用山脊线划分不同冰川盆地的范围，⑥目视校正解决由云雾遮挡造成的错分。

5.5.4 时间序列处理和变化分析

MHORC 生成的空间信息包含冰川和积雪，当对应季节为夏季时则仅为冰川，否则为冰川和季节性积雪。

积雪具有季节性的波动特征，而冰川变化被认为是一个相对长期的、缓慢的过程。因此，冰川环境范围时序变化是趋势和季节性波动耦合的变化。但以往的研究大多集中在冰川变化的长期演化，缺乏对积雪季节性波动的监测和认识。作为山地冰川补给最基本的物质来源，积雪对冰川环境具有重要意义。因此，为分析研究区冰川环境的时空变化，研究利用时间序列的谐波分析（harmonic analysis of time series，HANTS）将耦合变化分解为长期演变方向和季节性波动。

　　HANTS 结合傅里叶变换和最小二乘法，可以将时间序列信息分解为多个分量来表达不同的时间特征（Pohl et al.，2015；Roerink et al.，2000；Zhou et al.，2015）。作为快速傅里叶变换的改进算法，HANTS 在时域和频率的使用上更具灵活性，因而适用于观测周期不一致的时序 Landsat 数据。冰川环境变化的时间序列特征可被分解为线性项 $\beta_1 t$、谐波项 $\beta_2 \cos(2\pi\omega t) + \beta_3 \sin(2\pi\omega t)$ 和常数项 β_0，表达式如下：

$$S_t = \beta_0 + \beta_1 t + \beta_2 \cos(2\pi\omega t) + \beta_3 \sin(2\pi\omega t) \tag{5-16}$$

式中，t 为时相；ω 为谐波频率；S_t 为积雪面积。此时，冰川的变化趋势特征可以通过线性项 $\beta_1 t$ 表示，积雪季节性变化特征可以用谐波项 $\beta_2 \cos(2\pi\omega t) + \beta_3 \sin(2\pi\omega t)$ 表示。此外，季节变化强度用谐波振幅表达：$A = \sqrt{\beta_2^2 + \beta_3^2}$，顾及冰川规模的相对季节变化强度为 $\mathrm{RA} = A / \beta_0$，通过时域相位还可以反演积雪的增长或消退期。

5.5.5　研究区与数据

1. 研究区概况

　　研究区域（94°44′E～95°24′E，29°30′N～30°02′N）位于图 5-36（a）所示的青藏高原东南部，总面积为 2537 km²。研究区隔江矗立着两座高峰：①南迦巴瓦峰，海拔 7782m，位于喜马拉雅山脉最东端；②加拉白垒峰，海拔 7294m，是念青唐古拉山西南段的最高山峰（Craw et al.，2005；Finnegan et al.，2008；Hu et al.，2020）。雅鲁藏布江在此将印度洋板块和欧亚板块分割开，形成了世界上最深（6009m）和最长（504.6km）的大峡谷，形成的水

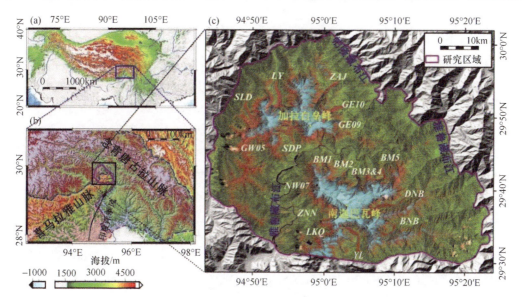

图 5-36　研究区位置示意图

图中字母编号含义见表 5-8

汽通道可将印度洋水汽持续传导至青藏高原内部（Hu et al.，2020；Ma et al.，2020）。受此影响，研究区每年的 5～9 月通常都是连续降雨天气（Ma et al.，2020；Yu et al.，2011）。

南迦巴瓦峰（简称南峰）和加拉白垒峰（简称加峰）的冰川为季风海洋性冰川，形态上可分为山谷冰川、冰斗冰川和悬冰川（彭补拙，1996），冰川详情如表 5-8 和图 5-36（c）所示。此外，此处冰川运动较为剧烈，冰川下游存在大量的冰碛。

表 5-8　NBGP（南迦巴瓦峰和加拉白垒峰）的主要冰川（彭补拙，1996）

编号	名称	所属山峰	发育坡向	类型	位置坐标
LKQ	路口曲	南迦巴瓦峰	西坡	冰斗冰川	95°00′59″E，29°33′53″N
ZNN	则隆弄	南迦巴瓦峰	西坡	山谷冰川	94°59′52″E，29°37′52″N
NW07	南峰西七号	南迦巴瓦峰	西坡	山谷冰川	94°58′03″E，29°40′25″N
DNB	德弄巴	南迦巴瓦峰	东坡	山谷冰川	95°07′53″E，29°37′44″N
BNB	白弄巴	南迦巴瓦峰	东坡	山谷冰川	95°09′55″E，29°34′39″N
YL	央朗	南迦巴瓦峰	南坡	山谷冰川	95°04′05″E，29°34′16″N
BM1	白马狗熊一号	南迦巴瓦峰	北坡	冰斗冰川	94°59′50″E，29°43′19″N
BM2	白马狗熊二号	南迦巴瓦峰	北坡	山谷冰川	95°02′15″E，29°41′52″N
BM3&4	白马狗熊三四号	南迦巴瓦峰	北坡	山谷冰川	95°04′53″E，29°41′10″N
BM5	白马狗熊五号	南迦巴瓦峰	北坡	山谷冰川	95°08′33″E，29°41′44″N
SLD	色拉丁	加拉白垒峰	北坡	山谷冰川	94°50′02″E，29°49′30″N
LY	拉月	加拉白垒峰	北坡	山谷冰川	94°53′40″E，29°52′48″N
ZAJ	钟埃杰	加拉白垒峰	北坡	山谷冰川	94°59′21″E，29°52′22″N
GE10	加峰东十号	加拉白垒峰	东坡	山谷冰川	95°01′10″E，29°50′58″N
GE09	加峰东九号	加拉白垒峰	东坡	悬冰川	95°00′14″E，29°48′53″N
SDP	色东普	加拉白垒峰	南坡	山谷冰川	94°55′11″E，29°48′02″N
GW05	加峰西五号	加拉白垒峰	西坡	山谷冰川	94°51′58″E，29°47′27″N

2. 遥感数据

Landsat5 TM、Landsat7 ETM+ 和 Landsat8 OLI 的地表反射率产品（surface reflectance，SR）用于建立 1987～2019 年的时间序列光学遥感数据集，三个可见光波段、近红外波段和两个短波红外波段数据的空间分辨率为 30 m。利用 GEE 收集处理和分析数据。

覆盖研究区域 Landsat 影像的条带号、行列号分别是 135、39（WRS-2）。为去除云雾影响，以 10%为阈值，从 1987～2019 年的 Landsat 数据集中筛选得到无云、低云覆盖 Landsat 影像 82 景，如图 5-37 所示。所有可用影像中，1999 年 9 月 23 日、2003 年 7 月 24 日和 2015 年 7 月 25 日的 Landsat 影像是夏季无积雪覆盖的影像，用于冰川观测。其余的 79 景影像由于存在季节性积雪覆盖，用于季节性积雪的波动研究。

高山峡谷地形使得南迦巴瓦峰地区数字高程建模极具挑战。目前可用的全球数字高程数据集包括基于雷达数据的 SRTM DEM、TanDEM-X DEM、ALOS-DEM 等，以及基于立体光学数据的 AW3D 30 DSM、ASTER GDEM 等。上述数据在研究区均存在大量的数据空洞或者空洞填补造成的可靠性不足等问题。通过对谷歌地球地形模型等距采样，得到了研究区可靠的数字高程模型，在研究区表现更稳定，特别在高山峡谷区域。

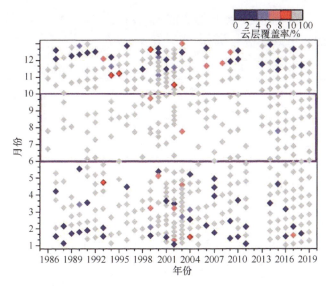

图 5-37　Landsat 时序数据及其云覆盖情况

将研究区 DEM 重采样到 30 m 以与 Landsat 数据一致。基于 Google DEM 还提取了研究区的坡度和山脊线信息。

3. 验证数据

为验证 MHORC 的精度，对南峰的则隆弄、德弄巴、白马狗熊三四号和白马狗熊二号冰川以及加峰的色东普、拉月、色拉丁和钟埃杰 8 条主要冰川边界进行人工勾画。利用 2015 年 7 月 25 日的 Landsat8 影像进行目视识别和勾画，得到人工划定结果，并与山脊线相交，提取到各冰川范围。此外，基于遥感影像的冰川人工划界也存在主观不确定性，尤其是对于表碛覆盖型冰川边界定位（Paul et al.，2017）。最后，基于 30 m 遥感影像的边界、阴影、云层覆盖区的判读存在较大困难，因此研究还参考了坡度信息和冰川外缘特征来协助冰川范围人工数字化（Ke et al.，2016）。

5.5.6　结果与分析

1. 提取精度评价与比较

用于精度评价的比较数据一般可从原位测量数据、高分辨率数据和冰川编目数据中获得。首先，在冰川地区进行原位测量面临成本高和安全问题，而且难以获得区域尺度的空间连续信息。高分辨率数据集存在局限性：①观测时间不同造成雪、云和阴影不同。②缺少关键的 SWIR 波段。③数据采集和处理成本高（Paul et al.，2013）。因此，基于遥感影像的人工编辑轮廓通常被用为参考数据来评估提取结果的精度。

MHORC 提取结果和人工数字化轮廓精度评价结果见表 5-9。结果表明，MHORC 方法在漏检率和误判率方面表现良好。同时，冰川轮廓人工数字化是主观判读过程，本身也存在不确定性。例如，在色东普冰川区域，主要误差可能来自对覆盖着一些冰雪的岩体的判读不一致。比较发现，冰川边界的人工判读虽为主观程序，但 MHORC 是一套稳定的、可量化的冰川范围划定方法。

表 5-9　MHORC 和 RGI 6.0 冰川范围的误判率（CE）和漏检率（OE）　（单位：%）

主要冰川		南迦巴瓦峰				加拉白垒峰			
		ZNN	DNB	BM3&4	BM2	SDP	SLD	LY	ZAJ
MHORC	CE	6.69	4.41	4.72	5.82	5.65	8.56	5.05	6.55
	OE	4.07	6.85	4.06	4.74	11.19	5.81	5.87	5.65
RGI 6.0	CE	9.8	7.61	11.99	12.15	13.18	14.07	5.28	10.54
	OE	59.77	39.79	27.26	27.35	51.2	49.56	44.64	34.18

　　CGI-2、RGI 6.0、人工轮廓与本节提取结果的对比见图 5-38。文献表明，由于 Landsat TM/ETM+图像的合格数据不足，在藏东南区域 CGI-2 的冰川轮廓基本上沿用了 CGI-1 成果，而该数据是根据 20 世纪 70 年代的航空摄影图片生成的（Guo et al.，2015；Shi et al.，2009）。较长的时间间隔使得 CGI-2 和人工轮廓之间存在明显的差异，其中 CGI-2 的范围相对较大。2015~2017 年 RGI 6.0 更新了冰川编目成果（Rgi，2017），顾及时间上的关联性，因此与 RGI 6.0、人工数字化轮廓对比合理。表 5-9 中，RGI 6.0 具有较大的漏检率，特别是对于则隆弄冰川（ZNN）（59.77%）和色东普冰川（SDP）（51.2%），这主要是由于漏检了图 5-38（a）所示陡坡上的一些冰雪，以及没有完全识别图 5-38（b）所示的表碛型冰川。RGI 的误判率是对冰川盆地范围的划分不同导致的。CGI-2 和 RGI 6.0 的冰川轮廓与人工数字化轮廓都存在较大差异，这可能是影像观测时间不一致、上述编目产品对表碛型冰川提取的针对性不足等原因造成的。总之，藏东南区域仍需更可靠的冰川目录，本节提取的轮廓线则可较好地弥补了这一不足。

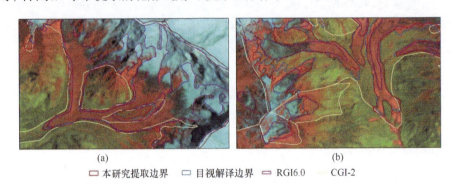

　　　　（a）　　　　　　　　　　　　　　　　　（b）
　　□ 本研究提取边界　　□ 目视解译边界　　■ RGI6.0　　　CGI-2

图 5-38　冰川提取与人工轮廓、RGI 6.0 和 CGI-2 比较

2. 冰川发育现状

　　根据 2015 年 7 月 25 日的 Landsat 影像，在南迦巴瓦峰–加拉白垒峰地区发现了 65 条面积不小于 0.1 km² 的冰川，其中南峰（NW）和加峰（GE）分别有 39 条（总面积：276.4 km²）和 26 条（总面积：186.3 km²），具体如图 5-39 所示。总体上，北坡发育的冰川面积最大，而东坡发育的冰川数量最多。面积小于 1 km² 的冰川占所有冰川数目的 50.8%，但面积只占 2.3%。山谷冰川数量占比为 21.5%，但面积为 354.2 km²，占比 76.5%。

此外，所有面积超过 10 km² 的冰川都是山谷冰川，包括德弄巴（DNB）、央朗（YL）、钟埃杰（ZAJ）、拉月冰川（LY）等。

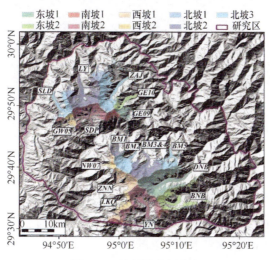

图 5-39　冰川的空间分布

图 5-40 展示了不同坡向的冰川数量、面积、面积加权平均海拔和面积加权平均坡度等空间统计数据。在南迦巴瓦峰，印度洋季风带来了大量的水汽补给，沿着峡谷进入迎风坡（东坡和南坡）（Hu et al.，2020；Ma et al.，2020）。因此，东坡发育了数量最多的冰川（14 条），而且面积最大（95.3 km²）。南坡次之，发育冰川 9 条，面积为 57.3 km²。在雨影区的北坡发育 8 条冰川，面积为 54.7 km²。西坡仅有 4 条冰川，面积为 42.7 km²。在 7 条面积超过 10 km² 的大型冰川中，只有 1 条位于西坡。可见，地理、地形条件通过影响山地冰川的水汽供应和接收的太阳辐射量，对冰川发育产生了重要影响（Benn and Evans，2014；Johnson et al.，2007）。在南峰地区，迎风坡上发育的冰川相对于雨影坡数目更多、面积更大，这表明水汽供应的影响比热力条件更强。南峰冰川的平均海拔为 4300～5500m，平均坡度为 26°～48°，这表明冰川发育与海拔变化有良好的关系。由于较强热辐射和相对较少的水汽供应，西坡、西南坡和西北坡的冰川平均海拔普遍较高。

在加拉白垒峰，北坡冰川面积最大，为 70.97 km²，数目为 6 条。其次是东北坡冰川，面积为 44.8 km²，数目为 8 条。西南坡、西北坡和西坡的冰川则相对稀少。此外，加峰面积大于 10 km² 的冰川数目为 4 条，其中 3 条冰川发育在北坡或东北坡，仅 1 条冰川位于南坡，表明加峰冰川发育受到水汽供应的影响弱于太阳辐射条件。加峰冰川的平均海拔为 4500～5300m，同时，平均坡度为 29°～38°，也随着海拔变化而变化。山谷冰川一般发育至山谷，从而显示出较小的平均坡度值。除了冰川侵蚀作用外，西风南支槽的风蚀对地貌特别是南坡的地貌起着另一个重要作用。因此，在南坡的冰川位置，海拔相对较高、坡度较大（Loibl et al.，2014）。

3. 冰川面积变化

冰川变化速率、变化率如图 5-41 和表 5-10 所示。显然，南峰和加峰的冰川都在退

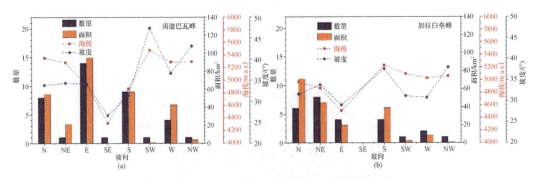

图 5-40　不同坡向的冰川数量、面积、平均海拔和平均坡度

缩。1999～2015 年冰川面积减少了 37.9 km²，为 1999 年冰川总面积的 7.57%。其中，1999～2003 年减少 2.46km²，2003～2015 年减少 35.43 km²。1999～2003 年冰川面积减小速率为 0.62 km²/a，而 2003～2015 年冰川面积减小速率明显加快，为 2.95 km²/a。1999～2015 年，加峰冰川面积减少了 8.79%，而南峰的减少比例也达到了 6.73%，两者退缩速率的差异可能是因为南峰的水汽补给更为充足。

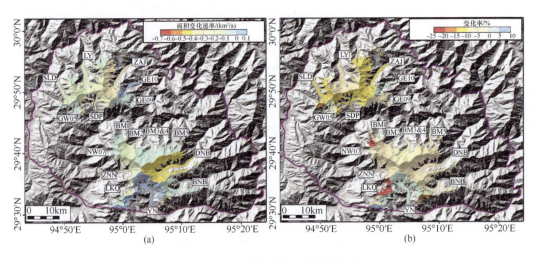

图 5-41　冰川面积变化速率和变化率

表 5-10　NBGP 的冰川面积和变化速率

	1999 年/km²	1999～2003 年/(km²/a)	2003 年/km²	2003～2015 年/(km²/a)	2015 年/km²	1999～2015 年/(km²/a)
南峰	296.37	−1.10	291.98	−1.30	276.43	−1.25
加峰	204.27	0.48	206.19	−1.66	186.31	−1.12
总计	500.64	−0.62	498.17	−2.96	462.74	−2.37

　　总体上，研究区的每条冰川几乎都表现出面积减少和平均海拔上升的退缩特征。在南峰，冰川面积减少幅度依次是东坡冰川（7.14 km²）、西坡冰川（5.47 km²）、北坡冰川（4.82 km²）和其他（2.51 km²）。由于良好的水汽补给条件，1999～2015 年，南峰南坡的冰川略有增加，增加面积为 0.77 km²。在加峰，南坡的冰川退缩最剧烈，面积总共减少约 11.08%，北坡、东北坡的冰川面积分别减少了 6.11 km²、5.26 km²。从面积变化强

度来看，2003～2015 年的冰川退缩强于 1999～2003 年。冰川高程变化是反映冰川变化的另一个特征。在南迦巴瓦峰–加拉白垒峰区域，发现冰川平均海拔均在上升，尤其是 2003～2015 年。例如，加拉白垒峰南坡冰川在 1999～2015 年平均海拔上升约 146.16 m，其中 2003～2015 年的贡献更大。

4. 积雪时序变化

作为冰川形成的基本物质来源，区域积雪的时序变化在冰川发展中占有重要地位。积雪受降水和区域太阳辐射条件的影响。研究区 1987～2019 年不同坡度上积雪的季节性波动模拟结果见图 5-42 和表 5-11。研究发现了三个主要结论：①两座山北坡的积雪覆盖范围退缩的趋势最强；②由于充足的水汽补给和太阳辐射热的耦合作用，迎风坡如南峰的东坡和南坡以及加峰的东坡在积雪面积的时间序列中表现出明显的波动特征，且幅度较大；③雨影区积雪时序变化的季节性相对较弱。此外，季节性积雪趋势并不直接等同于冰川变化模式，因为积雪与冰川的转换是一个综合多要素的长期过程。

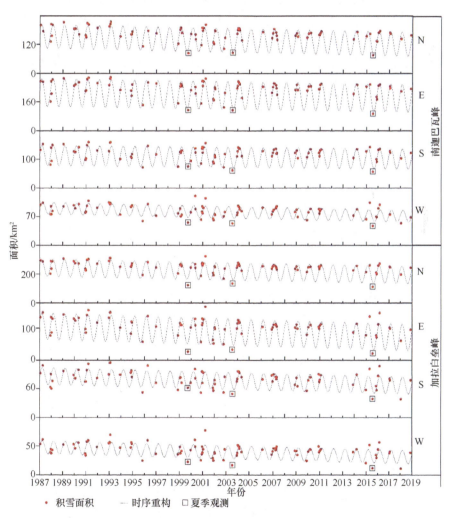

图 5-42　不同坡向的季节性积雪面积的时间序列变化

表 5-11 不同坡向的时序分解参数

	南峰				加峰			
	N	E	S	W	N	E	S	W
β_0/km²	154.38	212.44	113.44	90.52	244.74	106.45	86.16	47.90
β_1/（km²/a）	−1.04	−1.01	−0.42	−0.63	−1.61	−1.12	−0.62	−0.54
β_2/（km²/a）	25.92	46.14	26.61	13.28	36.72	30.63	16.07	10.31
β_3/（km²/a）	43.26	63.20	23.39	5.37	48.89	28.57	8.15	5.38
振幅/km²	50.43	78.25	35.43	14.32	61.15	41.88	18.02	11.63
振幅/β_0/%	32.66	36.83	31.23	15.82	24.98	39.34	20.91	24.28

5.6 基于时间序列遥感影像的地表水体分析

地表水体覆盖制图与时空演变过程研究涉及水资源调查评估、配置优化和综合开发利用等重大课题，对区域可持续发展具有重要意义。Landsat 系列卫星是极具影响力的对地观测计划项目之一，提供了历史上最长的全球尺度光学卫星影像，对地表水遥感监测与变化研究具有不可或缺的作用，但是目前面向区域大尺度、长时序的水体提取研究还不充分。鉴于此，本节提出了面向大区域尺度的地表水体遥感识别与提取方法，生成长江中下游地区 1984～2020 年地表水体 30 m 空间分辨率、年时间分辨率专题数据，并进一步探讨了地表水体的时空分布规律、趋势变化、演变模式。

5.6.1 方法与技术路线

针对大尺度范围稳定水体、季节水体提取的难题，此处提供一个地表水体提取模型，技术流程图如图 5-43 所示。该方法主要步骤包括：①计算耦合植被与水体指数的新型

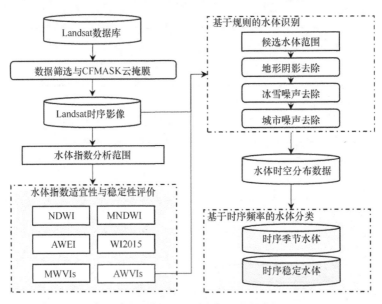

图 5-43 水体时序提取技术流程

水体指数；②评价水体指数在广域、时序应用中的适应性、稳定性；③构建多源数据融合的水体自动提取规则；④提出基于时序频率的水体分类模型。

5.6.2　复杂场景水体时序提取指数

为分析光学影像水体像元的特征差异并评估其可分离性，研究分析了植被、耕地、建筑、阴影区、明亮建筑、河流、湖泊和浑浊水体八种地物在 Landsat OLI 影像上的光谱特征。地物样本的选择结合了 Landsat 8 OLI 影像和 Google Earth 高分影像。不同地物在 Landsat 8 OLI 影像可见光波段、近红外波段和短波红外波段的地表反射率特征如图 5-44 所示。结果表明，河流、湖泊样本在 NIR、SWIR1 和 SWIR2 波段呈现出强吸收、弱反射特性，在 NIR 波段反射率远低于陆地地物，体现了水体与陆地地物在光谱特征上具备显著的可分离性，表明近红外与短波红外波段是水体遥感识别的关键波段。

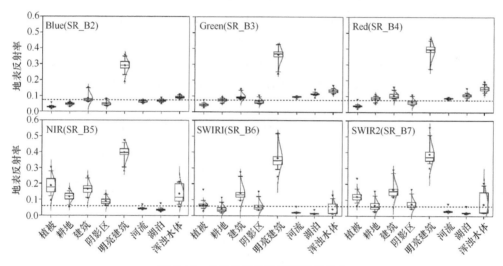

图 5-44　典型地类的地表反射率分布

遥感水体指数利用水体的特征差异，能够抑制背景信息，突出水体像元。双波段指数如 NDWI 和 MNDWI 在复杂地类背景提取水体时，可能误提取城市沥青路、建筑阴影、山体阴影等低反射地物，且其阈值会随图像的位置变化而变化。为改善上述问题，多波段水体指数融入了更多光谱信息，其基本表达式多采用加权系数法以减小比值法引入的阴影误差，反射率低的近红外和短波红外的经验系数一般为负，可见光波段的经验系数为正，以增强水体的指数值、抑制背景的指数值，目前应用较为广泛的多波段指数有水体自动提取指数（automated water extraction index，AWEI）和水体指数 2015（water index 2015，WI2015）（Feyisa et al.，2014；Fisher et al.，2016）。

为提高水体指数在大尺度范围水体提取应用的稳定性，Zou 等（2017）构建了水体指数和植被指数耦合的水体提取规则（MNDWI > NDVI or MNDWI > EVI，and EVI < 0.1）。但规则中的 MNDWI 阈值具有较强的波动性，而且归一化指数和非归一化指数的组合会造成提高规则的不稳定性。为提高水体指数的稳健性并提高阈值的稳定性，本节提出了新型

水体提取指数——融合植被信息的水体自动提取指数（automatic water-extraction with vegetation indices，AWVI），计算公式如下：

$$AWVI2 = AWEI - EVI \tag{5-17}$$

其中，AWEI 的计算表达式（Feyisa et al.，2014）如下：

$$AWEI_{nsh} = 4 \times (\rho_{Green} - \rho_{SWIR1}) - (0.25 \times \rho_{NIR} + 2.75 \times \rho_{SWIR2}) \tag{5-18}$$

$$AWEI_{sh} = \rho_{Blue} + 2.5 \times \rho_{Green} - 1.5 \times (\rho_{NIR} + \rho_{SWIR1}) - 0.25 \times \rho_{SWIR2} \tag{5-19}$$

$AWEI_{nsh}$ 适用于阴影影响较小的区域的水体提取，但可能漏提山区、城市区中的水体；$AWEI_{sh}$ 能够消除阴影像素并提高阴影区、深色表面区域的水体提取精度，但可能会误提高亮反射物。由于后续研究将融合多源数据去除高亮反射物的误提，因此 AWVI 计算采用了 $AWEI_{sh}$。EVI 的计算表达式（Huete et al.，2002）如下：

$$EVI = 2.5 \times \frac{\rho_{NIR} - \rho_{Red}}{\rho_{NIR} + 6 \times \rho_{Red} - 7.5 \times \rho_{Blue} + 1} \tag{5-20}$$

研究构造了类似指数 AWVI1（AWEI-NDVI）以增强对照试验，AWVI 在对照试验中标记为 AWVI2。不同地物在不同水体指数的值分布特征如图 5-45 所示，结果表明，河流和湖泊水体像元的水体指数值分布特征均呈现出可分离性和聚集性，表明指数能够较好地用于河流和湖泊水体的提取，浑浊水体的值分布发散使其较难有效提取。耕地会对水体像元的识别造成干扰，尤其对于 MNDWI、$AWEI_{nsh}$。通过植被指数和水体指数的双约束，可以有效地减轻耕地误提问题。总体上看，各指数均能有效提取河流、湖泊水体。

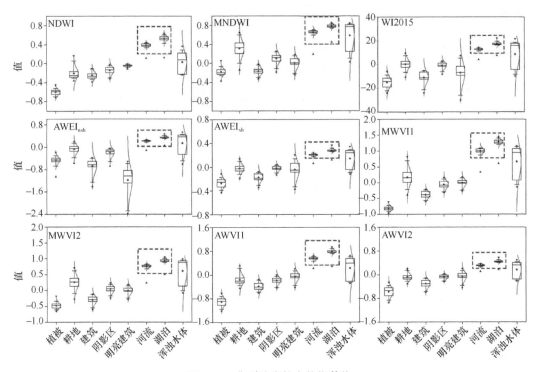

图 5-45　典型地类的水体指数值

不同场景、不同时相遥感影像的水体提取阈值不同，因此进一步设计了不同时空域水体指数适用性评价试验来分析不同指数在不同时空场景阈值的稳定性。结果表明：①耦合植被指数的水体指数能进一步收敛水体像素值域，增强水体和陆地的可分离性，同时约束不同场景指数特征分布波动强度和幅度，强化水体指数阈值稳健性。②AWVI 指数得益于水体指数与植被指数的差值化处理，能够有效缓解辐射总强度变化的干扰，因而阈值在时序上更稳定。因此，提出的 AWVI 指数表现最优，更适宜于复杂自然场景时空大尺度的水体提取。

5.6.3　多源数据融合的水体提取规则

水体指数阈值法可以快速识别提取水体范围，有利于大尺度、长时序的水体提取与分析。但指数阈值法易受地形阴影、建筑阴影等低反射率地物和积雪、明亮建筑等高反射率地物的影响，导致水体制图精度降低。鉴于此，在时空大尺度水体指数适宜性分析和不同时空域水体指数分布特征及阈值稳定性评价的基础上，本书提出了面向大尺度、长时序水体自动提取的规则，其技术路线如图 5-46 所示。

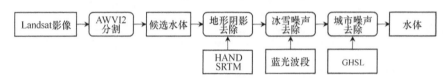

图 5-46　基于规则的水体提取技术路线

首先利用研究提出的 AWVI2 指数提取初始的水体样本。利用坡度信息（＞20°）掩膜地形不平坦区域，以去除山体阴影区（Lu et al.，2017）。掩膜与最近水系垂直距离大于 20 m（HAND＞20 m）的区域，去除植被、构筑物等其他阴影的影响（Tsyganskaya et al.，2018）。利用蓝光波段（地表反射率＞0.3）掩膜积雪地表，去除冰雪噪声的影响（Yang et al.，2020）。利用 1975~2014 年 JRC GHSL 全球人类居住区数据掩膜城市区域，以消除城市噪声干扰。通过多源数据融合、多层次规则构建，可以针对性去除主要噪声影响，进而提高水体识别精度。

5.6.4　基于时序频率的水体分类

水体空间范围具有变化性，水体提取范围存在一定的时效性，然而 Landsat 卫星数据还不足以支撑短期内长江中下游地区全覆盖的低云影像获取。针对该问题，研究利用多源数据融合的水体提取规则充分挖掘了地表水体的时空分布信息，顾及长江中下游地区水体的季节变化和人为扰动效应，提出了基于时序频率的水体分类方法，旨在划分年尺度的稳定水体和季节水体。首先利用多源数据融合的水体提取规则获取了长江中下游地区水体时空分布信息，再根据式（5-21）逐年计算每个像元被识别为水体的频率。

$$\text{fre}_i = \frac{N_{\text{water}}^i}{N_{\text{valid}}^i} \tag{5-21}$$

式中，fre_i 为第 i 年像元被识别为水体的频率；N_{water}^i 为第 i 年像元被识别为水体的次数；

N_{valid}^i 为第 i 年像元的有效观测次数。理论上，稳定水体的年频率值应为1，非水体为0。但由于卫星数据系统误差，水体分类实际阈值可能偏移理论值。星载光学系统误差来源主要有：①云覆盖和阴影。云检测精度并非100%，尤其对于薄云的检测。②几何配准精度。像元级水体提取对几何配准精度要求高，极小的配准偏差也会使时序变化信息失真。③大气校正精度。地表反射率产品数据的可靠性受到大气校正算法精度影响。

因此，基于频率的水体分类函数表达式如式（5-22）所示，pixel 在第 i 年的类别根据其 fre 值可分为稳定水体（permanent water，PW）、季节水体（seasonal water，SW）、非水体（non-water，NW）。

$$\text{pixel}_i = \begin{cases} \text{PW} & 0.75 \leqslant \text{fre}_i \leqslant 1 \\ \text{SW} & 0.1 \leqslant \text{fre}_i < 0.75 \\ \text{NW} & 0 \leqslant \text{fre}_i < 0.1 \end{cases} \qquad (5\text{-}22)$$

稳定水体指常年被水体覆盖的天然水系、人工河渠、稳定湖泊、水库等；季节水体包括水体季节覆盖的季节性湖泊、水产养殖用地、湿地等；非水体包含陆地、阴影等。

5.6.5　研究区与数据

1. 研究区概况

长江中下游包含鄂、湘、赣、皖、苏、浙、沪六省一市，总面积达91.4万 km²。该区域地处南岭以北、秦岭淮河以南，东临东海、黄海，西接巫山，如图5-47。研究区

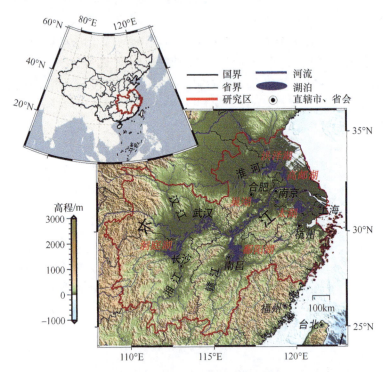

图 5-47　长江中下游地区位置示意图

承载人口 4.04 亿人，是中国重要的农业生产基地、工业制造基地和生态保护区域。研究区包含两个国家级城市群：长江三角洲城市群和长江中游城市群，是中国经济持续创新发展的重要增长极，也是长江经济带、长江三角洲一体化两项国家战略和苏南现代化建设示范区的重点地区。

长江中下游地区是典型的东亚季风区域，其中淮河以北区域属于温带季风气候，淮河以南区域属于北亚热带和中亚热带季风气候。东亚季风由东亚大陆和太平洋之间的温差驱动，夏季为温暖潮湿气流，冬季为寒冷干燥气流（Cai and Tian，2016）。东亚季风每年春夏季在东南季风作用下挟带大量太平洋暖湿气流覆盖长江中下游地区，形成阴雨绵绵的梅雨季节，因此该地区呈现出降水充分但季节分布不均的特征（Qian et al.，2002）。

2. 数据概况

针对长江中下游地区地表水体长时序监测，使用包含近红外波段和短波红外波段的 Landsat4/5 TM、Landsat7 ETM+ 和 Landsat8 OLI 的地表反射率产品，所有 Landsat 数据采用 CFMASK 进行了云掩膜处理（Zhu and Woodcock，2012）。

研究区涉及 WRS-2 条带号（path）和行编号（row）共 60 个 Landsat 影像行列号覆盖研究区范围，其中条带号涉及 117～127，行编号涉及 36～43，如图 5-48。行列号交叠区域由于重复观测，有效观测数一般较多。山区由于云层覆盖的概率较高，2020 年的有效观测数较少。

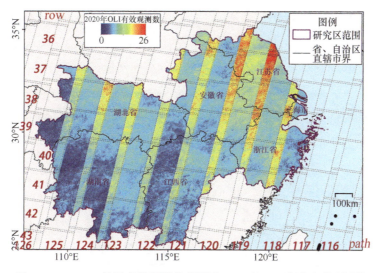

图 5-48　Landsat 涉及条带号覆盖范围及 2020 年 OLI 影像有效观测数

1984 年 4 月～2020 年 12 月，共计采集研究区 40527 幅有效的 Landsat TM/ETM+/OLI 影像。其中，Landsat 4 TM 数据量最小为 76 景，主要集中在 1989 年（60 景）、1993 年（12 景）；Landsat 5 TM 数据积累时间最长（28 年：1984～2011 年），有效数据目前累计量最多（17176 景）；Landsat 7 ETM+数据从 1999 年至今持续收集影像数据 15742 景，其中 2003 年 5 月 31 日后的 ETM+数据都由于机载扫描校正器故障发生了条带丢失；Landsat 8 OLI 数据从 2013 年至今收集 7533 景。

　　美国航天飞机雷达地形测绘计划（Shuttle Radar Topography Mission，SRTM）利用 C 波段传感器获取了 60°W～60°S 的雷达影像，并以此制成、发布了 DEM 数据（Farr et al.，2007）。V4 版本利用差值算法处理了 SRTM DEM 的空洞区域，大大提升了数据的完备性、稳定性和可靠性。V4 版本数据地形数据的空间分辨率为 3 弧秒。

　　水文数据采用日本东京大学全球水动力学实验室（Global Hydrodynamics Lab）发布的 MERIT Hydro 数据集（Yamazaki et al.，2019）。该数据由 MERIT DEM（Yamazaki et al.，2017）和众多内陆地表水体产品制成，空间分辨率为 3 弧秒，包括高程、流向、河道宽度、流量累计面积、流域累计像元数和流域相对高程（height above the nearest drainage，HAND）等。

　　欧盟委员会联合研究中心利用 30 m 的 Landsat、人口普查数据以及其他公开的 GIS 数据生产了 1975 年、1990 年、2000 年和 2014 年的全球人类居住区（global human settlement layer，GHSL）数据（Pesaresi et al.，2016）。该数据包括建成区数据（空间分辨率为 38 m）、人口数据（空间分辨率为 250 m）和城乡居民点分类数据（空间分辨率为 1000 m）。

5.6.6　结果与分析

1. 长江中下游地区地表水体时空分布

1）地表水体年际空间分布

　　本节提取长江中下游地区 1984～2020 年地表水体年度范围，图 5-49 展示了其中 1987 年、1998 年、2009 年和 2020 年水体的空间分布情况。

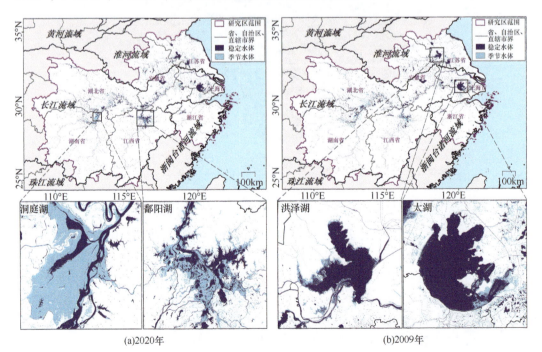

(a)2020年　　　　　　　　　　　　　　　　　　(b)2009年

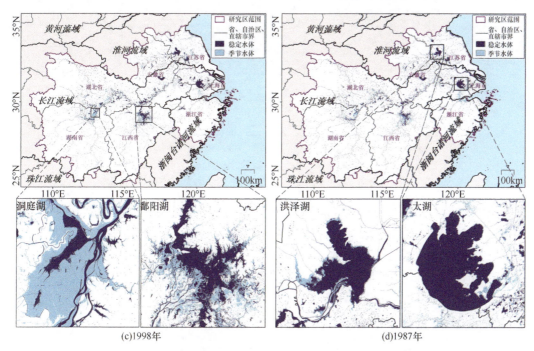

图 5-49　长江中下游地区 1984～2020 年稳定水体和季节水体空间分布

　　总体上看，长江中下游地区天然水系和人工河渠纵横交错，湖泊、水库星罗棋布，水资源禀赋极高。空间格局方面，长江中下游地区水系由从北至南依次由淮河水系、长江水系和钱塘江水系构成"彐"形，南北向经京杭大运河连通，三大主干水系内孕育了鄱阳湖、洞庭湖、太湖、洪泽湖、巢湖等大型湖泊。鄱阳湖、洞庭湖呈现出大范围的季节水体，稳定水体的覆盖范围显著减小；太湖与洪泽湖在 1987～2009 年的变化主要发生在东太湖和洪泽湖西，原自然水域在人为开发下转换为纹理结构特征清晰的水产养殖用地。

　　2）不同省市范围水体覆盖变化

　　1984～2020 年长江中下游地区六省一市地表水体的覆盖面积如图 5-50 所示。结果表明：①江苏省一直是长江中下游地区地表水体总面积和单位面积最大的省市，覆盖总面积年均值为 1.28 万 km^2，单位面积年均值为 0.127 km^2/km^2；也是水体最稳定的省市，变异系数为 0.083；水体面积最大年份为 2003 年（1.51 万 km^2），该年淮河流域暴发洪水，造成江苏省洪泽湖等相关水体显著扩张（陆一忠和刘春山，2004）。②湖北省水体总面积和单位面积位居其次，总面积年平均值为 1.01 万 km^2，单位面积年均值为 0.062 km^2/km^2；但是省内水体变化强度大，其变异系数为 0.142；2003 年后，水体面积波动减小。③安徽省水体覆盖面积年均值为 0.87 万 km^2，受到淮河流域和长江流域的双重影响，变异系数为 0.131。④江西省和湖南省的水体分布格局在空间上呈现出对称相似特征：两省各有赣江水系和湘江水系，鄱阳湖和洞庭湖分别坐落于两省，水体范围面积年均值分别为 0.72 万 km^2 和 0.64 万 km^2，变异系数也较为相似，分别为 0.121、0.130。⑤浙江省地表水体年覆盖面积为 0.3 万 km^2，上海市域面积较小，水体年覆盖面积为 0.03 万 km^2。

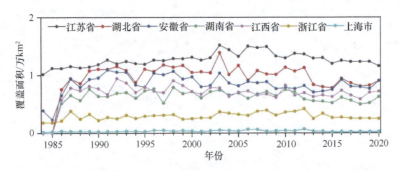

图 5-50　长江中下游地区 1984～2020 年各省市地表水体覆盖面积统计

1984～2020 年六省一市地表稳定水体的覆盖面积如图 5-51 所示。按照稳定水体年覆盖面积均值排序，依次是江苏省（0.77 万 km²）、安徽省（0.44 万 km²）、湖北省（0.43万 km²）、江西省（0.34 万 km²）、湖南省（0.25 万 km²）和浙江省（0.12 万 km²）和上海市（0.01 万 km²）。按照稳定水体的变异系数排序，依次是江西省（0.154）、湖南省（0.139）、湖北省（0.107）、浙江省（0.098）、安徽省（0.086）、上海市（0.062）和江苏省（0.060）。

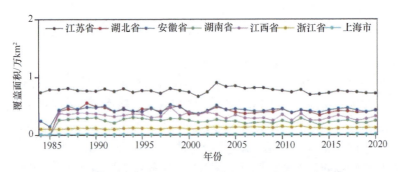

图 5-51　长江中下游地区 1984～2020 年各省市稳定水体面积统计

3）不同流域范围水体覆盖变化

利用 TerraClimate 数据集逐年计算了 1984～2020 年淮河流域、长江流域和浙闽台流域的年降水量范围平均值，结果如图 5-52 所示。长江中下游地区不同流域的年水体范围及其区域内年降水量均值结果表明，水体覆盖面积的时序变化能够反映当年流域的旱涝情况，并与年降水量存在一定程度的相关性，淮河流域、长江流域和浙闽台流域水体面积与各自的年降水量的皮尔逊相关系数（Pearson's r）分别为 0.35、0.25 和 0.19。

气候异常造成的典型旱涝灾害事件有：①2003 年淮河流域洪涝灾害使区域内淮河流域的水体和稳定水体达到历史峰值，分别为 1.17 万 km² 和 0.6 万 km²，较上年分别扩张 0.27 万 km² 和 0.19 万 km²，年降水量的空间均值比 1984～2020 年均值多 316.7 mm。②1998 年长江流域的洪涝灾害使区域内水体面积较上年增加 0.43 万 km²，而高频稳定水体的覆盖面积达到 1984～2020 年最大，为 2.08 万 km²，年降水量的空间均值比 37 年均值多 160.28 mm。③2013 年长江以南大部分地区发生了罕见高温少雨天气，使浙闽台流域和长江流域的水体面积较上年分别减小 0.09 万 km² 和 0.67 万 km²，年降水量的空间均值比 1984～2020 年均值减小 141.37 mm。流域尺度的空间数据统计虽在一定程度上能够揭示年累计降水和年水体范围变化的相关关系,但由于区域降水在时空分布上的不均匀性以及光学遥感数据采集时相的不确定性,年水体覆盖面积与年均降水量的变化趋势不完全一致。

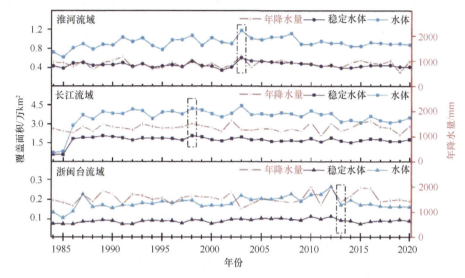

图 5-52　长江中下游地区 1984～2020 年不同流域范围年水体面积与年降水量

2. 长江中下游地表水体年际变化趋势

地表水体范围变化不仅体现在极端天气下的旱涝响应,而且在人类活动和气候变化耦合作用下可能呈现出某种趋势特征。因此,采用一元线性回归模型分析长江中下游地区 1984～2020 年水体覆盖面积的年际变化趋势,回归模型的斜率可以反映区域尺度的水体面积的长期演化趋势,计算公式如下:

$$\theta_{slope} = \frac{n\sum_{i=1}^{n} y_i \times SWA_i - \sum_{i=1}^{n} y_i \sum_{i=1}^{n} SWA_i}{n\sum_{i=1}^{n} y_i^2 - \left(\sum_{i=1}^{n} y_i\right)^2} \quad (5-23)$$

式中,θ_{slope} 为回归模型斜率;y_i 为第 i 观测年对应的年份;n 为总观测年数;SWA_i 为第 i 年地表水体面积。θ_{slope} 为正则表明水体覆盖面积增加,反之为面积缩小。利用 F 检验,将变化趋势结果分为以下等级:显著增加($\theta_{slope} > 0$,$P < 0.05$),显著减小($\theta_{slope} < 0$,$P < 0.05$),趋势不显著($\theta_{slope} = 0$ 或 $P \geqslant 0.05$)。

长江中下游地区六省一市水体面积的趋势分析结果如图 5-53 所示。结果表明:①1984～2020 年,长江中下游地区水体显著扩张的有江苏省和浙江省,其中江苏省的增长趋势最大,为 35.13 km²/a。②安徽省、江西省和湖南省的水体面积呈现出振荡式显著减小趋势,其中安徽省水体衰减趋势最大(−46.53 km²/a)。③湖北省和上海市的水体面积变化趋势不显著。

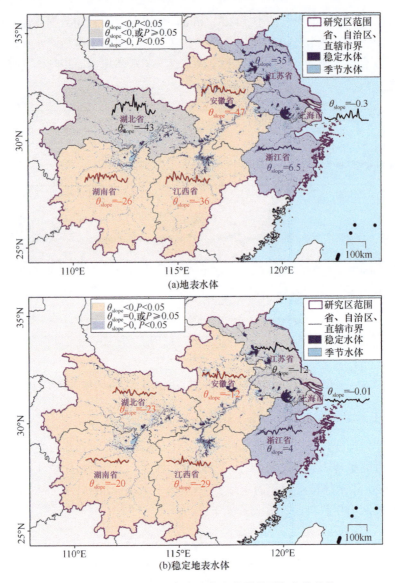

图 5-53　1984～2020 年各省市水体覆盖面积变化趋势

　　稳定水体方面，由于粮食需求和人类活动空间需求增长，长江中下游湖泊近几十年来的开发利用持续提速。湖泊围垦能够获取生产、生活用地，是人类活动改造自然水体的典型方式。江西省、湖北省、湖南省和安徽省的稳定水体显著减小，其中鄱阳湖范围的大幅衰减是江西省稳定水体减小趋势最大（–29.65 km²/a）的主要原因，湖北省、湖南省的稳定水体减小趋势分别为–22.88 km²/a 和–19.95 km²/a，安徽省的稳定水体减小趋势（–11.51 km²/a）大幅低于其水体减小趋势（–46.53 km²/a）。浙江省的稳定水体变化呈现小幅上涨趋势（4.42 km²/a）。江苏省和上海市的稳定水体变化趋势不显著。

5.7　时序遥感影像深度学习分类与作物识别

中等分辨率卫星数据（如 Landsat 和 Sentinel 系列）的大范围覆盖和公开可用性为卫星影像时间序列（satellite image time series，SITS）的应用提供了极大便利，有效地分析模型对于 SITS 数据的充分利用和知识挖掘至关重要。深度学习模型用于 SITS 分类主要包括三种架构：基于自注意力（self-attention）的网络、卷积神经网络（convolutional neural network，CNN）和循环神经网络（recurrent neural network，RNN）。现有深度学习网络模型研究主要聚焦于两类问题：一类是深入探究 CNN 架构的深度学习网络在 SITS 中的适用性和波段信息在影像分类中的重要性，常集中于挖掘时间维中的信息，较少探索多光谱影像中不同光谱波段中蕴含的信息。此外，RNN 和基于自注意力的深度学习网络框架在运行效率上相较于以 CNN 为框架的模型具有一定的局限性。另一类是基于自注意力网络的改进，多数模型的注意力聚焦在影像波段的时间序列结构上，对于单景影像不同波段未进行有效过滤。该类型网络主要依赖 SITS 时间维度上的全局信息作决策，导致局部信息利用不足，阻碍了其分类性能。因此，围绕上述存在的两类问题设计了相应模型方法，并开展探究试验。

5.7.1　深度学习时序分类算法

SITS 分类是动态监测的主要任务之一，其目标是根据光谱轨迹的时间特征为像素或宗地分配类别标签（Gómez et al.，2016）。已经存在多种 SITS 分类方法，充分探索时间序列的断点和时间段变化趋势进行分类是当前重要的分类模式之一，常采用的数据包括原始反射率、植被指数、物候指标及其拟合和分解分量（Jo et al.，2020；Xue et al.，2014）等，著名的算法有 CCDC（Zhu et al.，2020）、LandTrendr（Kennedy et al.，2018）、BFAST（Verbesselt et al.，2010b）等。然而，对特定类型数据的依赖在一定程度上阻止了这些方法的推广。

另外一种分类模式是人工设计特征与传统机器学习算法进行组合，常用的算法有随机森林和支持向量机（Hu et al.，2017；Pelletier et al.，2016）等。尽管此类方法可解释性强，但它们往往忽略了时间维度上的序列结构和位置关系。此外，人工设计的特征有时代表性较差，无法应对由土地覆盖的干扰和变化引起的复杂情况。

端到端的神经网络可以有效挖掘复杂数据的可学习特征（Du et al.，2020；Ismail Fawaz et al.，2019；Rußwurm and Körner，2018b），其性能优于传统算法。SITS 分类常涉及三种主要的深度学习架构：RNN（Mou et al.，2019）、CNN（Wang et al.，2017）以及基于自注意力机制的深度学习网络（Garnot et al.，2020）。RNN 包括长短期记忆（long short-term memory，LSTM）（Zhong et al.，2019）和 STAR RNN（StarRNN）（Turkoglu et al.，2019），已广泛用于时间特征获取和土地覆盖制图（Xu et al.，2020）。然而，由于长程依赖性需要更深的网络结构，RNN 容易出现梯度消失和爆炸的问题。CNN 架构的常用网络有 1D-CNN（TempCNN）（Pelletier et al.，2019）、时间卷积网络（temporal convolutional network，TCN）（Bai et al.，2018）和 3D-CNN（Ji et al.，2018），它们已被证明可有效解决 SITS 分类问题。值得注意的是，此类网络中固定的卷积结构和单一尺度可能会影响网络对不同时序影像的适用性。为了同时利用 SITS 的空间和时间信息，部分学者探究集成卷积和循环单元混合神经网络（Garnot et al.，2019；Rußwurm and Körner，2018a）。随着自注意力机制在自然语言处理中的兴起，其在 SITS 分类应用中也展现了巨大潜力（Rußwurm and Körner，2020），这些研究表明，自注意力网络允许模型通过考虑输入数据的时间结构来关注一些关键特征信息，使得该类架构能够实现比卷积循环网络更好的分类精度。

5.7.2　注意力机制融合的时间卷积网络

针对第一类问题，研究提出了一种端到端的基于通道注意力时间卷积网络（channel attention-based temporal convolutional network，CA-TCN），其主要包含两个部分：通道注意力和时间卷积网络模块。时间卷积网络模块主要是通过分层卷积多尺度挖掘时间维的信息，通道注意力模块旨在自适应地学习 SITS 中影像波段的权重，根据输入的多光谱影像动态调整不同波段的权重。通道维和时间维共同学习，有助于挖掘多光谱时间序列影像中的深层信息。模型的总体框架如图 5-54 所示。

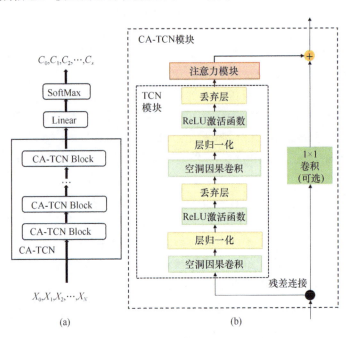

图 5-54　CA-TCN 模块总体示意图

（1）时间卷积网络模块：时间卷积网络与传统的 CNN 网络不同，其采用因果卷积和扩张卷积相结合的方式，以更有效地建模时间序列中的时序依赖关系。对于时间序列影像，需要考虑严格的时间约束模型，这就是因果卷积的作用，对于上一层 t 时刻的值，只依赖下一层 t 时刻及之前的值。对于因果卷积，需要很多层或者很大的卷积核来增加卷积的感受野，这势必会导致卷积层数的增加，进一步导致模型的复杂度增加。时间卷积网络通过扩张卷积来使算子可以应用于大于算子本身长度的区域，等同于通过增加零来从原始算子中生成更大的算子。为了防止深度网络部分梯度消失和爆炸的影响，时间卷积网络采用残差连接确保输出处理过程中维度保持一致。

（2）通道注意力模块：多光谱影像上不同的光谱波段对分类的重要性不同，该模块通过通道注意力机制增加多光谱时间序列影像上的波段筛选机制，提高分类精度，主要框架如图 5-55 所示。

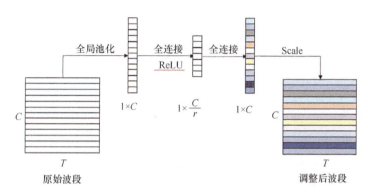

图 5-55　通道注意力示意图

对于时间序列影像 $X=(x1,x2,\cdots,xT)$，维度为 $C\times T$（T 代表时间，C 代表波段），首先对时间维的特征采用平均池化压缩至一维矢量 Xc（$C\times 1$）。Xc 矢量具有全局属性，可以代表整个通道维的权重。为了调整每个通道特征上的权重，引入了基于 sigmoid 函数的门控机制（gating mechanism）对通道权重进行动态调节。

$$s = F_{ex}(X_c, W) = \sigma(g(X_c, W)) = \sigma(W_2 \operatorname{ReLU}(W_1 X_c)) \tag{5-24}$$

式中，$W_1 \in R^{\frac{c}{r} \times c}$；$W_2 \in R^{\frac{c}{r} \times c}$。为了降低模型复杂度以及提升泛化能力，这里采用包含两个全连接层的骨架结构，其中第一个全连接层（fully connected layer，FC）起到降维的作用，降维系数 r 是个超参数，然后采用 ReLU 函数激活。最后的 FC 层恢复原始的维度。将重新调整后的权重序列 s 与原始时序特征相乘，得到重新调整的时间序列数据 Xr。

该模块首先对时间维卷积得到的特征图进行压缩操作，得到通道维的全局特征，然后对全局特征进行激励操作，学习各个通道间的关系，得到不同通道的权重，最后乘以原来的特征图得到最终特征。该注意力机制让模型可以更加关注信息量较大的通道维特征，同时抑制那些不重要的通道响应，从而实现对波段特征的有效筛选。将该模块嵌入时间卷积网络的每层中，达到分层筛选调整权重的效果。

5.7.3　注意力感知的动态自聚合网络

针对基于自注意力网络存在的问题，受视觉注意力和并行思维的启发，本节提出了一种端到端的注意力感知动态自聚合网络（attention-aware dynamic self-aggregation network，ADSN），具体结构如图 5-56 所示。ADSN 主要包含两个部分：光谱聚焦和光谱–时间特征学习。ADSN 的核心组件是通道注意力模块和动态自聚合模块，通道注意力模块旨在自适应地学习 SITS 中影像波段的权重，动态自聚合模块通过集成构建的多尺度动态卷积和改进的多头注意力机制，有助于在时间维度上兼顾全局和局部信息。

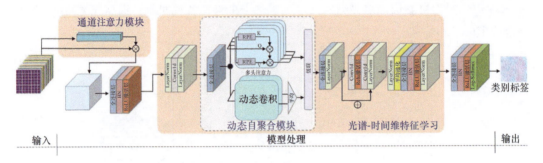

图 5-56   用于 SITS 分类的 ADSN 总体结构

（1）通道注意力模块：通过为输入序列分配权重，注意力机制用于突出或选择有用的特征，同时抑制不相关的细节。SITS 的时间维度是 T，定义第 t 个影像为 $X_t = \{x_{(t, 1)}, x_{(t, 2)}, \cdots, x_{(t, c)}, \cdots, x_{(t, C)}\} \in R^{C \times H \times W}$，其中影像波段数为 C，空间大小为 $H \times W$。平均池化通常用于聚合空间信息，这有助于表征目标对象的整体统计分布，最大池化收集有关对象独特特征的关键线索，以推断更有效的通道注意力。因此，同时采用这两种操作来增强模块的表示能力。对影像 X_t 分别进行全局平均池化和全局最大池化，所产生的特征描述符定义为 F_{avg_t} 和 F_{max_t}。

采用共享多层感知机（multi-layer perceptron，MLP）进行信息交换，旨在丰富波段之间的相互作用并促进泛化。具体来说，共享 MLP 由全连接层（fully connected layer，FC）和 ReLU 函数组成。它有一个隐藏层，单元数受波段数和压缩比影响。一般来说，共享 MLP 的简化单元数可以表示为 $C \rightarrow C/r \rightarrow C$，其中 C 为通道数，r 表示压缩比。此外，获取的平均池化和最大池化特征均由共享的 MLP 处理，其输出结果通过逐元素求和融合，并嵌入到通道注意力机制中。对于第 t 个时间节点的输入，这个过程可以表示为

$$S_t = \sigma(W_1(\text{ReLU}(W(F_{\text{avg}\_t}))) + W_1(\text{ReLU}(W(F_{\text{max}\_t})))) \qquad (5\text{-}25)$$

式中，$\sigma(\cdot)$ 为 sigmoid 函数；权重 $W \in R^{C/r \times C}$ 和 $W_1 \in R^{C \times C/r}$；S_t 为通道注意力，$S_t = \{s_{(t, 1)}, s_{(t, 2)}, \cdots, s_{(t, c)}, \cdots, s_{(t, C)}\}$，此处 r 设置为 1。

经过通道注意力模块的处理后，重新缩放输入特征，得到第 t 个时间节点的输入结果：

$$H_{(t, \text{out})} = \{H_{(t, 1)}, H_{(t, 2)}, \cdots, H_{(t, c)}, \cdots, H_{(t, c)}\} \qquad (5\text{-}26)$$

$$H_{(t, c)} = F_{\text{scale}}(h_{(t, c)}, s_{(t, c)}) = s_{(t, c)} \cdot h_{(t, c)} \qquad (5\text{-}27)$$

式中，$H_{(t, \text{out})}$ 为不同通道的重新调整权重序列；$H_{(t, c)}$ 为第 c 个重新加权的波段；$F_{\text{scale}}(h_{(t, c)}, s_{(t, c)})$ 为通道维缩放因子 $s_{(t, c)}$ 和第 c 个通道项 $h_{(t, c)}$ 相乘。

最终，基于 $H_{(t, \text{out})}$ 的运算，可以得到重新加权的 SITS 序列 H，即 $H = \{H_{(1, \text{out})}, H_{(2, \text{out})}, \cdots, H_{(t, \text{out})}, \cdots, H_{(T, \text{out})}\}$。

（2）动态自聚合模块：该模块是光谱–时间维特征学习的核心，有助于模型挖掘判别信息。基于并行策略，采用改进的多头注意力与相对位置编码（relative position representation，RPE）来凝聚时间维度的全局特征，同时引入动态卷积，通过提取时间序列中的局部信息作为补充，具体结构如图 5-57 所示。它将输入编码为隐藏层进行表达，然后并行使用 RPE 多头注意力和多尺度动态卷积，将每个部分的结果级联并输入全连接层和 LayerNorm 层。动态卷积弥补了局部信息使用的不足，而 RPE 多头注意力则侧重于捕获远程依赖。此外，该模块具有很高的扩展性，可以很容易地引入有效变换作为新的并行分支。

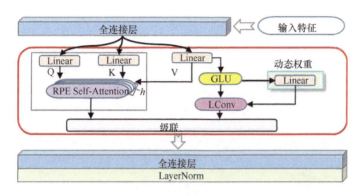

图 5-57　动态自聚合模块

Self-Attention 起源于 Transformer，其主要模块是多头注意力机制，与卷积神经网络和循环神经网络不同，Transformer 通常使用绝对位置编码来感知元素顺序位置的信息，此处引入相对位置编码，考虑了输入元素之间的成对关系。假设处理后的 SITS 为 $P = \{\rho_1, \rho_2, \cdots, \rho_i, \cdots, \rho_T\}$，共有 T 个时间节点，依赖于输入序列，每个注意力头被用来构造一个新的序列 $Z = \{z_1, z_2, \cdots, z_T\}$，$z_i$ 由线性变换和求和计算得出：

$$z_i = \sum_{j=1}^{T} \alpha_{ij}(\rho_j W^V + a_{ij}^V) \tag{5-28}$$

$$\alpha_{ij} = \frac{\exp(e_{ij})}{\sum_{k=1}^{T} \exp(e_{ik})} \tag{5-29}$$

$$e_{ij} = \frac{\rho_i W^Q (\rho_j W^K)^T + \rho_i W^Q (a_{ij}^K)^T}{\sqrt{d_z}} \tag{5-30}$$

式中，α_{ij} 为权重系数；W^Q、W^K、W^V 为参数矩阵；a_{ij}^V 和 a_{ij}^K 分别为 ρ_i 和 ρ_j 的边缘向量；$\exp(\cdot)$ 为底为自然常数 e 的指数函数；Q、K 和 V 分别代表查询、键和值的线性变换。

对于 RPE，边可以捕获有关输入元素之间相对位置差异的信息，相对位置的上限被限制为最大绝对值 m，具体来说，聚焦的范围是 $2m+1$。因此，边缘向量 a_{ij}^V 和 a_{ij}^K 可以表示为

$$a_{ij}^K = w_{\text{clip}(j-i,m)}^K, a_{ij}^V = w_{\text{clip}(j-i,m)}^V \tag{5-31}$$

式中，截断操作表示为 $\text{clip}(x,m)=\max(-m,\min(m,x))$ ，$w^K=\{w^K_{-m},\cdots,w^K_m\}$ 和 $w^V=\{w^V_{-m},\cdots,w^V_m\}$ 是模型需要学习的相对位置表达。

轻量级卷积（LightConv）是一种有效的载体，它是深度可分离的，跨时间维度进行 softmax 归一化，并在通道维度上共享权重。此处，选择建立在 LightConv 上的动态卷积作为卷积算子。动态卷积在每个时间节点预测不同的卷积核，类似于局部连接层，权重由网络动态生成并在每个位置发生变化。每个卷积子模块包含具有不同内核大小的多个单元，它们可以用于捕获不同范围的特征以发挥多尺度效果。卷积单元对输入 P 进行运算后输出为

$$\text{Conv}_k(P)=\text{Depth\_conv}_k(PW^V)W \tag{5-32}$$

式中，W^V 为投影变换矩阵；W 为输出参数矩阵；$\text{Depth\_conv}(\cdot)$ 为深度卷积。最后，对于时间序列中第 i 个元素的输入，输出 O 定义为

$$O_{i,c}=\sum_{j=1}^{k}(\text{softmax}(\sum_{c=1}^{d}W_{j,c}P_{i,c})\cdot P_{i+j-\lceil\frac{k+1}{2}\rceil,c}) \tag{5-33}$$

式中，k 为内核大小；d 为隐藏层数量；c 为输出通道；$W_{j,c}$ 为参数矩阵。

合适的目标函数对于优化所提出的模型至关重要。Focal Loss 可以有效缓解分类中类别不平衡的影响，采用 Focal Loss 作为 ADSN 的损失函数，具体表示为

$$\text{Loss}_{FL}=-\sum_{m=1}^{M}\sum_{l=1}^{L}y_l^m(1-\hat{y}_l^m)^\gamma\log(\hat{y}_l^m) \tag{5-34}$$

式中，y 和 $\hat{y}$ 分别为真实标签和预测标签；M 为样本的批大小；L 为类别数量，参数 $\gamma=1$。值得注意的是，模型的权重参数通过反向传播和自适应矩阵估计更新。

5.7.4　CA-TCN 试验与分析

为评估 CA-TCN 模型的性能，在时序数据集上将其与现有模型进行对比。测试数据集为开放访问的 BreizhCrops 数据集（Rußwurm et al.，2019），专门用于时间序列作物分类，由 Sentinel-2 多光谱影像制作而成。该数据集时间为 2017 年，共包括 45 个时间节点，每景影像包含 10 个表观反射率波段，不包括气溶胶、水汽和短波红外卷云波段，空间分辨率为 10m。实验中分别选择了 9 类作物和 13 类作物构成的两种数据集用于精度评估和模型对比。参与对比的模型除了随机森林（RF），还包括经典的时序分类网络 TAE（temporal attention encoder）、Transformer、TempCNN、Bi-LSTM（bidirectional LSTM）。为了探究 CA-TCN 的优势性，同时对比了原始的 TCN 网络和基于时间维注意力的 TCN 网络（temporal attention-based temporal convolutional network，TA-TCN）。使用的定量评价指标包括单个类别精度、总体精度（OA）、Kappa 系数（κ）、平均 $F1$ 分数（mean $F1$-score，m$F1$）。

表 5-12 和表 5-13 是所有模型的分类结果。如表 5-12 和表 5-13 所示，RF 的表现不如大多数的深度学习模型，因为 RF 只是把时间维度的信息作为多维特征而忽略了序列信息。基于 CNN 架构的 TempCNN 和 TCN 都比 RF 模型好，但分类结果精度也明显低于其他深度学习模型。这可能是由于基于 CNN 的模型中难以处理复杂的带噪声时间序列信息。基

于 Attention 和 RNN 的模型在准确度上的差异很小,改进后的 TAE 模型比 Transformer 模型要好,与其他模型相比,TAE 模型在所有类别中都表现良好。在混合模型中,TA-TCN 模型的表现与 Transformer 模型类似,与原始的 TCN 模型相比,准确率有明显的提高,这表明增加一个时间维度的注意力模块是非常有效的。CA-TCN 模型的表现明显优于所有模型。在时间序列作物分类任务中,对通道维度的注意力的关注比对时间维度注意力的关注更重要。

表 5-12　9 类数据集的精度评估

精度指标/地物类别	RF	TempCNN	TCN	Transformer	TAE	Bi-LSTM	TA-TCN	CA-TCN
OA/%	76.98	79.10	77.41	80.35	80.58	80.32	80.20	**81.20**
$\kappa \times 100$	69.61	72.64	70.39	74.46	74.70	74.34	74.13	**75.52**
$mF1/\%$	53.23	57.43	52.91	57.43	58.76	58.10	57.76	**59.24**
裸地	75.24	83.28	72.33	89.38	91.77	93.66	93.33	**94.01**
小麦	90.77	96.67	93.64	97.31	95.35	95.73	96.20	**97.59**
油菜籽	86.71	95.67	86.37	97.06	94.68	96.72	95.30	**97.59**
玉米	97.03	96.47	97.21	97.72	97.23	96.20	97.39	**97.78**
向日葵	—	—	—	—	—	—	—	—
果树	4.15	5.24	3.43	1.45	14.83	7.41	9.76	**16.27**
坚果	—	—	—	—	—	—	—	—
永久草地	34.97	54.30	37.19	61.79	**65.57**	52.07	50.29	57.93
暂时性草地	**83.67**	73.09	82.40	69.61	68.66	77.40	77.26	73.81

注:"—"表示无值,即数据集中样本极不平衡导致模型未能完成对应类别的分类任务。加粗为表现最好的模型。

表 5-13　13 类数据集的精度评估

精度指标/地物类别	RF	TempCNN	TCN	Transformer	TAE	Bi-LSTM	TA-TCN	CA-TCN
OA/%	64.89	67.41	66.23	69.52	69.64	70.11	69.19	**70.80**
$\kappa \times 100$	57.83	60.87	59.50	63.64	64.19	64.36	63.16	**65.19**
$mF1/\%$	50.76	55.29	53.17	58.19	59.79	60.39	58.54	**60.98**
裸地	82.15	87.86	77.43	87.62	89.92	92.09	90.56	**92.44**
小麦	79.67	93.60	87.46	**95.16**	92.61	92.78	94.02	94.26
玉米	94.71	95.71	95.86	96.50	95.91	96.24	96.13	**96.52**
草料	22.35	21.64	22.37	19.49	**27.23**	23.93	24.41	26.09
休耕地	0.00	0.94	0.12	0.13	0.45	**3.20**	0.96	0.06
其他	51.35	41.68	51.03	51.44	**58.86**	54.63	53.23	55.00
果树	1.63	2.89	2.80	3.60	**8.70**	7.50	7.83	6.98
其他谷类	21.66	35.53	35.19	44.61	50.97	56.26	48.57	**57.45**
永久草地	40.18	46.19	41.23	**61.72**	51.35	53.37	44.68	55.29
高蛋白玉米	29.62	51.60	39.94	50.24	57.02	55.18	56.43	**60.53**
油菜籽	82.08	94.49	85.85	95.57	95.45	95.24	95.68	**96.09**
暂时性草地	72.54	**71.61**	71.54	62.26	67.36	67.05	71.03	67.07
蔬菜花果	69.15	65.82	66.41	76.33	75.22	75.20	73.13	**77.08**

注:"—"表示无值,即数据集中样本极不平衡导致模型未能完成对应类别的分类任务。加粗为表现最好的模型。

为了探究不同深度模型在模型复杂度上的差异，本节对比了训练时间和模型的参数，如表 5-14 所示。基于 CNN 架构的 TempCNN 模型的计算时间较短，尽管它的参数非常大。同样，TCN 的计算时间也比较短。Bi-LSTM 是一个 RNN 架构，所以不仅参数巨大，而且计算时间也非常长。此外，Transformer 模型的时间和 Bi-LSTM 模型差不多，这是因为每个 Key 键和每个 Query 查询都要乘以 2，而这个数据集的时间维度相对较长。因此，在时间维度上增加的自我注意模块的 TA-TCN 模型也很耗时。由 Transformer 修改的 TAE 模型在计算时间上有明显的改善，提出的 CA-TCN 模型不仅参数量少，而且所需计算时间也少。

表 5-14　模型复杂度和计算耗时　　　　　　（单位：s/epoch）

模型	TempCNN	TCN	Transformer	TAE	Bi-LSTM	TA-TCN	CA-TCN
参数量	3197449	34833	102025	151497	1335331	152455	40977
运行时间	9.31	12.39	27.85	9.31	34.27	34.20	14.07

总之，CA-TCN 利用注意机制增强了原始 TCN 网络在通道维的信息，增加了波段的筛选机制，可以挖掘出更深层次的物候学特征。CA-TCN 在较少的参数下取得了最佳的性能，且表明混合配置的深度学习模型优于单一深度学习模型。

5.7.5　ADSN 试验与分析

采用两个数据集进行试验，数据集 1 为开放访问的法国南部 Sentinel-2（T31TFM）数据，可用于作物分类，数据集时间范围为 2017 年 1～10 月共跨越 24 个时间节点，每景影像包括 10 个表观反射率波段，不包括气溶胶、水汽和短波红外卷云波段，空间分辨率统一为 10m，共计 15 个地类。

数据集 2 由来自美国爱荷华州的 Landsat 分析就绪数据构成，由时间范围是 2018 年 5～9 月的 Landsat 7 ETM+ 和 Landsat 8 OLI 的影像组成，共跨越 23 个时间节点，每景影像包含红、绿、蓝、近红外、短波红外-1 和短波红外-2 共 6 个地表反射率波段，空间分辨率 30m，共计 10 个地类。

参与对比的模型包括随机森林和另外 7 个深度学习模型 PSE-TAE、Transformer、CNN、TempCNN、TCN、StarRNN 和 Bi-LSTM。使用的定量评价指标包括单个类别精度、OA、Kappa 系数、平均交并比（mIoU）和 mF1。

表 5-15 与表 5-16 展示了不同方法的精度指标。大多数深度学习模型产生与 RF 相当或更好的结果，这表明深度学习可以学习分层和判别性的高级特征，对 SITS 分类大有裨益。ADSN 表现出更高的分类精度，在两个数据集的实验表明，与其他深度学习网络相比，ADSN 的 OA 最大提升分别是 2.28 % 和 1.51 %。此外，ADSN 在精度指标 mIoU 和 mF1 的提升明显，在数据集 1 上，mIoU 的最大提升为 13.25%，mF1 的最大提升为 13.84%；在数据集 2 上，mIoU 的最大提升为 5.87%，mF1 的最大提升为 7.99%。总体来看，ADSN 能够较大缓解数据集中样本类别不平衡对分类结果所造成的负面影响，所设计的框架使 ADSN 具有一定的鲁棒性。

表 5-15 不同方法在数据集 1 上的分类精度统计

精度指标/地物类别	RF	PSE-TAE	Transformer	CNN	TempCNN	TCN	StarRNN	Bi-LSTM	ADSN
OA/%	89.44	94.39	92.80	94.00	93.61	92.88	92.28	92.67	94.56
$\kappa \times 100$	86.45	92.91	90.91	92.42	91.90	90.97	90.25	90.72	93.12
mIoU/%	45.74	66.44	60.91	64.08	61.25	52.92	58.74	58.92	66.17
mF1/%	54.42	76.67	71.18	74.23	71.39	62.17	69.29	69.25	76.01
春季谷物	67.24	72.53	58.64	74.08	52.72	61.97	48.60	47.32	64.93
夏季谷物	92.05	97.45	97.48	97.06	97.01	96.73	96.64	96.51	97.50
冬季谷物	90.97	96.53	96.26	96.14	95.84	94.94	96.13	95.39	96.53
高粱/小米	—	55.19	28.46	55.66	60.00	48.00	32.08	41.98	52.42
谷物	—	40.11	32.28	42.56	46.47	37.23	34.93	40.18	39.90
豆类饲料	80.50	86.69	83.46	88.71	85.45	83.83	79.33	82.73	89.99
冬油菜	98.05	98.61	98.51	98.87	98.65	96.93	98.11	98.08	98.82
向日葵	92.86	91.52	92.18	93.94	91.57	62.02	84.28	90.76	94.74
大豆	92.38	95.19	93.97	95.42	94.65	92.71	92.48	94.58	95.22
蛋白质作物	84.62	58.51	54.72	67.66	76.10	62.24	38.72	54.23	61.24
土豆	92.31	59.72	50.77	65.58	58.33	53.13	52.08	56.76	57.87
水果/豆类/花卉	77.19	74.90	63.57	79.85	77.54	68.58	68.68	68.72	75.93
木质物	65.45	73.95	71.13	76.26	67.29	75.86	55.80	70.86	68.48
葡萄藤	88.43	97.01	96.03	95.93	95.49	95.34	93.86	95.43	96.32
非农作物	67.65	80.74	69.70	77.21	75.38	73.11	78.43	71.43	82.85

注："—"表示无值，即数据集中样本极不平衡导致模型未能完成对应类别的分类任务。

表 5-16 不同方法在数据集 2 上的分类精度统计

精度指标/地物类别	RF	PSE-TAE	Transformer	CNN	TempCNN	TCN	StarRNN	Bi-LSTM	ADSN
OA/%	91.34	91.37	90.61	91.60	92.60	91.51	89.94	90.40	91.45
$\kappa \times 100$	86.54	86.56	85.39	86.93	88.51	86.79	84.36	85.08	86.73
mIoU/%	49.42	49.86	47.13	47.76	50.24	44.46	45.83	46.77	50.33
mF1/%	61.96	62.75	59.57	60.04	61.97	55.21	58.46	59.23	63.20
其他	69.14	34.29	35.04	26.54	36.82	—	18.46	33.91	39.16
玉米	96.09	96.21	95.61	96.33	96.97	96.24	95.60	95.85	96.48
大豆	96.17	96.18	95.98	95.96	96.78	96.17	95.26	95.59	96.16
苜蓿	75.05	62.41	61.68	67.61	67.63	64.34	48.54	62.74	62.09
水体	72.33	68.44	64.67	69.60	65.92	69.84	58.05	58.59	68.03
开发地	71.08	68.66	65.65	73.12	77.27	70.21	60.27	66.09	67.44
荒地	88.24	41.63	27.15	40.85	—	44.74	18.35	39.13	41.04
落叶林	65.75	58.18	58.92	62.93	59.86	54.81	49.13	57.27	58.11
草地/牧场	70.57	75.29	72.37	73.12	76.70	75.18	77.35	71.21	76.76
湿地	65.27	62.16	62.34	61.73	61.47	60.60	65.52	58.90	63.74

注："—"表示无值，即数据集中样本极不平衡导致模型未能完成对应类别的分类任务。

为了更直观地比较不同方法的分类结果，以数据集 1 为例展示了不同模型的分类结果（图 5-58）。为了使分类结果有更好的可视化效果，将数据集 1 的分类结果部分放大显示，从分类任务来看，ADSN 得到的分类结果与参考图高度一致。

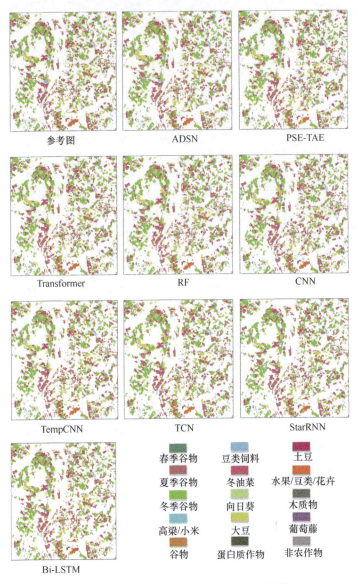

图 5-58   不同模型对数据集的分类结果图

表 5-17 展示了所有深度学习模型的参数数量。两个数据集的时间序列长度和类别数量不同，需要在保持模型整体结构不变的情况下对全连接层进行微调，因此分别统计两个数据集对应模型的参数数量，Bi-LSTM、TempCNN 和 CNN 的参数比其他模型多，相比之下，所提出的 ADSN 具有与其他轻量级模型相当的参数，同时能够得到有竞争力的分类精度。

表 5-18 总结了模型训练一个 epoch 所需的时间，统计结果是 10 个 epoch 运行时间的平均值，分析发现，每个模型在数据集 1 上完成一个 epoch 训练比在数据集 2 上花费

的时间更多，ADSN 在训练时间上没有明显优势，但随着多核计算、并行计算和云计算技术的普及，模型训练速度的瓶颈将大大削弱。当然，进一步减少参数数量是 ADSN 需要改进的方向。

表 5-17　不同深度学习模型的参数数量

	PSE-TAE	Transformer	CNN	TempCNN	TCN	StarRNN	Bi-LSTM	ADSN
Dataset-1	312047	249331	726093	442575	207887	71587	2928675	321093
Dataset-2	564522	180902	178228	1615754	205514	69910	1329174	311400

表 5-18　不同深度学习模型的运行时间　　　（单位：s/epoch）

	PSE-TAE	Transformer	CNN	TempCNN	TCN	StarRNN	Bi-LSTM	ADSN
Dataset-1	50.82	48.14	92.33	47.09	47.85	51.28	86.25	51.31
Dataset-2	36.11	25.89	41.18	35.94	32.47	39.64	47.76	33.89

　　为了实现卫星时间序列影像的高精度分类，通过增强光谱和时间特征的自适应表示提出了一种新的深度学习框架 ADSN。通道注意力模块和动态自聚合模块的联合使用是提高 ADSN 性能的关键。前者过滤有价值的波段，后者通过结合多头注意力机制和动态卷积实现对时间维度结构特征的强大捕获。在极不均匀样本下对两个 SITS 数据集进行广泛评估和验证后，ADSN 与其他分类器相比取得了具有竞争力的分类结果，最优 OA 均高于 91%。此外，ADSN 中所涉及的参数需要根据任务和数据进行适应性调整，这对于 ADSN 的分类表现和运算效率之间的平衡至关重要。不同区域的土地覆盖制图表明，ADSN 具有一定的泛化能力，可作为目标提取等时间序列场景应用的有效选择方案之一。

参 考 文 献

边金虎, 李爱农, 宋孟强, 等. 2010. MODIS 植被指数时间序列 Savitzky-Golay 滤波算法重构. 遥感学报, 14(4): 725-741.

李广东, 方创琳. 2016. 城市生态—生产—生活空间功能定量识别与分析. 地理学报, 71(1): 49-65.

龙鑫, 李静, 柳钦火. 2013. 植被指数合成算法综述. 遥感技术与应用, 28(6): 969-977.

陆一忠, 刘春山. 2004. 2003 年洪泽湖洪水分析. 江苏水利, (7): 17-18.

彭补拙. 1996. 南迦巴瓦峰地区自然地理与自然资源. 北京: 科学出版社.

徐磊. 2017. 基于"三生"功能的长江中游城市群国土空间格局优化研究. 武汉: 华中农业大学.

Abercrombie S P, Friedl M A. 2016. Improving the consistency of multitemporal land cover maps using a hidden markov model. IEEE Transactions on Geoscience and Remote Sensing, 54(2): 703-713.

Achanta R, Shaji A, Smith K, et al. 2012. SLIC superpixels compared to state-of-the-art superpixel methods. IEEE Transactions on Pattern Analysis and Machine Intelligence, 34(11): 2274-2282.

Achanta R, Susstrunk S. 2017. Superpixels and Polygons Using Simple Non-iterative Clustering. Honolulu: Proceedings of the IEEE Conference on Computer Vision and Pattern Recognition(CVPR).

Andreassen L M, Paul F, Kaeaeb A, et al. 2008. Landsat-derived glacier inventory for Jotunheimen, Norway, and deduced glacier changes since the 1930s. The Cryosphere, 2(2): 131-145.

Arévalo P, Olofsson P, Woodcock C E. 2019. Continuous monitoring of land change activities and post-disturbance dynamics from Landsat time series: a test methodology for REDD+ reporting. Remote Sensing of Environment, 238: 111051.

Awty-Carroll K, Bunting P, Hardy A, et al. 2019. An evaluation and comparison of four dense time series change detection methods using simulated data. Remote Sensing, 11(23): 2779.

Bai S, Kolter J Z, Koltun V. 2018. An empirical evaluation of generic convolutional and recurrent networks for sequence modeling. arXiv preprint arXiv: 1803.01271.

Baum L E, Petrie T. 1966. Statistical inference for probabilistic functions of finite state markov chains. Ann. Math. Statist., 37(6): 1554-1563.

Beck P S, Atzberger C, Høgda K A, et al. 2006. Improved monitoring of vegetation dynamics at very high latitudes: a new method using MODIS NDVI. Remote Sensing of Environment, 100(3): 321-334.

Benn D, Evans D J A. 2014. Glaciers and Glaciation, 2nd edition. New York: Taylor & Francis.

Bolch T, Menounos B, Wheate R. 2010. Landsat-based inventory of glaciers in western Canada, 1985-2005. Remote Sensing of Environment, 114(1): 127-137.

Brown J F, Tollerud H J, Barber C P, et al. 2019. Lessons learned implementing an operational continuous United States national land change monitoring capability: The Land Change Monitoring, Assessment, and Projection(LCMAP)approach. Remote Sensing of Environment, 238: 111356.

Brown M E, de Beurs K, Vrieling A. 2010. The response of African land surface phenology to large scale climate oscillations. Remote Sensing of Environment, 114(10): 2286-2296.

Buyantuyev A, Wu J. 2012. Urbanization diversifies land surface phenology in arid environments: interactions among vegetation, climatic variation, and land use pattern in the Phoenix metropolitan region, USA. Landscape and Urban Planning, 105(1/2): 149-159.

Cai Z, Tian L. 2016. Atmospheric controls on seasonal and interannual variations in the precipitation isotope in the East Asian monsoon region. Journal of Climate, 29(4): 1339-1352.

Castellana L, d'addabbo A, Pasquariello G. 2007. A composed supervised/unsupervised approach to improve change detection from remote sensing. Pattern Recognition Letters, 28(4): 405-413.

Chi M, Kun Q, Benediktsson J A, et al. 2009. Ensemble classification algorithm for hyperspectral remote sensing data. IEEE Geoscience and Remote Sensing Letters, 6(4): 762-766.

Cleveland R B, Cleveland W S, Mcrae J E, et al. 1990. STL: a seasonal-trend decomposition procedure based on loess. Journal of Official Statistics, 6(1): 3-73.

Craw D, Koons P O, Zeitler P K, et al. 2005. Fluid evolution and thermal structure in the rapidly exhuming gneiss complex of Namche Barwa Gyala Peri, eastern Himalayan syntaxis. Journal of Metamorphic Geology, 23(9): 829-845.

de Jong R, de Bruin S, de Wit A, et al. 2011. Analysis of monotonic greening and browning trends from global NDVI time-series. Remote Sensing of Environment, 115(2): 692-702.

Du P, Bai X, Tan K, et al. 2020. Advances of four machine learning methods for spatial data handling: a review. Journal of Geovisualization and Spatial Analysis, 4(1): 1-25.

Eddy S R. 2004. What is a hidden Markov model? Nature Biotechnology, 22(10): 1315-1316.

Farr T G, Rosen P A, Caro E, et al. 2007. The shuttle radar topography mission. Reviews of Geophysics, 45(2): RG2004.

Feyisa G L, Meilby H, Fensholt R, et al. 2014. Automated water extraction index: a new technique for surface water mapping using Landsat imagery. Remote Sensing of Environment, 140: 23-35.

Finnegan N J, Hallet B, Montgomery D R, et al. 2008. Coupling of rock uplift and river incision in the Namche Barwa-Gyala Peri massif, Tibet. Geological Society of America Bulletin, 120(1-2): 142-155.

Fisher A, Flood N, Danaher T. 2016. Comparing Landsat water index methods for automated water classification in eastern Australia. Remote Sensing of Environment, 175: 167-182.

Gao F, Masek J, Schwaller M, et al. 2006. On the blending of the Landsat and MODIS surface reflectance: predicting daily Landsat surface reflectance. IEEE Transactions on Geoscience and Remote Sensing, 44(8): 2207-2218.

Garnot V S F, Landrieu L, Giordano S, et al. 2019. Time-space tradeoff in deep learning models for crop classification on satellite multi-spectral image time series. Yokohama IGARSS 2019-2019 IEEE International Geoscience and Remote Sensing Symposium, 6247-6250.

Garnot V S F, Landrieu L, Giordano S, et al. 2020. Satellite image time series classification with pixel-set encoders and temporal self-attention. Seattle: Proceedings of the IEEE/CVF Conference on Computer

Vision and Pattern Recognition, 12325-12334.

Gómez C, White J C, Wulder M A. 2016. Optical remotely sensed time series data for land cover classification: a review. ISPRS Journal of Photogrammetry and Remote Sensing, 116: 55-72.

Gong J, Sui H, Ma G, et al. 2008. A review of multi-temporal remote sensing data change detection algorithms. The International Archives of the Photogrammetry, Remote Sensing Spatial Information Sciences, 37(B7): 757-762.

Guo W, Liu S, Xu J, et al. 2015. The second Chinese glacier inventory: data, methods and results. Journal of Glaciology, 61(226): 357-372.

Hall D K, Riggs G A, Salomonson V V J R S O E. 1995. Development of methods for mapping global snow cover using moderate resolution imaging spectroradiometer data. Remote Sensing of Environment, 54(2): 127-140.

Healey S P, Cohen W B, Yang Z, et al. 2018. Mapping forest change using stacked generalization: an ensemble approach. Remote Sensing of Environment, 204: 717-728.

Hossain M D, Chen D. 2019. Segmentation for Object-Based Image Analysis(OBIA): a review of algorithms and challenges from remote sensing perspective. ISPRS Journal of Photogrammetry and Remote Sensing, 150: 115-134.

Hu G, Yi C-L, Liu J-H, et al. 2020. Glacial advances and stability of the moraine dam on Mount Namcha Barwa since the Last Glacial Maximum, eastern Himalayan syntaxis. Geomorphology, 365: 107246.

Hu Q, Wu W-B, Song Q, et al. 2017. How do temporal and spectral features matter in crop classification in Heilongjiang Province, China? Journal of Integrative Agriculture, 16(2): 324-336.

Huang C, Nguyen B D, Zhang S, et al. 2017. A comparison of terrain indices toward their ability in assisting surface water mapping from Sentinel-1 data. ISPRS International Journal of Geo-Information, 6(5): 140.

Huete A, Didan K, Miura T, et al. 2002. Overview of the radiometric and biophysical performance of the MODIS vegetation indices. Remote Sensing of Environment, 83(1-2): 195-213.

Ismail Fawaz H, Forestier G, Weber J, et al. 2019. Deep learning for time series classification: a review. Data Mining and Knowledge Discovery, 33(4): 917-963.

Jakubauskas M E, Legates D R, Kastens J H. 2001. Harmonic analysis of time-series AVHRR NDVI data. Photogrammetric Engineering & Remote Sensing, 67(4): 461-470.

Ji S, Zhang C, Xu A, et al. 2018. 3D Convolutional neural networks for crop classification with multi-temporal remote sensing images. Remote Sensing, 10(1): 75.

Jo H-W, Lee S, Park E, et al. 2020. Deep learning applications on multitemporal SAR(Sentinel-1)image classification using confined labeled data: the case of detecting rice paddy in South Korea. IEEE Transactions on Geoscience and Remote Sensing, 58(11): 7589-7601.

Johansen K, Arroyo L A, Phinn S, et al. 2010. Comparison of geo-object based and pixel-based change detection of riparian environments using high spatial resolution multi-spectral imagery. Photogrammetric Engineering & Remote Sensing, 76(2): 123-136.

Johnson B G, Thackray G D, Van Kirk R. 2007. The effect of topography, latitude, and lithology on rock glacier distribution in the Lemhi Range, central Idaho, USA. Geomorphology, 91(1-2): 38-50.

Jonsson P, Eklundh L. 2002. Seasonality extraction by function fitting to time-series of satellite sensor data. IEEE Transactions on Geoscience and Remote Sensing, 40(8): 1824-1832.

Jönsson P, Eklundh L. 2004. TIMESAT-a program for analyzing time-series of satellite sensor data. Computers & Geosciences, 30(8): 833-845.

Ke L, Ding X, Zhang L E I, et al. 2016. Compiling a new glacier inventory for southeastern Qinghai-Tibet Plateau from Landsat and PALSAR data. Journal of Glaciology, 62(233): 579-592.

Kennedy R, Yang Z, Gorelick N, et al. 2018. Implementation of the LandTrendr algorithm on Google Earth Engine. Remote Sensing, 10(5): 691.

Kuenzer C, Dech S, Wagner W. 2015. Remote Sensing Time Series Revealing Land Surface Dynamics: Status Quo and the Pathway Ahead. Singapore: Springer International Publishing.

Leite P B C, Feitosa R Q, Formaggio A R, et al. 2011. Hidden Markov Models for crop recognition in remote sensing image sequences. Pattern Recognition Letters, 32(1): 19-26.

Li X, Gong P, Zhou Y, et al. 2020. Mapping global urban boundaries from the global artificial impervious area(GAIA)data. Environmental Research Letters, 15(9): 094044.

Li X, Zhou Y, Asrar G R, et al. 2017. Response of vegetation phenology to urbanization in the conterminous United States. Global Change Biology, 23(7): 2818-2830.

Loibl D, Lehmkuhl F, Griessinger J. 2014. Reconstructing glacier retreat since the Little Ice Age in SE Tibet by glacier mapping and equilibrium line altitude calculation. Geomorphology, 214: 22-39.

Lu S, Jia L, Zhang L, et al. 2017. Lake water surface mapping in the Tibetan Plateau using the MODIS MOD09Q1 product. Remote Sensing Letters, 8(3): 224-233.

Luo J, Ying K, He P, et al. 2005. Properties of Savitzky-Golay digital differentiators. Digital Signal Processing, 15(2): 122-136.

Ma M, Veroustraete F. 2006. Reconstructing pathfinder AVHRR land NDVI time-series data for the Northwest of China. Advances in Space Research, 37(4): 835-840.

Ma Y, Lu M, Bracken C, et al. 2020. Spatially coherent clusters of summer precipitation extremes in the Tibetan Plateau: Where is the moisture from? Atmospheric Research, 237: 104841.

McClintock B T, Langrock R, Gimenez O, et al. 2020. Uncovering ecological state dynamics with hidden Markov models. Ecology Letters, 23(12): 1878-1903.

McFeeters S K. 1996. The use of the normalized difference water index(NDWI)in the delineation of open water features. International Journal of Remote Sensing, 17(7): 1425-1432.

Middel A, Häb K, Brazel A J, et al. 2014. Impact of urban form and design on mid-afternoon microclimate in Phoenix Local Climate Zones. Landscape and Urban Planning, 122: 16-28.

Mou L, Bruzzone L, Zhu X X. 2019. Learning spectral-spatial-temporal features via a recurrent convolutional neural network for change detection in multispectral imagery. IEEE Transactions on Geoscience and Remote Sensing, 57(2): 924-935.

Otsu N. 1979. A Threshold selection method from gray-level histograms. IEEE Transactions on Systems, Man, and Cybernetics, 9(1): 62-66.

Pandey P, Ramanathan A, Venkataraman G. 2016. Remote sensing of mountain glaciers and related hazards// Marghany M. Environmental Applications of Remote Sensing. Rijeka, Croatia: InTech: 131-162.

Paul F, Barrand N E, Baumann S, et al. 2013. On the accuracy of glacier outlines derived from remote-sensing data. Annals of Glaciology, 54(63): 171-182.

Paul F, Bolch T, Briggs K, et al. 2017. Error sources and guidelines for quality assessment of glacier area, elevation change, and velocity products derived from satellite data in the Glaciers_cci project. Remote Sensing of Environment, 203: 256-275.

Paul F, Kaeaeb A. 2005. Perspectives on the production of a glacier inventory from multispectral satellite data in Arctic Canada: Cumberland Peninsula, Baffin Island. Annals of Glaciology, 42: 59-66.

Pelletier C, Valero S, Inglada J, et al. 2016. Assessing the robustness of random forests to map land cover with high resolution satellite image time series over large areas. Remote Sens Environ, 187: 156-168.

Pelletier C, Webb G I, Petitjean F. 2019. Temporal convolutional neural network for the classification of satellite image time series. Remote Sensing, 11(5): 523.

Pengra B W, Stehman S V, Horton J A, et al. 2020. Quality control and assessment of interpreter consistency of annual land cover reference data in an operational national monitoring program. Remote Sensing of Environment, 238: 111261.

Pesaresi M, Ehrlich D, Ferri S, et al. 2016. Operating procedure for the production of the Global Human Settlement Layer from Landsat data of the epochs 1975, 1990, 2000, and 2014. JRC Technical Reports: 1-62.

Pohl E, Gloaguen R, Seiler R. 2015. Remote sensing-based assessment of the variability of winter and summer precipitation in the Pamirs and their effects on hydrology and hazards using harmonic time series analysis. Remote Sensing, 7(8): 9727-9752.

Polesel A, Ramponi G, Mathews V J. 2000. Image enhancement via adaptive unsharp masking. IEEE Transactions on Image Processing, 9(3): 505-510.

Qian W, Kang H S, Lee D K. 2002. Distribution of seasonal rainfall in the East Asian monsoon region.

Theoretical and Applied Climatology, 73(3-4): 151-168.

Rabiner L R. 1989. A tutorial on hidden Markov models and selected applications in speech recognition. Proceedings of the IEEE, 77(2): 257-286.

Rastner P, Bolch T, Notarnicola C, et al. 2014. A comparison of pixel- and object-based glacier classification with optical satellite images. IEEE Journal of Selected Topics in Applied Earth Observations and Remote Sensing, 7(3): 853-862.

Rgi C. 2017. Randolph Glacier Inventory-a Dataset of Global Glacier Outlines: Version 6.0. Boulder, Colorado, USA: Technical Report, Global Land Ice Measurements from Space.

Richardson A D, Bailey A S, Denny E G, et al. 2006. Phenology of a northern hardwood forest canopy. Global Change Biology, 12(7): 1174-1188.

Richardson A D, Keenan T F, Migliavacca M, et al. 2013. Climate change, phenology, and phenological control of vegetation feedbacks to the climate system. Agricultural and Forest Meteorology, 169(3): 156-173.

Robson B A, Nuth C, Dahl S O, et al. 2015. Automated classification of debris-covered glaciers combining optical, SAR and topographic data in an object-based environment. Remote Sensing of Environment, 170: 372-387.

Roerink G J, Menenti M, Verhoef W. 2000. Reconstructing cloudfree NDVI composites using Fourier analysis of time series. International Journal of Remote Sensing, 21(9): 1911-1917.

Rußwurm M, Körner M. 2018a. Convolutional LSTMs for cloud-robust segmentation of remote sensing imagery. arXiv preprint arXiv: 1811.02471.

Rußwurm M, Körner M. 2018b. Multi-temporal land cover classification with sequential recurrent encoders. ISPRS International Journal of Geo-Information, 7(4): 129.

Rußwurm M, Körner M. 2020. Self-attention for raw optical satellite time series classification. ISPRS Journal of Photogrammetry and Remote Sensing, 169: 421-435.

Rußwurm M, Pelletier C, Zollner M, et al. 2019. Breizhcrops: a time series dataset for crop type mapping. arXiv preprint arXiv:1905.11893.

Selkowitz D J, Forster R R. 2016. Automated mapping of persistent ice and snow cover across the western U.S. with Landsat. ISPRS Journal of Photogrammetry and Remote Sensing, 117: 126-140.

Shen M, Piao S, Chen X, et al. 2016. Strong impacts of daily minimum temperature on the green-up date and summer greenness of the Tibetan Plateau. Global Change Biology, 22(9): 3057-3066.

Shen M, Tang Y, Chen J, et al. 2011. Influences of temperature and precipitation before the growing season on spring phenology in grasslands of the central and eastern Qinghai-Tibetan Plateau. Agricultural and Forest Meteorology, 151(12): 1711-1722.

Shi Y, Liu C, Kang E. 2009. The glacier inventory of China. Annals of Glaciology, 50(53): 1-4.

Siachalou S, Mallinis G, Tsakiri-Strati M. 2015. A hidden Markov models approach for crop classification: linking crop phenology to time series of multi-sensor remote sensing data. Remote Sensing, 7(4).

Stewart I D, Oke T R. 2012. Local climate zones for urban temperature studies. Bulletin of the American Meteorological Society, 93(12): 1879-1900.

Sulla-Menashe D, Gray J M, Abercrombie S P, et al. 2019. Hierarchical mapping of annual global land cover 2001 to present: The MODIS Collection 6 Land Cover product. Remote Sensing of Environment, 222: 183-194.

Tsyganskaya V, Martinis S, Marzahn P, et al. 2018. SAR-based detection of flooded vegetation-a review of characteristics and approaches. International Journal of Remote Sensing, 39(8): 2255-2293.

Turkoglu M O, D'aronco S, Wegner J D, et al. 2019. Gating revisited: deep multi-layer RNNs that can be trained. arXiv preprint arXiv: 1911.11033.

Verbesselt J, Hyndman R, Newnham G, et al. 2010a. Detecting trend and seasonal changes in satellite image time series. Remote Sensing of Environment, 114(1): 106-115.

Verbesselt J, Hyndman R, Zeileis A, et al. 2010b. Phenological change detection while accounting for abrupt and gradual trends in satellite image time series. Remote Sens Environ, 114(12): 2970-2980.

Viovy N, Saint G. 1994. Hidden Markov models applied to vegetation dynamics analysis using satellite remote sensing. IEEE Transactions on Geoscience and Remote Sensing, 32(4): 906-917.

Wang C, Cao R, Chen J, et al. 2015. Temperature sensitivity of spring vegetation phenology correlates to within-spring warming speed over the Northern Hemisphere. Ecological Indicators, 50(mar.): 62-68.

Wang J A, Sulla-Menashe D, Woodcock C E, et al. 2019. Extensive land cover change across Arctic-Boreal Northwestern North America from disturbance and climate forcing. Global Change Biology, 26(2): 807-822.

Wang X, Liu S, Du P, et al. 2018. Object-based change detection in urban areas from high spatial resolution images based on multiple features and ensemble learning. Remote Sensing, 10(2): 276.

Wang Z, Yan W, Oates T. 2017. Time series classification from scratch with deep neural networks: a strong baseline. Anchorage: 2017 International Joint Conference on Neural Networks(IJCNN), 1578-1585.

Westhead D R, Vijayabaskar M. 2017. Hidden Markov Models: Methods and Protocols. Berlin: Springer.

White M A, Nemani R R. 2006. Real-time monitoring and short-term forecasting of land surface phenology. Remote Sensing of Environment, 104(1): 43-49.

Xian G, Smith K, Wellington D, et al. 2021. Implementation of CCDC to produce the LCMAP Collection 1.0 annual land surface change product. Earth System Science Data, 2021: 1-37.

Xu H. 2006. Modification of normalised difference water index(NDWI)to enhance open water features in remotely sensed imagery. International Journal of Remote Sensing, 27(14): 3025-3033.

Xu J, Zhu Y, Zhong R, et al. 2020. DeepCropMapping: a multi-temporal deep learning approach with improved spatial generalizability for dynamic corn and soybean mapping. Remote Sensing Environment, 247: 111946.

Xu Y, Yu L, Zhao F R, et al. 2018. Tracking annual cropland changes from 1984 to 2016 using time-series Landsat images with a change-detection and post-classification approach: experiments from three sites in Africa. Remote Sensing of Environment, 218: 13-31.

Xue Z, Du P, Feng L. 2014. Phenology-driven land cover classification and trend analysis based on long-term remote sensing image series. IEEE Journal of Selected Topics in Applied Earth Observations and Remote Sensing, 7(4): 1142-1156.

Yamazaki D, Ikeshima D, Neal J C, et al. 2017. MERIT DEM: A new high-accuracy global digital elevation model and its merit to global hydrodynamic modeling. New Orleans: AGU Fall Meeting Abstracts, 2017: H12C-04.

Yamazaki D, Ikeshima D, Sosa J, et al. 2019. MERIT Hydro: A high-resolution global hydrography map based on latest topography dataset. Water Resources Research, 55(6): 5053-5073.

Yang X, Qin Q, Yésou H, et al. 2020. Monthly estimation of the surface water extent in France at a 10-m resolution using Sentinel-2 data. Remote Sensing of Environment, 244: 111803.

Yu X, Ji J, Gong J, et al. 2011. Evidences of rapid erosion driven by climate in the Yarlung Zangbo(Tsangpo)Great Canyon, the eastern Himalayan syntaxis. Chinese Science Bulletin, 56(11): 1123-1130.

Zheng H, Du P, Guo S, et al. 2022. Bi-CCD: improved continuous change detection by combining forward and reverse change detection procedure. IEEE Geoscience and Remote Sensing Letters, 19: 1-5.

Zhong L, Hu L, Zhou H. 2019. Deep learning based multi-temporal crop classification. Remote Sens Environ, 221: 430-443.

Zhou D, Zhao S, Zhang L, et al. 2016. Remotely sensed assessment of urbanization effects on vegetation phenology in China's 32 major cities. Remote Sensing of Environment, 176: 272-281.

Zhou J, Jia L, Menenti M. 2015. Reconstruction of global MODIS NDVI time series: performance of Harmonic ANalysis of Time Series(HANTS). Remote Sensing of Environment, 163: 217-228.

Zhu W, Pan Y, He H, et al. 2012. A changing-weight filter method for reconstructing a high-quality NDVI time series to preserve the integrity of vegetation phenology. IEEE Transactions on Geoscience and Remote Sensing, 50(4): 1085-1094.

Zhu X, Chen J, Gao F, et al. 2010. An enhanced spatial and temporal adaptive reflectance fusion model for complex heterogeneous regions. Remote Sensing of Environment, 114(11): 2610-2623.

Zhu Z, Fu Y, Woodcock C E, et al. 2016a. Including land cover change in analysis of greenness trends using all available Landsat 5, 7, and 8 images: a case study from Guangzhou, China(2000-2014). Remote Sensing of Environment, 185: 243-257.

Zhu Z, Gallant A L, Woodcock C E, et al. 2016b. Optimizing selection of training and auxiliary data for operational land cover classification for the LCMAP initiative. ISPRS Journal of Photgrammetry and Remote Sensing, 122: 206-221.

Zhu Z, Woodcock C E, Holden C, et al. 2015. Generating synthetic Landsat images based on all available Landsat data: Predicting Landsat surface reflectance at any given time. Remote Sensing of Environment, 162: 67-83.

Zhu Z, Woodcock C E. 2012. Object-based cloud and cloud shadow detection in Landsat imagery. Remote Sensing of Environment, 118: 83-94.

Zhu Z, Woodcock C E. 2014a. Automated cloud, cloud shadow, and snow detection in multitemporal Landsat data: an algorithm designed specifically for monitoring land cover change. Remote Sensing of Environment, 152: 217-234.

Zhu Z, Woodcock C E. 2014b. Continuous change detection and classification of land cover using all available Landsat data. Remote Sensing of Environment, 144: 152-171.

Zhu Z, Zhang J, Yang Z, et al. 2020. Continuous monitoring of land disturbance based on Landsat time series. Remote Sensing of Environment, 238: 111116.

Zou Z, Dong J, Menarguez M A, et al. 2017. Continued decrease of open surface water body area in Oklahoma during 1984-2015. Science of the Total Environment, 595: 451-460.

第6章 时间序列SAR影像分析与应用

星载 SAR 技术的不断进步，使得同一区域积累大量短周期重复轨道 SAR 数据成为可能，其既为利用 SAR 数据观测地表变化和理解地表过程提供了稳定的数据源，也推动了时间序列 SAR 处理技术快速发展及应用持续拓展。本章系统介绍时间序列 SAR 影像处理分析方法及应用实例,主要内容包括当前热点的时间序列 InSAR 技术与方法及其应用、融合时间序列光学与 SAR 数据的水体月度制图及洪灾监测分析。

6.1 时间序列 InSAR 技术与方法

时间序列 InSAR 技术具有大规模（数百平方公里）、高精度（毫米级）、低成本、动态连续的地表形变监测优势，已逐步成为大规模形变监测最为关键的技术手段之一。自21 世纪以来，时序 InSAR 技术方法不断迭代更新，在众多领域均得到了广泛应用。本节从时序 InSAR 技术发展进程角度出发，介绍几种具有代表性的方法。

6.1.1 PSInSAR™ 技术

PSInSAR™ 的核心思想是利用覆盖同一地区的时序 SAR 影像的幅度和相位信息识别出相关性高、散射特性稳定的永久散射体（permanent scatterers，即 PS 点），基于 PS 点建立模型，反演各误差项和地表形变速率，进而得到形变时间序列信息（Ferretti and Prati，2000；Ferretti et al.，2001）。PSInSAR™ 技术流程如图 6-1 所示，主要包括如下步骤。

（1）PS 点提取。获取覆盖同一区域的 $N+1$ 幅 SAR 影像，选择其中一幅作为主影像，其余为辅影像，将辅影像配准到主影像空间，得到 N 幅干涉图。计算每个像素点的振幅离差指数（ADI），ADI 体现了像素在时间序列上的振幅离散程度，ADI 越小，对应的像素具有越高的相干性和越稳定的散射特性，因此可通过设定 ADI 的阈值来选取 PS 点。

（2）时序建模及线性参数求解。为估算线性形变速率及高程误差，PSInSAR™ 采用邻域差分法进行建模。对于两个相邻的 PS 点 x 和 y，两者在第 i 幅差分干涉图的相位差可表示为

$$\Delta\phi_{x,y}^i = \frac{4\pi}{\lambda}T_i\Delta v_{x,y}^i + \frac{4\pi}{\lambda R\sin\theta}B_i^{\perp}\Delta\varepsilon_{x,y}^i + \Delta\phi_{\text{res},x,y}^i \qquad (6\text{-}1)$$

式中，$B_i^{\perp}$ 和 T_i 分别为空间垂直基线和时间基线；λ、R 和 θ 分别为波长、传感器到目

标的距离和雷达入射角；$\Delta v^i_{x,y}$ 和 $\Delta \varepsilon^i_{x,y}$ 分别为相邻 PS 点 x 和 y 沿 LOS 方向形变速率增量和高程误差增量；$\Delta \phi^i_{res,x,y}$ 为残余相位增量。

由式（6-1）可知，当相邻 PS 点的距离小于大气影响范围时，大气延迟和轨道误差可认为足够小，进而可假设 $|\Delta \phi^i_{res}| < \pi$，因此形变速率增量和高程误差增量 Δv 和 $\Delta \varepsilon$ 可以采用周期图等优化法通过最大化整体相位相干系数来估计。

求解得到所有 PS 点间的相对形变速率和高程误差后，可通过积分方法获取每个 PS 点的形变速率和高程误差。

（3）非线性形变及大气延迟误差求解。分离出线性形变速率和高程误差值后，可将线性地表形变相位和高程误差相位从差分干涉相位中分离，得到残余相位。此时的残余相位包括非线性形变相位、大气延迟相位和噪声相位，可借助三者不同的时空频率特性加以分离。首先，依据非线性形变相位和大气延迟相位在空间上表现为低频特性，而噪声表现为高频特性，可以对残差图进行空间低通滤波，消除干涉失相干和其他随机噪声相位分量。然后，利用大气延迟相位在时间维度上表现为随机高频特性、非线性形变呈现低频趋势的特点，再对前述残差图进行时间域低通滤波处理，即可提取非线性形变相位信息。最后将非线性形变相位与第（2）步提取的线性形变相位相加，即可得到地表真实形变相位。

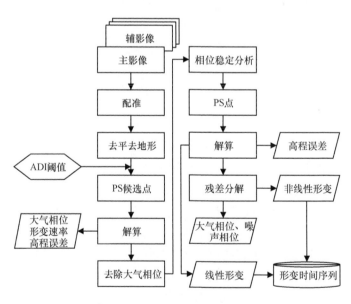

图 6-1　PSInSAR™ 技术流程图

6.1.2　SBAS-InSAR 技术

PSInSAR™ 能有效克服地表形变监测过程中时空失相干及大气延迟误差干扰的难题，但其基于单一主影像构建时空基线网络，不仅对 SAR 影像的数量要求较高，而且在形变尺度较大或区域内 PS 点有限的情况下，难以得到准确的地表形变结果。在此背

景下，Berardino 等（2002）提出了 SBAS-InSAR 技术，其核心思想是基于获取的 SAR
时间序列影像形成多个集合，在每个集合中选取时间和空间基线相对较短的像对，分别
进行差分干涉处理，形成的差分干涉图能较好地克服时空失相干现象。为连接多个小基
线集合，避免出现数据解算过程中方程秩亏引起的无穷解现象，采用奇异值分解算法
（SVD）获取最小范数意义上的最小二乘解，获得线性形变相位及高程误差相位，再通
过对残余相位进行类似于 PSInSAR™ 的时空域滤波，分离出大气延迟、非线性形变和
噪声相位。SBAS-InSAR 技术流程如图 6-2 所示。

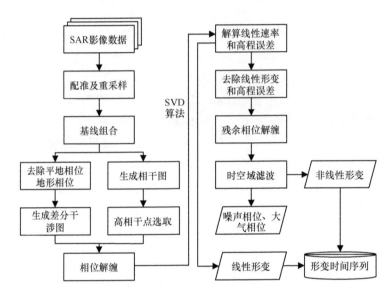

图 6-2　SBAS-InSAR 技术流程图

6.1.3　StaMPS/MTI 方法

StaMPS/MTI 方法（Hooper et al.，2007，2012；Hooper，2008）是由 Hooper 等及
多所高校、科研机构联合开发的时序 InSAR 处理分析方法，以开源软件包的形式向广大
学者共享，在地表形变监测领域得到了广泛的应用。该软件包集成了 Hooper 等（2007）
提出的 PS 算法、Hooper（2008）提出的 SB 算法以及两种算法的集成 MT-InSAR 算法。
StaMPS/MTI 区别于其他时序 InSAR 方法的主要特点表现为三个方面：一是其处理的是
单视复数影像，避免了多数算法因多视处理引起的空间分辨率损失现象，能增强相干点
识别的效果；二是其相干点的定位与识别建立在对散射强度和干涉相位稳定性深入分析
的基础之上，能够有效地提高相干点的空间密度；三是其采用更具鲁棒性的三维解缠方
法，充分利用时间序列干涉相位的第三维度即时间维，提高解缠质量和效率。
StaMPS/MTI 中的 PS 和 SB 算法除了时空基线结构和对相干点定义不同外［PS 算法提
取的为 PS 点，SB 算法提取的为 SDFP 点（slowly-decorrelating filtered phase，缓慢失相
关的滤波相位点）］，还具有统一的核心思路，主要包括相位稳定性分析和各误差分量与
形变的分离，其技术流程如图 6-3 所示。

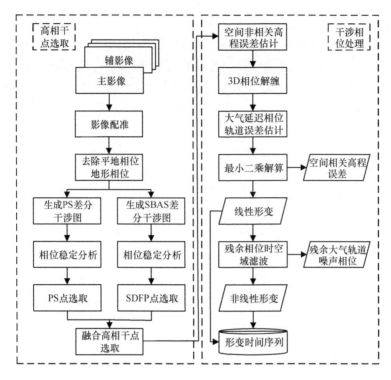

图 6-3　StaMPS/MTI 技术流程

6.1.4　DS-InSAR 技术

相对于 PS，DS（distributed scatterers，分布式散射体）是一个分辨单元内没有任何散射体的后向散射信号占据主导地位的目标，通常在空间上聚集分布，属同一地物类型，如植被、裸土、水体等。DS-InSAR 的核心思想则是通过提取这些 DS 点达到在空间上加密形变观测信息的目的。但由于 DS 目标后向散射强度中等，易受时空失相干等因素的影响，干涉相位信噪比较低。因此，为了解算出准确的地表形变信息，需要首先对 DS 目标信息进行适当的筛选和优化处理，通常包括同质点识别和时序相位优化，这也是 DS-InSAR 技术的两个关键环节（Ferretti et al.，2011；Jiang et al.，2015）。

（1）同质点识别。同质点是一定空间范围内具有相似散射特性的像元。同质点识别是一种通过统计推理确定相邻像素与中心像素之间相似性的算法，其估计精度直接影响后续时序相位优化的精度（Parizzi and Brcic，2011；Jiang et al.，2015）。根据效率最大化原则，同质点识别方法可分为两类：非参数统计方法以 K-S（Papoulis and Pillai，2002）和 BWS 假设检验（Baumgartner et al.，1998）为代表；参数统计方法有似然比检验（LRT）（Papoulis and Pillai，2002）、FaSHPS 方法（Jiang et al.，2015）和被称为 HTCI 的改进 FaSHPS 算法（Jiang et al.，2017b）。与非参数假设检验相比，参数检验的性能更强，类型 II 误差更低。例如，FaSHPS 在高斯假设下使用置信区间代替假设检验来提高计算速度，其基本思想是将三维强度数据在时间维度上做平均，以参考像素的平均值作为真值，以相邻像素的平均值作为待估值，在给定的置信水平下，如果一个待估值落在真值构造区间内，则认为它是参考像素的同质样本（Jiang et al.，2015）。该算法的主要挑战是对参考像素真值的估计有偏差，导致类型Ⅰ误差较高。因此，HTCI方法利用LRT的无偏估计特性，将LRT获得的同质点集合作为初始集合，集合中像素作为参考像素，然后再利用更窄的置信区间和迭代计算获得最终的同质点集合（Jiang et al.，2017a）。该方法有效地控制了类型Ⅰ和类型Ⅱ误差，是目前得到广泛应用的同质点识别方法。

（2）时序相位优化。经同质点识别后的相位优化或称相位连接，是提高干涉测量相位信噪比、提高有效测量点空间密度的关键。其核心思想是基于同质点的样本协方差矩阵（sample covariance matrix，SCM）或复相干性矩阵（complex coherence matrix，CCM）构建目标函数，并采用一定解算策略实现最优相位的估计。近年，多种先进相位优化算法被提出，并在DS点时序相位恢复中得到广泛应用，最具代表性的有PTA算法（Guarnieri and Tebaldini，2008；Ferretti et al.，2011）、EVD算法（Fornaro et al.，2015；Cao et al.，2016）和后续发展的EMI算法（Ansari et al.，2018）。其中，采用最大似然估计器的PTA算法通常在优化性能上优于EVD算法，而基于特征分解求解器的EVD与EMI算法在计算效率方面优于PTA算法（Ansari et al.，2018）。可见，EMI算法兼顾了最大似然估计的优化性能和特征值分解的解算效率，是当前发展潜力较大的相位优化算法。此外，近几年还涌现出多种针对上述算法的改进算法，多围绕相位优化的三个主要环节，SCM或CCM估计、相位加权策略和解算策略，开展调整、增强和优化的研究工作（Cao et al.，2015；Jiang et al.，2015；Zhang et al.，2019；Zhao et al.，2019；Jiang，2020；Li et al.，2021）。

经过同质点识别和相位优化后，可通过计算同质点的时间相干性并结合一定的阈值筛选出最终DS目标，使其与独立提取的PS目标融合，最大限度地提高观测点的空间密度。后续对相干点集合时序相位的误差分离及地表形变信息反演的过程可参考单一主影像或多主影像的时序分析方法，如前文所述的PSInSAR™、SBAS-InSAR和StaMPS/MTI等方法实现。

6.2　融合PSI与PCA的城市地表形变监测分析

据不完全统计，我国已有超过96个城市出现不同程度的地面沉降，其中约80%位于东部和中部地区。本节研究区徐州市是我国东部重要的能源和工业城市之一（图6-4）。1949年以来，岩溶地下水和矿产资源的过度开采，引发了不同程度的地表变形。截至2001年，徐州市各类地质灾害造成的直接经济损失约20.4亿元。随着城市的大规模扩张、人口迁移、地铁工程实施以及煤炭开采和塌陷区复垦，徐州市地质灾害问题日益严重。因此，定期对地表变形进行监测，是防范灾害风险、支持城市综合可持续发展的迫切需要。本节利用StaMPS中的PS算法，对2015～2018年获得的52景C波段Sentinel-1A SAR图像进行时间序列分析，改进Chen等（2017）提出的基于PCA的误差改正方法，提取徐州市高精度长时序地表形变信息。通过对地表形变结果的详细分析，深入研究和讨论地表形变的不同驱动因素，从而为缓解和预防城市地质灾害提供重要依据。

6.2.1　研究区与数据源

徐州位于江苏省西北部，与山东、河南、安徽三省接壤［图 6-4（a）］，地处华北平原、鲁南山区南部边缘。徐州是地质灾害多发地区，根据《江苏省地质灾害防治规划（2016～2020 年）》，徐州市是重点地质灾害防治区之一（人口密集，易发生滑坡等地质灾害），如图 6-4（a）（蓝线）所示。研究区域［图 6-4（a）中黑色虚线矩形范围］覆盖重点地质灾害防治区南部和城区部分（34.12°N～34.45°N，116.93°E～117.50°E）。研究区地形以冲积平原、山前平原和山间平原为主，高程 30～250m。京杭大运河穿北而过，故黄河贯通东西，连接京杭大运河至云龙湖［图 6-4（b）］。研究区覆盖着深度 0～50m 的松散第四纪沉积物，故黄河断裂带等区域地质构造是岩溶发育的有利条件。溶洞和地下河流广泛形成，蕴藏着丰富的地下水。历史上发生的岩溶塌陷与这些断裂带具有空间相关性。该地区的煤矿产业发达，煤炭和地下水开采被认为是近几十年地质灾害的主要成因。近年来，徐州市相继关闭矿井，且严格限制了地下水的开采，相关地质灾害的发生大大减少。然而，随着城市的不断扩张，以及地铁网络的建设［图 6-4（b）］，徐州地表形变的因素越来越复杂。

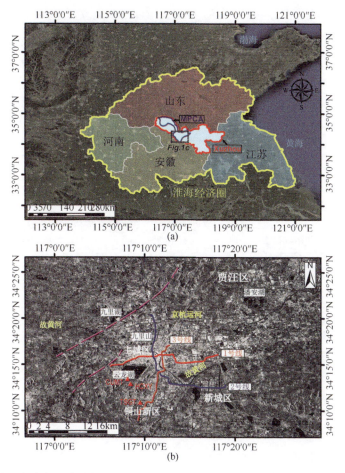

图 6-4　徐州在淮海经济圈的位置（a）、研究区 Sentinel-1A SAR 数据平均强度图（b）

研究使用 2015 年 11 月 27 日～2018 年 6 月 8 日获取的 52 景 C 波段 Sentinel-1A SLC SAR 图像进行 PSI 分析。这些数据是在 TOPS 模式下采集的，轨道号为 142，距离向和方位向的分辨率分别约为 2m 和 14m。SAR 数据集的详细信息如表 6-1 所示。采用 30m SRTM 数字高程模型（DEM）模拟和去除地形相位，并对干涉图进行地理编码。使用 TSGT、CUMT 和 HCXY 记录的 GNSS 数据对 InSAR 监测精度进行验证。

表 6-1   SAR 数据情况表

条目	描述
卫星	Sentinel-1A
获取模式	TOPS
轨道数	142
轨道方向	升轨
极化	VV
波长/m	0.0555
距离向分辨率/m	2.33
方位向分辨率/m	13.94
入射角/（°）	40.12
影像数量	52
时间跨度	2015 年 11 月 27 日～2018 年 6 月 8 日

6.2.2   研 究 方 法

本节采用 PSI 方法对 SAR 影像进行时间序列分析，数据处理流程如图 6-5 所示。

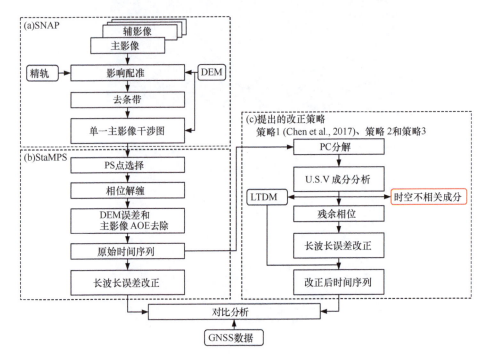

图 6-5   数据处理流程图

利用欧洲空间局提供的 SNAP 软件完成单一主影像干涉图生成及之前的处理。PSI 算法的主要步骤使用 StaMPS/MTI 软件包实现。通过对 Chen 等（2017）提出的长波长误差改正方法（策略 1）进一步改进，提出了新的误差改正策略（策略 2 和策略 3）。

1. 初始 InSAR 时间序列生成

首先，利用 Sentinel-1A 轨道文件对获取 SAR 图像时的轨道状态向量进行精炼。综合考虑相关因素，选取 2017 年 6 月 13 日获取的图像作为主影像，将所有的辅影像共同配准并重新采样到主影像。最大时间基线为 564 天，垂直基线范围为 3～84m（图 6-6）。借助 DEM 去除地形相位，并对干涉图进行地理编码。然后，根据振幅离差和相位稳定性的统计分析，选择并提纯 PS 像元。为了降低数据量，所有干涉图都被二次采样到 20m 分辨率，最终共保留了 430651 个 PS 像元。采用三维解缠方法对 PS 点进行相位解缠。最后，估算并去除由 DEM 误差引起的与基线相关的相位残差，去除每个干涉图中存在的主影像大气和轨道误差相位，获得初始 InSAR 时间序列（图 6-6）。

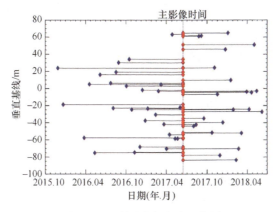

图 6-6　干涉图时空基线示意图

为进一步减轻 InSAR 信号中残余误差的影响，本节使用经验二次多项式函数来估算由长波误差（轨道残差和对流层延迟）引起的相位趋势（Chen et al.，2017）。

$$\phi_i = ax_i + by_i + cx_iy_i + dx_i^2 + ey_i^2 + fz_i + gz_i^2 + h \tag{6-2}$$

式中，i 为干涉图中的像元；ϕ_i 为初始时间序列的干涉相位；x_i 和 y_i 为像元坐标；z_i 为 DEM 中的高程值；$a,b,\cdots,h$ 为拟合参数。

如表 6-2 所示，在预计的非形变区域计算的方差呈显著减少趋势（均方根值为 11.02～15.17mm），表明该方法的有效性。然而，对于高精度微小形变 InSAR 监测而言，11mm 左右的不确定性仍是不可忽略的。前人研究使用带通滤波来消除对流层延迟以及时空不相关的随机噪声相位。然而，在利用这类滤波时必须非常谨慎，参数设置不当很容易将形变信号滤除，为了避免丢失任何感兴趣的信号，研究倾向于更深入地挖掘 InSAR 信号，而不是应用任何时间或空间滤波。

表6-2 非形变区 RMS 和不同改正策略下 GNSS 与 InSAR 的差异 （单位：mm）

	初始时间序列	长波误差改正	基于 PCA 的误差改正		
			策略 1	策略 2	策略 3
非形变区	15.17	11.02	9.89	4.75	4.67
TSGT	13.87	9.28	7.51	3.34	3.47
CUMT	15.97	12.75	9.45	3.28	3.33
HCXY	12.36	9.06	8.80	5.82	5.81

2. 基于 PCA 的时序 InSAR 信号分析

PCA 是一种将数据中包含的信息集中在几个互不相关的主成分中的一种统计学方法。为了进一步挖掘 InSAR 信号，将 PCAIM（PCA-based inversion method）软件包中的 PC 分解应用于初始时间序列上。输入数据矩阵由 430651 行（总像元数）和 52 列（影像数）组成。它被分解为多个 PC 的线性组合，每个 PC 分别与一个空间函数（U）、一个显著性指标（S）和一个时间函数（V）相关联［式（6-3）］。空间函数表示相位信息的空间分布，显著性值表示对应分量的重要性，而时间函数描述信号的时间演变行为［详细的理论请参见 Kositsky 和 Avouac（2010）、Lin 等（2010）、Remy 等（2014）和 Chen 等（2017）的相关应用实例］。

$$X_{(m\times n)} = U_{(m\times k)} \cdot S_{(k\times k)} \cdot V_{(k\times n)}^{\mathrm{T}} \tag{6-3}$$

式中，m 为像元数；n 为影像数；k 为 PC 个数；$X_{(m\times n)}$ 为归一化的数据矩阵；$U_{(m\times k)}$ 和 $V_{(k\times n)}$ 分别为分量的空间函数和时间函数；$S_{(k\times k)}$ 为一个对角矩阵，其值表示每个分量的重要性；$V_{(k\times n)}^{\mathrm{T}}$ 表示 $V_{(k\times n)}$ 的转置。

图 6-7 展示了 InSAR 时间序列中各 PC 的显著性值加权的时间函数和空间函数。PC1 ［图 6-7（a）］表现为空间高相关但时间不相关的长波信号。由其空间函数与地形的散点图可以看出，这种长波信号可能主要与残余轨道误差有关，部分受与地形相关的对流层延迟的影响。PC1 的重要性比例（ $P_{S1} = 0.40$ ）表明，即使是具有精确轨道的现代卫星（如 Sentinel-1），在某些区域的残余轨道误差也可能很大。PC2 的时间函数 ［图 6-7（b）］呈线性变化趋势，表明信号具有高时间相关性，说明 PC2 可能与长期地表形变有关。为了确认这一猜想，对初始平均速度和个别点的初始时间序列进行了研究，并与 PC2 进行比较。结果表明，PC2 的空间格局与初始平均速度的空间格局非常相似，并且大部分点在时间上显示出相似的线性形变趋势。因此，PC2 的信号主要与影响研究区的地表形变有关。相反，PC3 和 PC4 ［图 6-7（c）、图 6-7（d）］呈现的信号在时空上主要是不相关的。时间函数的幅度在零附近随机波动，而空间格局则表现出高度可变性，与地形没有明显的相关性，这与对流层延迟的湍流分量的特征非常相似。PC6 的时间演变 ［图 6-7（f）］表现出明显的季节性变化，夏季主要为正值，冬季为负值，散点图揭示了空间函数值与−200～−70mm 的地形之间存在明显的相关性，表明 PC6 中呈现的部分信号可归因于对流层延迟的长波分层分量的季节性波动。根据目视解译，低于 70m 的信号可能对应于与热膨胀和施工活动相关的一些局部建筑形变的季节性变化。PC5 ［图 6-7（e）］呈现出与 PC3 和 PC4 相似的空间格局，

但与地形没有明确的相关性。然而，时间函数显示出轻微的季节性行为，这使得很难将其归入任何已知类别。它可能是湍流对流层延迟和/或季节性形变和/或噪声的组合。因此，在上述分析的基础上，本节提出了高精度微小长期地表形变监测的误差改正策略。

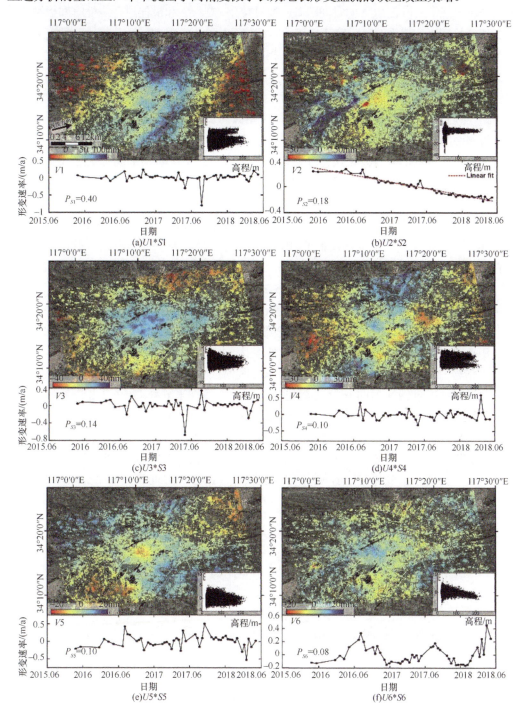

图 6-7　对初始 InSAR 时间序列进行主成分分解的结果

包括每个 PC 的显著性值加权的空间函数（$U*S$）、时间函数（V）和显著性值比例（P_s）。散点图表示 PC 和高程之间的相关性

3. 时间序列地表形变的精细提取

经分析，PC2 是与徐州地区地表形变有关的分量，因此使用一个线性函数［图 6-7（b）中的红色虚线］来拟合 PC2 的时间函数。通过使用 $U2$、$S2$ 和最佳拟合线性时间模型重建数据估计长期形变模型，然后将其从初始时间序列中去除。同时，还从初始时间序列中减去了主要与湍流对流层延迟相关的时空不相关成分 PC3 和 PC4。对于存在不确定因素的PC5 组分，如果直接去除它可能会丢失季节性形变信息。因此，计算出两组独立的残差时间序列，以进行进一步的改正：一组包含 PC5（改正策略 2），一组不包含 PC5（改正策略 3）。然后，估算两组残余时间序列中每个图像的长波长误差。最后再将长期形变加回去，得到两组修正后的时间序列。

如表 6-2 所示，与长波长误差改正的结果相比，改正策略 1 未能有效降低非形变区域的均方根值（RMS：9.89mm 和 11.02mm）。这主要是因为 Chen 等（2017）案例中的主要误差为长波对流层延迟，但正如上文所分析的本研究中湍流对流层延迟在 InSAR 观测信号中发挥了重要作用（约占 1/4）［图 6-7（c）、图 6-7（d）］。相比之下，改正策略 2 和改正策略 3 使非形变区域的 RMS 减少了约一半。为了进一步评估不同改正策略的有效性，将 InSAR 时间序列观测值与 GNSS 站测量值在 LOS 方向的形变进行比较（图6-8），计算两组数据差值的 RMS。从表 6-2 可以看出，基于 PC 分解的误差改正方法比传统的长波误差改正方法更有效，因为传统的长波误差改正方法没有考虑形变信号可能带来的影响。与改正策略 2 和 3 相比，策略 1 与非形变区的情况一致，对减少 GNSS 和 InSAR 观测之间差异的贡献较小，这主要是因为改正策略 1 无法处理时空不相关的 InSAR 信号。改正策略 2 和 3 在优化 InSAR 时间序列方面表现出几乎相同的潜力，这可以通过 GNSS 和改正后的 InSAR 测量值之间的一致性来解释（表 6-2 和图 6-8）。虽然策略 3 改正后的 InSAR 时间序列在非形变区表现得更平滑，但在减少 GNSS 和 InSAR 测量值差异的均方根误差方面并不优于策略 2（表 6-2）。TSGT 站的 GNSS 时间序列数据显示了季节变化［图 6-8（a）］，通过改正策略 2 得到的 InSAR 时间序列与 GNSS 数据显示出一致的季节变化。然而，使用策略 3 得到的 InSAR 时间序列似乎被过度改正了，导致形变的季节变化并不明显［图 6-8（c）］。因此，最终采用策略 2 改正的 InSAR 时间序列来进行后续的结果分析和讨论。

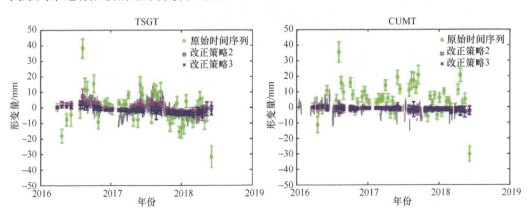

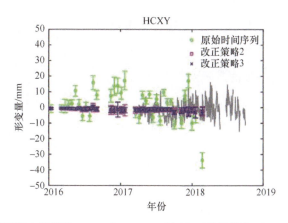

图 6-8　不同策略获得的 GNSS 与 InSAR 时间序列的视线向（Los 向）形变对比

6.2.3　结果分析与讨论

1. 形变速率分析

由策略 2 改正后的形变速率图如图 6-9 所示。结果表明，在整个研究时间段内，研究区大部分区域受到了 $-41\sim25$ mm/a（LOS 方向）的非均匀地表形变的影响。研究区西部的地表形变比东部更严重。主要的形变区域包括地铁沿线和 1~4 形变区。第 1 形变区位于云龙湖南部，铜山新区西部，是近年城市扩张的重点区域（图 6-4 和图 6-9）。2~4 形变区分别位于 3 个老采空区：西部采空区（WG）、东部采空区（EG）和九里山至马村采空区（J—MG）。在主要形变区中，地铁沿线和 1~3 形变区以地表沉降为主。最大沉降速率分布在九里湖以南和潘安湖以东，分别为 -40.5 mm/a 和 -37.5 mm/a。云龙湖以北地铁 1 号线沿线的 3 个站点附近沉降速度显著，高达 -28.4 mm/a（图 6-9）。相对而言，第 1 形变区和其他地铁沿线地区的下沉速度较小，从几厘米到十几厘米

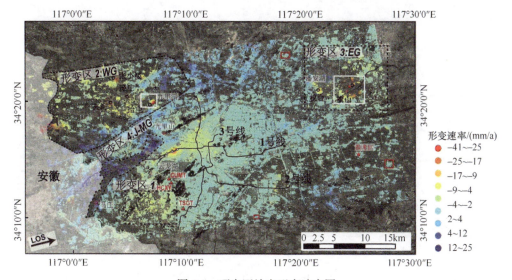

图 6-9　研究区地表形变速率图

不等。另外，第 4 形变区以及第 2 形变区的南部和东部边界观测到 4~25mm/a 的抬升信号。

2. 与城市建设相关的地面沉降

城市扩张过程中的建筑施工和地铁修建过程中的隧道开挖是城市地面沉降的主要原因。研究结果表明，徐州市区地表沉降明显，这可能与城市扩张和地铁建设有紧密联系（图 6-9）。第 1 形变区位于近年来发展迅速的铜山新区西部，许多城市建设活动，包括商业中心、高层住宅楼、医院等城市基础设施的建设都集中在这一区域。该形变区的形变速率较低，主要集中在-10mm/a 以下。

徐州市的三条地铁（1~3 号线）分别于 2014 年 12 月、2016 年 2 月和 2016 年 8 月开工建设，并且在本研究时段结束时仍在施工中。2015 年 11 月~2018 年 6 月地铁线路 1km 缓冲区的形变速率如图 6-10 所示。地面沉降空间分布不均匀，主要集中在主城区范围内地铁 1 号线杏山子站与徐州火车站之间，以及地铁 2 号线彭城广场站与客运北站之间。地铁 3 号线沿线除了跨越主城区的部分有沉降外，大部分均保持稳定。这种空间不均匀的形变特点可能是由于主城区存在密集高层建筑，而地铁的修建极有可能进一步增加本已脆弱的上覆岩层的压力，导致地表形变。最大形变速率（-30~-10mm/a）位于 1 号线西侧的人民广场、工农路和韩山站附近。从剖面线（P-P'）上看 [图 6-10（b）]，地铁沿线的沉降范围宽度>1km，垂直地铁走向方向的沉降近似表现为高斯分布，且沉降量随着与地铁隧道中心的距离增大而逐渐减小，这表明沉降规律与地铁施工密切相关。现场调查结果显示，地面沉降对周围建筑物产生了显著影响[图 6-10(c)]。平均沉降速率峰值（-28.4mm/a）在人民广场站附近的 A 点 [图 6-10（a）]。图 6-11 为城区徐医附院站、客运北站、新城区新元大道站附近的 B~D 点的形变时间序列。可以看出，A~D 点的沉降时间演变大致

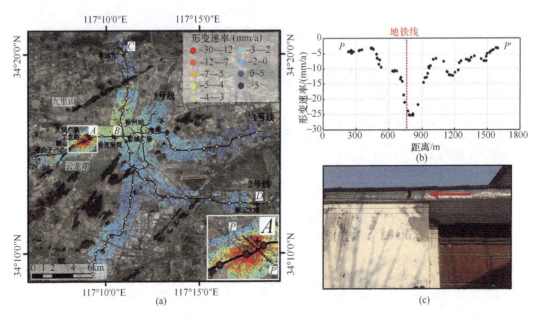

图 6-10　地铁沿线 1km 缓冲区形变速率图（a）、插图中的 P-P'剖面（b）、地面沉降引起的房屋损害（c）

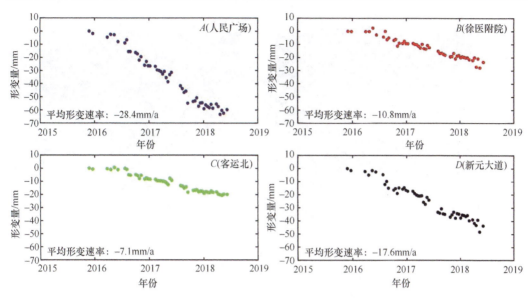

图 6-11　*A*、*B*、*C*、*D* 点的形变时间序列和形变速率

呈线性趋势，平均沉降速率分别为−28.4mm/a、−10.8 mm/a、−7.1 mm/a 和−17.6mm/a。然而，*B*～*D* 点的时间序列呈现出两个不同的沉降阶段：①2016 年年中之前的稳定阶段。②2016 年年中之后的快速沉降阶段。在研究时段结束时，这四个点的下沉速度没有下降的迹象，表明下沉很可能会在接下来的几年中持续进行。

3. 老采空区地面沉降与抬升

徐州有 130 多年的采煤历史，造成了多个地区的地面沉陷。截至 2014 年，徐州城市规划区与煤矿开采相关的沉陷面积约为 180km²。近年来，随着中国煤炭行业的结构性去产能政策的推进，徐州地区大部分煤矿相继关闭（如 2010 年关停权台煤矿；2015 年关闭夹河、庞庄、张小楼煤矿；2016 年关闭旗山煤矿；2017 年关闭拾屯煤矿）。然而，由于上覆岩的重力作用，煤矿在关闭后的几年里仍持续下沉，速率为−40～−5mm/a。权台煤矿作为首批关闭的矿山之一，在关闭后的 5～8 年，周边地区地表沉降量仍在−15.5～−5.2mm/a。约 85%的采空区沉降速率低于−10mm/a，说明权台煤矿采空区在未来几年可能逐步趋于稳定。夹河、庞庄和张小楼矿区沉降速率最显著，分别为−19.0 mm/a、−24.3 mm/a 和−32.0mm/a。拾屯和旗山矿区的形变速率放大图分别如图 6-12（a）、图 6-12（b）所示。根据《徐州城市规划区资源环境承载力评价报告》，拾西村和蔡庄村被认定为地面沉降地质灾害隐患点（分别为特高级和高级），正位于本研究中与拾屯和旗山矿相关的地面沉降区 [图 6-12（a）、图 6-12（b）]。拾屯村地区下沉速率由西北（−8.1mm/a）向东南（−40.5mm/a）增加，蔡庄村地区下沉速率由东北（−13.4mm/a）向西南（−37.5mm/a）增加。图 6-12（a）、图 6-12（b）中 *E*、*F* 点的时间序列如图 6-12（c）、图 6-12（d）所示。可以看出，拾西村和蔡庄村的沉降都呈现出线性的时间演化趋势。由于地面沉降，当地房屋出现了严重的裂缝 [图 6-12（e）、图 6-12（f）]。据估计，该地区有 1500 多人受到地面沉降灾害的威胁，潜在损失达 3000 万元，这突显了采空区形变监测的重要性。

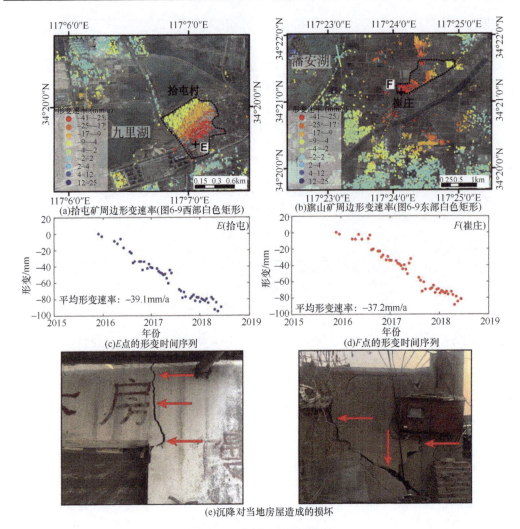

(a)拾屯矿周边形变速率(图6-9西部白色矩形)

(b)旗山矿周边形变速率(图6-9东部白色矩形)

(c)E点的形变时间序列

(d)F点的形变时间序列

(e)沉降对当地房屋造成的损坏

图6-12　典型形变区域情况

　　2015～2018 年徐州市老采空区除受地面沉降影响外，还出现了高达 25mm/a 的抬升现象，如第 2 形变区南部和东部边界以及第 4 形变区。20 世纪 80～90 年代，由于岩溶地下水长期过度开采，区域岩溶水位呈逐年下降趋势。开采集中区形成区域水位下降漏斗，既造成水资源枯竭，又引发岩溶塌陷等地质灾害。从 21 世纪开始，随着严格的地下水资源管理制度的实施，区域地下水位得到控制，城市地区的沉降漏斗逐渐减少和消失，且近年来很少发现岩溶塌陷或地面沉降。2015 年，江苏省政府批准《江苏省地下水压采方案（2014—2020 年）》。徐州市城市规划区内 33 口岩溶水开采井被永久充填，66 口备用岩溶水开采井被封堵。因此，2015 年以来两个老采空区的抬升现象可能与新的开采政策导致的地下水位回升有关。这两个狭长的抬升区位于经历了多年地表沉降的老采空区内，且恰好位于两个东北-西南向斜断层附近。因此，当潜水水位上升时，这两个区域对水的汇聚很有利，进而引发地表抬升。此外，由于这些区域位于冲积平原上，沉积物主要是深度为地面以下 2～23m 的松散砂质黏土、黏土或粉砂层。当地下水位上升时，松散的地层会吸水膨胀导致抬升。当抬升速率相对高于破裂岩层压实引起的下沉速率时，InSAR 会观测到抬升信号。地面抬升与地面沉降应被同等重视，因为这两种现象都可能引发地质灾害，威胁人类的生命财产安全。

6.3 时间序列 SAR 影像水体月度制图

地表水体分布是气候变化、人类扰动耦合作用下的复杂变化。研究地表水体的季节规律对区域水资源管理、生态动态平衡和可持续发展具有重要意义。然而，光学遥感数据受到连续云雨天气条件影响，难以在较短观测间隔内构建有效、稳定的遥感数据，严重制约了其对地表水体季节变化的监测能力。SAR 影像具有全天候、全天时的对地观测能力，对大区域尺度水体时空连续监测带来了更多的机遇与挑战。鉴于此，本节提出了光学与SAR 影像融合的地表水体月度提取方法，以长江中下游平原为试验区，生成该区域 2016～2020 年地表水体 10m 空间分辨率、月时间分辨率专题数据，并分析水体的季节变化规律。

6.3.1 方法与技术路线

顾及长江中下游平原既属于水体季节变化显著区，又属于低云覆盖光学影像获取的困难区，研究提出一种光学/雷达数据决策级融合的大尺度水体连续提取方法，以实现全天候、全天时的水体月度制图，技术路线如图 6-13 所示。

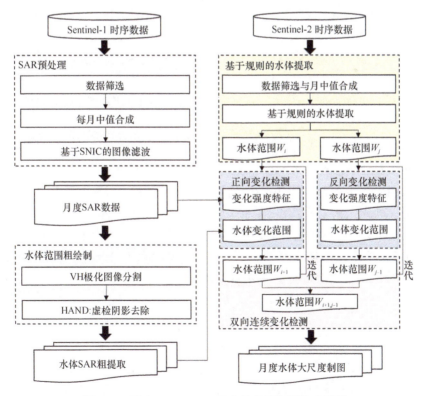

图 6-13 融合 Sentinel-1/2 的水体月度制图技术流程

技术流程如下。

（1）SAR 数据筛选和预处理。利用 GEE 云计算平台，查询、调用长江中下游平原所有可用的 Sentinel-1GRD 数据并进行按月分组、月中值合成、图像滤波等预处理，以构建研究区月份连续的 SAR 数据集。

（2）基于 Sentinel-2 的地表水体范围精准提取。利用水体指数和多源数据融合的自动提取规则。

（3）基于 Sentinel-1 连续变化检测的水体月度变化范围提取。联合分类后比较和变化矢量分析（change vecter analysis，CVA）方法，建立多层次规则提取水体月度变化范围。分类后比较方法中 SAR 水体提取利用了 OTSU 阈值分割，并结合地形、水文模型消除了阴影误检。

（4）基于双向迭代的时序水体范围反演。以光学获取的水体精准范围为基准，叠加 SAR 连续变化检测所获取的水体月度变化范围，经过反演得到长江中下游平原月度水体范围。

6.3.2　地表水体 SAR 粗提取

表面光滑的水体对雷达信号多产生镜面反射，使其后向散射强度通常低于陆地散射体，故基于后向散射系数直方图分布的阈值分割法具有快速提取水体信息的能力，同时展现出较好的普适性和费效比，因此应用最为广泛（Martinis et al.，2015；Martinis and Rieke，2015；Liang and Liu，2020）。不同极化方式的 SAR 数据包含的地表信息不同，其中交叉极化图像主要反映了体散射信息，对镜面反射的敏感程度较低。水体由于表面光滑、均质性较强，在交叉极化图像中的噪声水平较低，具有较小的类内方差。交叉极化与同极化相比，水体与非水体的重叠区域更小、可分离性更高，有利于水体提取。因此，研究采用 Sentinel-1 GRD 数据的 VH 交叉极化图像提取水体信息。

由于类间最大方差受到类别数量比例约束，难以在数据分布不均衡的图像中自动获取有效、准确的目标要素提取阈值。因此，全局水体提取阈值 T_{vh} 顾及了多个典型试验区的 OTSU 阈值，并确定为-23dB，该阈值也在国内外相关研究中得到较多使用和验证（Kaplan and Avdan，2018；deVries et al.，2020；Huth et al.，2020；Li et al.，2020）。

平坦区域的阴影噪声（建筑阴影等）利用 HAND 去除，由于长江中下游平原降雨充沛、水网密度高，HAND 阈值可选择较大值以减少水体漏识别。因此，确定 HAND 值为20m，以掩膜距最近水系的垂直距离大于20m的平坦地区阴影区（Tsyganskaya et al.，2018）。综上，水体提取多因素规则为 $\sigma_0^{vh} \leqslant T_{vh}$ ，HAND < 20m 。

基于全局阈值的水体信息提取十分便捷，但易将后向散射能力较弱的陆地散射体误识别为水体，进而降低了大尺度范围水体提取的精度。陆地低散射地物主要有：①沿江沙丘、待开发空地等干旱裸地，土壤水分含量影响土壤的复介电参数，低土壤水分裸地的电磁波雷达后向散射系数低（Guo et al.，2019）；②机场、道路等表面光滑的人工地表，光滑地表对雷达波形成镜面反射，从而导致后向散射系数较低；③成熟期前的小麦种植地（Veloso et al.，2017）。上述地物严重降低了 SAR 水体提取精度。城市区域中人工建筑物结构对雷达波的二面散射会产生强相干斑噪声而大面积漏提城市水体（Mason et al.，2021）。

6.3.3 基于 Sentinel-1 的水体变化范围反演

联合分类后比较法和 CVA 变化检测方法，建立了层次化的约束规则，以处理水体变化与其他变化的信息缠绕，提取水体变化范围。技术路线如图 6-14 所示，主要包括：①基于阈值分割的 SAR 水体提取。②CVA 变化检测。③水体变化范围提取。

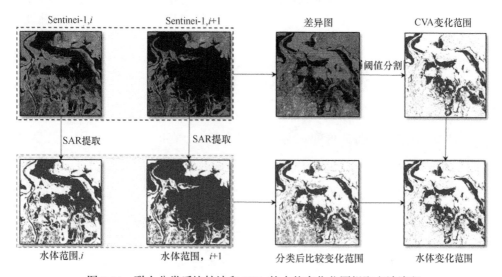

图 6-14 联合分类后比较法和 CVA 的水体变化范围提取方法流程

利用 6.3.2 节中的基于阈值分割的 SAR 水体提取方法，提取邻近时相的水体范围。利用分类后比较方法分析水体 SAR 粗提取的结果，提取 SAR 水体范围的月度变化范围，计算方法如下：

$$dw_{s1}^{i+1} = w_{s1}^{i+1} - w_{s1}^{i} \tag{6-4}$$

式中，dw_{s1}^{i+1} 为 i 与 $i+1$ 时相 SAR 提取水体范围 w_{s1}^{i+1} 和 w_{s1}^{i} 的差分结果，值为 0 时表示前后时相均为水体或陆地，值为 1 时表示水体范围扩张，为 –1 时表示水体范围减小。

CVA 是目前最有效且使用广泛的非监督变化检测方法之一（Du et al.，2020），该方法通过对两幅影像的各波段进行差值运算，得到每个像元的变化矢量。由于 SAR 水体提取的误检率高，CVA 与分类后比较方法相比，能够有效避免误差的累积效应。设像元 p 在波段数为 k 的两幅影像的灰度值分别为 $G_p = (g_p^1, g_p^2, \cdots, g_p^k)^{\mathrm{T}}$ 和 $H_p = (h_p^1, h_p^2, \cdots, h_p^k)^{\mathrm{T}}$，则像元 p 的变化向量为 ΔG_p，表达式如下：

$$\Delta G_p = H_p - G_p \tag{6-5}$$

变化向量 ΔG_p 包含变化强度信息和变化方向信息，其中变化强度的计算公式如下：

$$\|\Delta G_p\| = \sqrt{(h_p^1 - g_p^1)^2 + (h_p^2 - g_p^2)^2 + \cdots + (h_p^k - g_p^k)^2} \tag{6-6}$$

$\|\Delta G_p\|$ 越大，表明像元 p 在两幅影像中发生属性变化的概率越大，因此可通过一个设定阈值判断像元 p 是否发生变化。阈值的确定方法既有通过变化特征值分布自动计算得到阈值（如 OTSU 算法），也有通过对具有代表性的样本数据分析得到经验阈值。

利用 CVA 变化强度阈值设定获取的变化范围信息包括水陆转换、陆地土地覆盖属性改变或结构改变等信息，因而影响了自动阈值分割法对水体范围变化提取的有效性。另外，由于陆面低散射地物影响，SAR 水体提取的误检率较高，尤其是在陆地地表覆盖复杂多变的长江中下游平原，因此限制了分类后比较方法对水体变化范围提取的精度。

针对分类后比较方法精度受到陆面噪声影响的问题，利用后向散射系数变化强度消除该噪声影响，后向散射系数 CVA 变化强度计算公式如下：

$$|\Delta\sigma_p| = \sqrt{(\sigma_{vv}^{i+1} - \sigma_{vv}^i)^2 + (\sigma_{vh}^{i+1} - \sigma_{vh}^i)^2} \tag{6-7}$$

式中，i 和 $i+1$ 为前后两期影像的时相；$|\Delta\sigma_p|$ 为像元 p 在前后两期间的变化强度大小；σ_{vv} 和 σ_{vh} 分别为在 VV 和 VH 极化方式下的后向散射系数。综上，通过双约束变化检测的条件：①水体范围发生月间变化（ dw_{s1}^{i+1} =1 或-1），②具有显著的后向散射系数变化强度大小（$|\Delta\sigma_p| \geqslant$ 7dB），可得 i 和 $i+1$ 期间的水体变化范围 cw_{s1}^{i+1}。

6.3.4 基于连续变化检测的水体双向迭代制图

以 i 时相 Sentinel-2 提取的精准水体范围 w_{s2}^i 为迭代起始点，利用变化属性和变化强度双约束提取的水体变化范围信息 cw_{s1}^{i+1}，反演 $i+1$ 时相的水体范围 w^{i+1}，计算公式如下：

$$w^{i+1} = w_{s2}^i + cw_{s1}^{i+1} \tag{6-8}$$

以此公式连续迭代反演可得 $i+2$，$i+3,\cdots$ 等连续时相的水体范围。

Zheng 等（2021）认识到检测方向对时间序列变化检测的重要性，提出了基于双向连续变化检测与分类算法（bi-directional continuous change detection and classification，Bi-CCDC），该策略能够显著提升单向 CCDC 算法（Zhu and Woodcock，2014）的准确性。受此启发，将双向策略引入水体范围迭代反演中以缓解连续迭代计算的误差传递效应，此时 $i+m$ 期的水体范围为

$$w_{bi}^{i+m} = w_{\text{forward}}^{i+m} + w_{\text{backward}}^{j-n+m} \tag{6-9}$$

式中，i、j 为 Sentinel-2 水体提取相邻的两时相；n 为 i、j 的月份间隔数；w_{forward}^{i+m} 为

从以 i 为起始点的正向变化检测所得的水体变化范围；$w_{\text{backward}}^{j-n+m}$ 为从 j 为起始点的反向变化检测所得的水体变化范围；w_{bi}^{i+m} 为第 $i+m$ 期水体的双向迭代范围。

　　水体范围月度提取后处理部分主要针对城市水体漏提问题。城市环境建筑物对雷达波的二面散射机制产生的强相干斑噪声易造成城市水体大面积漏提取。因此，利用第 3 章水体时序提取与分类中的稳定水体与同年的水体月度范围空间叠加，计算公式如下。

$$w_y^m = \text{PW}_y + w_{bi}^{y,m} \qquad (6\text{-}10)$$

式中，w_y^m 为第 y 年 m 月的水体空间范围；PW_y 为第 y 年的时序稳定水体；$w_{bi}^{y,m}$ 为第 y 年 m 月的水体双向迭代范围。

6.3.5　研究区与数据

1. 研究区概况

　　长江中下游平原由江汉平原、洞庭湖平原、鄱阳湖平原、皖苏沿江平原、里下河平原和长江三角洲平原六块平原组成，范围如图 6-15 所示。GEE 存储整个预处理后 Sentinel-1 GRD 和 Sentinel-2 数据库，并允许用户直接访问。首先根据长江中下游平原范围筛选 Sentinel-1 影像，影像涉及 11、113、40、142、69、171 六个 Sentinel-1 的相对轨道号。对筛选出的 Sentinel-1 影像进行月中值合成，得到连续月、全覆盖的时序 Sentinel-1 影像。以长江中下游平原范围和云覆盖率<20%为条件筛选研究区的 Sentinel-2 影像，再用中值合成方法得到月度的影像。

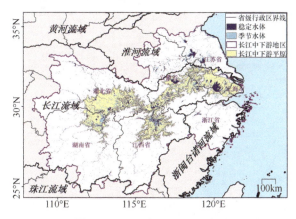

图 6-15　长江中下游平原范围

2. 数据概况

　　Sentinel-1 和 Sentinel-2 影像的月覆盖率如图 6-16 所示。根据长江中下游平原 Sentinel-1 和 Sentinel-2 数据的覆盖情况，地表水体月度制图期确定为 2016 年 1 月～2020 年 12 月。除早期的 2016 年 6 月（87.67%）、2016 年 9 月（77.37%）以及 2020

年 6 月（86.74%）以外，研究区的 Sentinel-1 数据达到每月全覆盖。Sentinel-2 数据在时间序列上的有效观测覆盖率不稳定，而且地物的光谱反射率受到不同季节的不同太阳辐射强度和太阳高度角影响。因此，为减小阴影区对于地表水体提取的影响，Sentinel-2 数据筛选的时间范围为每年春、秋分间（太阳直射北半球）。其中，部分时相的 Sentinel-2 影像缺失部分采用月内云覆盖占比较高的影像或临近时相影像填补。

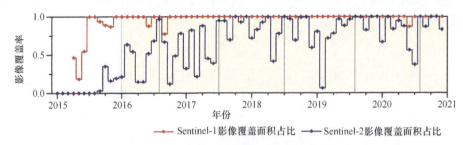

图 6-16 长江中下游平原 Sentinel-1/2 影像月覆盖率

6.3.6 结果与分析

1. 长江中下游平原地表水体月度空间分布及精度评估

研究完成了长江中下游平原 2016 年 1 月～2020 年 12 月地表水覆盖范围 10m 空间分辨率的月度制图（monthly water extents in the yangtze plain，MWEYP），示例结果如图 6-17

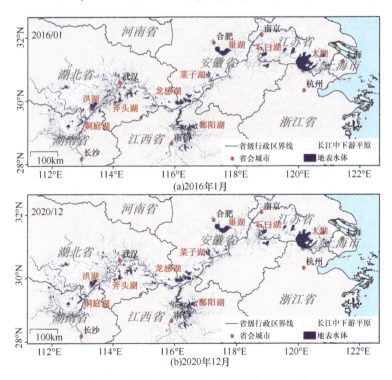

图 6-17 长江中下游平原不同月份水体范围

所示。首先，长江中下游流域范围广、降水量充足，孕育了湘江、汉江、赣江三条径流量
超 500 亿 m³ 的一级支流，丰富的地表水资源在地势低洼、平坦的长江中下游平原形成了
星罗棋布的湖泊群，尤其是在鄱阳湖盆地和洞庭湖盆地分别形成了中国面积最大的两个
淡水湖。其次，图中不同月份水体分布变化展示了长江中下游湖泊水体覆盖范围具有季
节变化特征，尤其是自由通江型湖泊（如鄱阳湖、洞庭湖、石臼湖）水体的覆盖范围随
月份变化而变化。

　　研究选择了 8 个不同场景特征的区域（表 6-3）展示水体月度提取的细节，如图
6-18 所示，每组子图的左图为示范区水体分布图，右图是二级放大图，其范围与左图
中的紫色矩形范围一致。结果表明，融合光学和 SAR 影像的水体月度监测方法对于地
表水体分布的细节表达较好：①10m 空间分辨率能较精细地识别细小河流、网状水网
和细碎斑块的水产养殖用地。②水体提取结果在不同月份、不同地类背景下保持了一
定的稳健性。

表 6-3　水体提取示范区基本信息

地名	中心点经纬度	监测时间	主要土地利用类型
湖南省洞庭湖	112.7581°E，28.8257°N	2019 年 2 月	湖泊、耕地、湿地
湖南省渌水河	113.1522°E，27.6965°N	2018 年 3 月	城镇居民点、耕地、河流
湖北省洪湖市	113.7431°E，30.0371°N	2017 年 6 月	水产养殖、河流、湖泊
湖北省武汉市	114.2621°E，30.5520°N	2018 年 9 月	城市、湖泊、河流
江苏省石臼湖	118.8727°E，31.4062°N	2016 年 10 月	湖泊、水产养殖
江苏省滆湖	119.8177°E，31.5278°N	2020 年 9 月	湖泊、水产养殖
江苏省阳澄湖	120.7847°E，31.5152°N	2020 年 3 月	湖泊、水产养殖、城镇居民点
江苏省吴江区	120.6739°E，31.3528°N	2019 年 7 月	城镇、湖泊、水产养殖

(a)湖南省洞庭湖(湖泊–湿地生态系统)

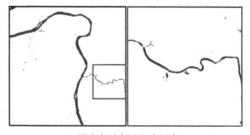

(b) 湖南省渌水河(细小河流)

(c)湖北省洪湖市(细碎水产养殖用地)

(d)湖北省武汉市(城市湖泊、河流)

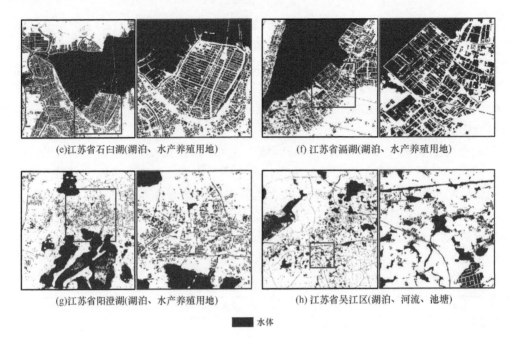

(e)江苏省石臼湖(湖泊、水产养殖用地)　　　(f)江苏省滆湖(湖泊、水产养殖用地)

(g)江苏省阳澄湖(湖泊、水产养殖用地)　　　(h)江苏省吴江区(湖泊、河流、池塘)

■ 水体

图 6-18　局部区域水体空间范围信息

通过 4500 个验证样本对 MWEYP 与 JRC GSW 月度产品进行精度验证，后者是 JRC 利用 Landsat 数据绘制的全球陆地地表水体时空分布的月度产品（1984 年 3 月起），精度评估结果如表 6-4 所示。结果表明：①MWEYP 的精度表现优于 GSW，九个验证区域的总体精度为 94.8%，平均 F1 分数为 90.2%，比 GSW 月度产品分别高 34.5%、19.6%。②MWEYP 不受云雨天气限制，因此能完成连续月份的水体制图，而 GSW 产品虽发布月度数据但部分区域存在某些月份无效监测现象，如 2019 年 1 月的南京八卦洲。③MWEYP 在石臼湖、洞庭湖、鄱阳湖的制图精度相对较低的原因是受到水体季节快速变化的影响，月内不同日期影像生产的变化性水体范围存在不一致性，由此减小了验证样本的现势性和真实性。

表 6-4　MWEYP 和 GSW 产品精度对比　　　　　　　　（单位：%）

区域	MWEYP				GSW			
	精准率	召回率	OA	F1	Precision	Recall	OA	F1
上海城区	100	79.1	98.2	88.3	100	53.5	27.2	69.7
武汉城区	100	91.7	98	95.7	100	91.7	98	95.7
九江城区	99	98.3	98.4	98.6	98.3	98.6	90.6	98.4
八卦洲	98.9	89.3	97.6	93.9	0	0	0	0
洞庭湖南	96.3	95.8	97.4	96.0	94.7	97	97.2	95.8
玄武湖	100	81.8	98	90.0	100	87.3	98.6	93.2
石臼湖	75.1	93.9	86.6	83.5	95.8	75.6	40.8	84.5
洞庭湖	97.4	65.1	87.2	78.1	100	2.3	1.0	4.5
鄱阳湖	77.8	100	92	87.5	88.5	99.3	89.4	93.6

2. 长江中下游平原地表水体月度变化

利用时序变异系数（temporal coefficient of variation，TCV）检测长江中下游平原地表水体的月度变化范围。长江中下游平原 2016 年 1 月～2020 年 12 月地表水体月度变化范围检测结果如图 6-19 所示，图中颜色越接近蓝色表明水体越稳定，越接近红色表明水体的不稳定程度越高。长江中下游平原地表水体覆盖范围呈现出月波动特征的区域主要有：①季节性湖泊；②水产养殖用地；③水田；④洪涝淹没范围。以上变化区域的总面积为 2.51 万 km²。

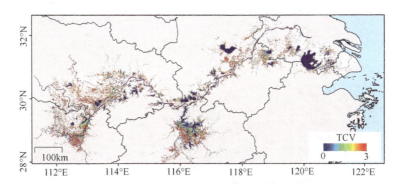

图 6-19　长江中下游平原地表水体月度变化范围检测结果

季节性湖泊即图 6-20 的鄱阳湖、洞庭湖、石臼湖，其覆盖范围呈现出波动性显著强于图 6-21（a）和图 6-22（c）的太湖与巢湖。每年 5 月进入梅雨季节后，长江中下游平原的持续强降水推动长江水位上升，叠加长江水的倒灌效应及流域自身水位抬升，促使季节性湖泊的覆盖范围扩大。湖泊的季节覆盖范围通常持续至长江汛期结束（10 月中旬），因此季节水体持续时长一般为 6 个月，图中呈现为蓝青色，表明季节水体的 TCV 较低。

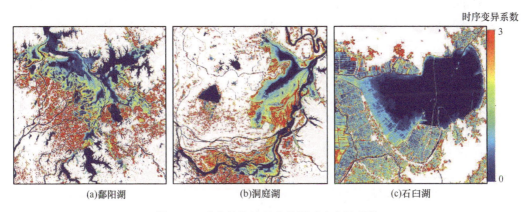

(a)鄱阳湖　　　　　　　　(b)洞庭湖　　　　　　　　(c)石臼湖

图 6-20　季节性湖泊月度范围时序变异系数

水产养殖用地包括图 6-20（c）石臼湖周边的水产养殖用地和图 6-21 太湖围栏养殖用地、漏湖围栏养殖用地、阳澄湖围栏养殖用地及其北部的池塘养殖用地，其覆盖变化的空间范围较为固定，被限制在水产养殖用地内。围栏养殖由于以天然湖体为基础，月 TCV

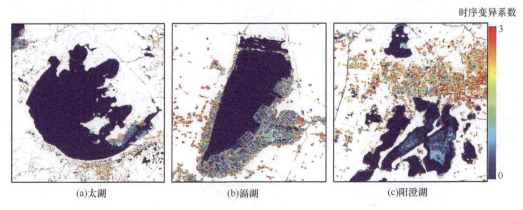

图 6-21　水产养殖用地水体月度范围时序变异系数

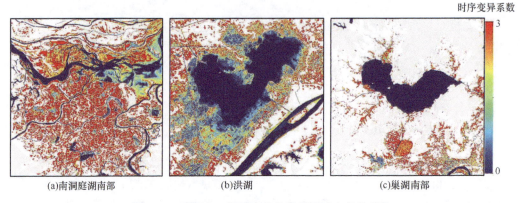

图 6-22　灌溉水田用地水体月度范围时序变异系数

较小，即表明其水体在时序上更为稳定，因此区域颜色趋向于自然水体的蓝色。池塘养殖用地水体的稳定程度与养殖类别有关，一般鱼类养殖用地的 TCV 比蟹类养殖低，因为蟹类养殖用地的放、蓄水周期以及养殖用地范围内水草生长会影响水体的遥感提取。

　　灌溉水田用地为图 6-22 南洞庭湖南部、洪湖周边和巢湖南部的水田，其覆盖变化范围在空间上同样受土地利用类型限制。灌溉水田中的水体能被遥感识别的窗口期较短，一般为灌水后至拔节孕穗期。因此，灌溉水田的月时序变异相对较高，进而在时序变异系数图中多呈现红色。

　　洪涝淹没范围为图 6-22（c）所示的巢湖南边的白湖农场。2020 年长江流域发生流域性持续洪水，空间范围上主要发生在地势低洼的沿江湿地、巢湖流域等，并形成了持续性的淹没区域。洪水淹没期在月尺度上一般较小而且在年尺度上具有高度不确定性，因此其 2016～2020 年时序变异系数较高，主要以红色展示在时序变异系数图中。值得注意的是，月度制图并不能完全反映暴雨洪水淹没的准确范围，因为高危暴雨洪水事件往往具有短暂性，月合成影像可能会丢失非持续性洪水信息。

3. 长江中下游平原主要湖泊季节变化特征及分类

长江中下游平原湖泊因与长江连通的自由度不同和地理水文条件差异，其季节变化特征具有分异性。因此，研究利用 HANTS 分解湖泊覆盖面积的时序特征，并利用其中的季节特征参数对长江中下游平原湖泊群进行分类。主要的预处理和流程有：①以地表水体的最大覆盖范围为参考栅格数据，数据转换、矢量编辑得到长江中下游平原湖泊群的矢量范围。②结合 Google Earth 高分影像进行目视核查、校正编辑，提取了长江中下游平原主要湖泊（共 84 个）的矢量范围。③将主要湖泊矢量范围布置于 GEE 云计算平台，并利用 GEE 计算不同湖泊范围的时序面积数据集。④利用 HANTS 算法分析湖泊群覆盖面积的时序特征。⑤根据相对季节变化强度（RA）将长江中下游平原湖泊群分为四类（稳定型：0≤RA<0.02，较稳定型：0.02≤RA<0.04，弱季节型：0.04≤RA<0.2，季节型：RA≥0.2），结果如图 6-23 所示。

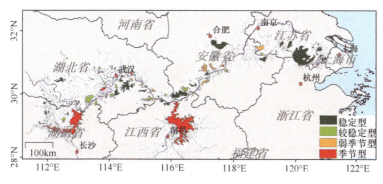

图 6-23　长江中下游平原主要湖泊分类结果

长江中下游平原季节型湖泊数量为 6 个，包括 2 个大型自由通江型湖泊：鄱阳湖、洞庭湖，4 个承担蓄、滞洪任务的湖泊：仙桃五湖、涨渡湖、陈瑶湖、借粮湖。弱季节型湖泊的数量为 11 个，包括石臼湖、菜子湖、升金湖、白荡湖等。较稳定型湖泊的数量为 21 个，包括洪湖、泊湖、网湖、大通湖、西凉湖等。稳定型湖泊的数量为 46 个，包括太湖、巢湖、梁子湖、大官湖、龙感湖、漷湖等，这些湖泊覆盖范围常年稳定，季节变化特征不显著。4 个典型湖泊的面积月度变化如图 6-24 所示。

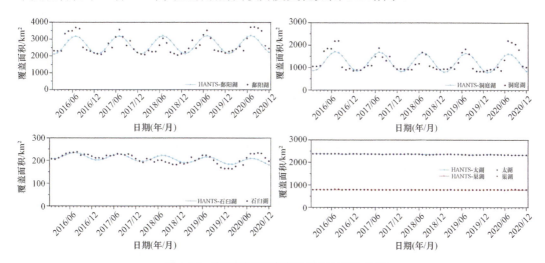

图 6-24　湖泊面积月度变化及 HANTS 分析

6.4 时间序列 SAR 洪灾动态监测与分析

长江中下游地区承载 4 亿人口，是中国最重要的粮食生产基地、工业基地和生态保护区之一。该区域受季风影响，降水多而地势低，亦是全球极易发生暴雨洪涝灾害的区域之一。极端气候事件频发的背景下，发展洪水动态监测技术以采集地表水体异常变化的空间分布信息，有利于洪涝灾害损失评估和汛情防控。因此，本节旨在提出面向广域尺度的洪水动态监测方法，利用短重访周期 Sentinel-1 时序数据，诊断长江中下游地区2020 年汛期地表水体异常变化，自动检测洪水事件，生成 12 天时间间隔与 10m 空间分辨率的洪水淹没范围专题数据，追踪淹没范围的空间变化，对长江流域汛情防控具有实际应用价值。

6.4.1 方法与技术路线

本节利用时序 Sentinel-1A 数据，提出了监测时间间隔为 12 天的洪水动态监测方法，技术流程如图 6-25 所示，主要包括：①数据筛选和预处理。顾及长江中下游地区汛期的时间跨度确定数据筛选规则，对时序 Sentinel-1A 数据进行分组、镶嵌、裁剪、SNIC 分割和滤波，以构建区域全覆盖的时序 SAR 数据集。②基于阈值分割的水体粗提取。利用基于阈值分割的 SAR 水体粗提取方法，初步提取汛期水体时空分布。③联合 Sentinel-2 光学遥感数据的汛期初水体精准提取。本节提出了联合 Sentinel-1A/2 的水体自动提取方法，校正水体 SAR 粗提取的首期结果，得到一期精度可靠、监测期确切的地表水体提取结果。

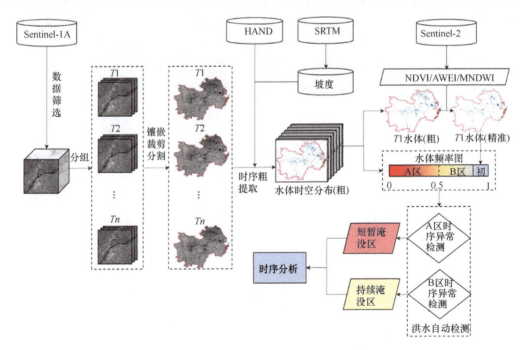

图 6-25 联合 Sentinel-1A 和 Sentinel-2 的洪水动态监测流程

④基于时序异常的洪水事件检测与淹没过程分析。利用水体时空分布数据逐一计算每个像元被识别为水体的频率，不同频率区间采用差异化的淹没过程检测策略，分别提取短暂淹没区和持续淹没区。

6.4.2　汛期初水体精准提取方法

获取淹没前水体分布是基于时序异常检测的洪水动态监测方法的前提条件。长江中下游地区汛期水体变化快速，低时间分辨率遥感数据时间信息不确切会造成水体提取的不确定性和精度问题。基于 SAR 影像的水体提取具有较高的时间分辨率，但精度依旧不足。利用光学卫星虽能够获取较高精度的水体分布信息，但难以在短期内获取一幅低云、区域全覆盖的影像，该方法时间覆盖率较低。

针对以上问题，本节提出了联合 Sentinel-1A/2 数据水体自动提取方法（Sentinel-1/2 combined automatic water extraction，SCAWE），旨在实现大范围尺度、高时间分辨率的水体快速、稳健的自动制图。SCAWE 的技术流程如图 6-26 所示，主要包括：①基于 Sentinel-1A 的水体粗提取。②Sentinel-2 数据筛选以及云检测、掩膜。③水体、植被等遥感指数计算。④时序处理及多要素提取。⑤SAR 水体粗提取结果校正。利用 SCAWE 能够得到 12 天时间分辨率、10m 空间分辨率的水体专题数据。

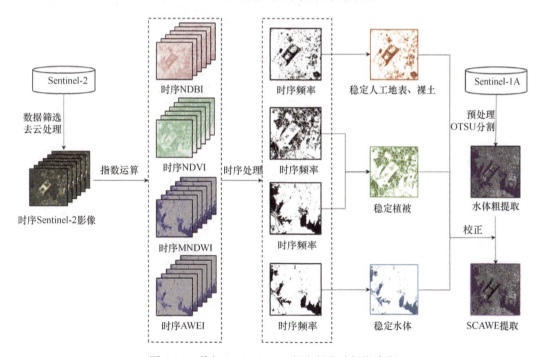

图 6-26　联合 Sentinel-1A/2 的水体自动提取流程

山体阴影区的 SAR 后向散射率较低，易被阈值分割法识别为水体。因此，研究在 6.3.2 节介绍的水体 SAR 提取方法的基础上，引入了 SRTM 坡度数据去除区域起伏地形带来的阴影噪声。综合洪水滞留区坡度特征和 Sentinel-1A 影像入射角范围[30.52°，46.29°]

所能形成阴影区的坡度条件，坡度阈值确定为 10°。该阈值既能有效掩膜 SAR 侧视成像造成的山体阴影区，又保留了洪水滞留区信息（Lu et al.，2017）。通过以上步骤，得到地表水体 SAR 提取结果。

广域水体提取的时间分辨率不足，但利用时序光学遥感数据可以提取稳定地表要素，进而校正 SAR 粗提取结果，校正表达式如下：

$$W_{sc} = W_{vh} - NW_{s2} + W_{s2} \tag{6-11}$$

式中，W_{sc} 为联合 Sentinel-1/2 数据的水体提取结果；W_{vh} 为 VH 极化图像通过阈值 T_{vh} 提取的水体范围，其错分误差主要来自光滑人工地表、沙丘、滩涂、裸土等，漏分误差主要由城市区域类角反射器结构的强回波信号产生的干扰效应造成。融合 NDBI、NDVI 和 MNDWI 提取时序内稳定的非水体区域（NW_{s2}），这些区域包括光滑人工地表、裸土、沙丘、水稻田等，以减小错分误差。最后利用 AWEI 指数提取时序内的稳定水体，以补偿城市区域的漏提水体。

6.4.3　基于频率差异的时序异常检测及汛情识别

洪水淹没涉及土地覆盖类型变化，淹没前后 SAR 后向散射系数通常会发生显著突变。长江中下游地表水体汛期的水体变化主要包括：①短期大量降水引发的暴雨洪水；②持续降水造成的季节涨水。顾及长江中下游汛情的时空特征，本研究提出了一种基于频率的时序异常检测方法，以适应大尺度范围的汛情动态监测。

基于阈值分割方法，利用时序 Sentinel-1 数据，获取精度较粗的水体时空分布信息。利用公式（6-12）计算像元在 SAR 粗提取结果中被识别为水体的频率。

$$f_w = \frac{N_w}{N_t} \tag{6-12}$$

式中，f_w 为水体识别频率；N_w 为水体识别次数；N_t 为 SAR 水体提取的总期数。

对于暴雨洪水事件，由于其淹没区被淹时间较短，在整个时序上被识别为水体频率较低（$f_w < 0.5$）。耕地由于作物的季节性生长，其后向散射系数呈现出季节波动性。某些生长阶段的作物由于后向散射系数较低，易造成误判。而洪水过程中地表覆盖类型发生了改变，其后向散射系数的变化强度通常高于作物生长产生的变化强度。因此，依次度量邻近两期影像后向散射系数的变化强度和变化方向，计算公式如下。

$$Dis^{i,j} = D \times \sqrt{\left(\sigma_{vv}^i - \sigma_{vv}^j\right)^2 + \left(\sigma_{vh}^i - \sigma_{vh}^j\right)^2} \tag{6-13}$$

式中，i 和 j 为前后两个时相的影像；$Dis^{i,j}$ 为 i 和 j 两期影像变化量；σ_{vv} 和 σ_{vh} 分别为在 VV 和 VH 极化方式下的后向散射系数；D 为水体变化方向，正由非水体转化为水体。

随机选取王家坝蓄洪区、皖北小麦种植地各 50 个点，统计分析其时序的后向散射系数和欧氏距离，如图 6-27 所示。尽管小麦地在小麦成熟期前的后向散射系数较低，达到水体提取阈值，但是其波动变化是与其生长周期相关的持续、较缓慢的过程。而洪水事件在 $T7$ 期改变了王家坝蓄洪区的地表覆盖类型，使其后向散射系数强度变化较为显著。可以发现，当 Dis 为–12dB 时，能够较好地检测到洪水事件引起的时序异常。所以对于快速淹没–退洪模式的水体变化检测策略为 $\sigma_0^{\text{vh}} \leqslant T_{\text{vh}}$，$\text{Dis} \leqslant -12\text{dB}$。

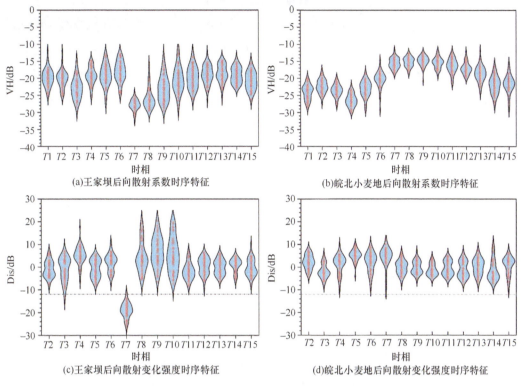

图 6-27 王家坝蓄洪区和皖北小麦地时序特征

季节性涨水模式多发生在调节长江洪水的吞吐型或过水型湖泊及其周边生态湿地，这些区域本身受到长江枯水期和丰水期的调节，存在季节性的水位变化。2020 年汛期，由于全流域的持续降水，长江水位连续突破历史极值，水体覆盖扩张显著，淹没持续时间长，因而在汛期被识别水体的频率较高（ $f_{\text{w}} \geqslant 0.5$ ）。利用初期水体精准结果掩膜水体频率图后，高频覆水区包括持续淹没区域的同时，还包括表面光滑的人工地表。从高频覆水区中检测季节性涨水模式的关键点在于区分人工地表和淹没范围。相较于人工地表稳定的后向散射强度时序特征，持续淹没区淹没前后地表覆盖类型的转换会造成后向散射系数的变化。因此，可利用该特性，识别并提取持续淹没范围。

在石臼湖区域随机选取 50 个淹没样本点，以分析淹没区的时序特征，其 VH、VV 极化的后向散射系数和欧氏距离如图 6-28 所示。试验发现，由于淹没区存在水生植物，VV 极化后向散射系数的变化滞后于 VH 极化后向散射系数的变化。直至 T7 期水位上升至完全淹没水生植物时，VV 后向散射系数才达到最小值。VV 后向散射系数的不稳定特征降低了利用欧氏距离识别季节性涨水的有效性，所以对 VH 后向散射差值进行时序标准化处理，以检测高频覆水区的时序异常点，如式（6-14）所示。其中，VH 后向散射差值通过式（6-15）计算。

$$Z = \left(\mathrm{Diff}_{\mathrm{vh}}^{i,j} - \overline{\mathrm{Diff}} \right) / \mathrm{std}\left(\mathrm{Diff} \right) \tag{6-14}$$

$$\mathrm{Diff}_{\mathrm{vh}}^{i,j} = \left(\sigma_{\mathrm{vh}}^{j} - \sigma_{\mathrm{vh}}^{i} \right) \tag{6-15}$$

式中，$\mathrm{Diff}_{\mathrm{vh}}^{i,j}$ 为和两期影像 VH 后向散射系数的差值；$\overline{\mathrm{Diff}}$ 为差值在时间维的平均值；$\mathrm{std}\left(\mathrm{Diff} \right)$ 为差值的标准差；Z 分数为标准化后的 VH 后向散射系数的差值。从图 6-28（d）中发现，当 Z 分数 $= -2$ 时，可有效探知到石臼湖持续性的季节性涨水，说明 Z 分数对于季节性涨水识别的有效性。

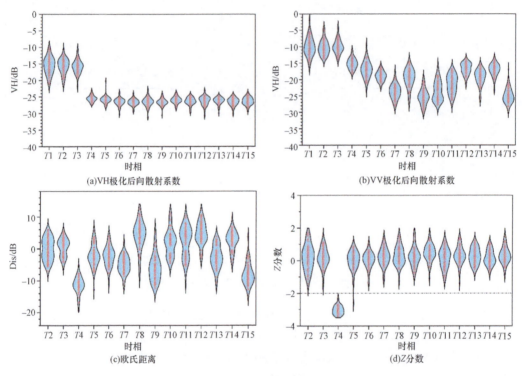

图 6-28　石臼湖淹没区时序特征

顾及长江中下游地区不同湖泊季节涨水的时空差异性，综合分析了鄱阳湖、洞庭湖样本在季节涨水期的分数时序特征。在频率、SAR 后向散射强度和空间连续规则等条件的约束下，长江中下游地区持续淹没的全局检测条件为 $\sigma_0^{\mathrm{vh}} \leqslant T_{\mathrm{vh}}$，$Z \leqslant -1$。虚检率高是 SAR 水体淹没检测误差的主要原因，因此设置了严格的水体淹没检测条件。对于退水检测，只需检验前时相水体覆盖范围内像元 σ_0^{vh} 与水体识别阈值 T_{vh} 的关系，利用连续变化检测方法识别、划定退水范围。

6.4.4　结果与分析

研究利用的 697 景 Sentinel-1A GRD 数据的相对轨道号和数据采集日期见表 6-5。以 Sentinel-1A 卫星重访周期为基准，将查询到的时序数据划分为 15 组数据子集。Sentinel-1A

影像预处理包括：①首先利用 SNIC 分割算法生成对象级图像。②以对象为基本处理单元进行图像均值滤波。③镶嵌、裁剪图像得到 15 期（间隔期为 12 天）的区域全覆盖 Sentinel-1A 时序影像。

表 6-5 Sentinel-1A 不同相对轨道号数据采集日期

日期	轨道号							
	113	142	157	171	11	40	69	84
T1 期	5/2	5/4	5/5	5/6	5/7	5/9	5/11	5/12
T2 期	5/14	5/16	5/17	5/18	—	5/21	5/23	5/24
T3 期	5/26	5/28	5/29	5/30	—	6/2	6/4	6/5
T4 期	6/7	6/9	6/10	6/11	—	6/14	6/16	6/17
T5 期	6/19	6/21	6/22	6/23	—	6/26	6/28	6/29
T6 期	7/1	7/3	7/4	7/5	—	7/8	7/10	7/11
T7 期	7/13	7/15	7/16	7/17	7/18	7/20	7/22	7/23
T8 期	7/25	7/27	7/28	7/29	7/30	8/1	8/3	8/4
T9 期	8/6	8/8	8/9	8/10	8/11	8/13	8/15	8/16
T10 期	8/18	8/20	8/21	8/22	8/23	8/25	8/27	8/28
T11 期	8/30	9/1	9/2	9/3	9/4	9/6	9/8	9/9*
T12 期	9/11	9/13	9/14	9/15	9/16	9/18	9/20	9/21
T13 期	9/23	9/25	9/26	9/27	9/28	9/30	10/2	10/3
T14 期	10/5	10/7	10/8	10/9	10/10	10/12	10/14	10/15
T15 期	10/17	10/19	10/20	10/21	10/22	10/24	10/26	10/27

Sentinel-2 SR 数据用于首期水体信息的校正与精准提取，顾及大范围尺度造成的区域全覆盖、低云量影像短期难获取的问题，数据筛选条件为：①观测范围覆盖全研究区。②云层覆盖比例小于 30%。③观测期为 2020 年 1～7 月。查询到符合上述条件的影像数目共 1177 景，再使用 Sentinel-2 数据的 QA60 波段掩膜云。

1. 长江中下游地区汛期洪涝淹没范围

长江中下游地区 2020 年汛期地表水体空间分布最大范围和汛情检测结果如图 6-29 所示。总体上看，区域水体覆盖范围在汛期都呈现出空间扩张趋势。经度带水体面积的增量与鄱阳湖、洞庭湖水体范围的季节扩张现象存在较强的空间相关性。从纬度上看，包含鄱阳湖、洞庭湖的 29°N～29.5°N 水体在汛期扩张极为显著，使其水体面积与 29.5°N～30°N 水体的面积持平。巢湖流域、石臼湖的水体扩张也增加了 31°N～31.5°N 的水体面积。

从空间分布上，可以发现：①暴雨洪水淹没区域主要分布在淮河流域、新沂河流域、巢湖流域和洞庭湖流域。②持续性淹没的季节涨水区域主要分布在长江中下游湖泊及其周边区域，如鄱阳湖、洞庭湖、石臼湖、菜子湖等。2020 年汛期的流域性持续强降水引起长江水位持续上升，江水倒灌湖泊的量能增高，加上区域强降雨的双重影响，长江中下游湖泊水面覆盖范围都呈现出显著扩张特征。另外，持续性淹没还包括罕见的持续降雨引发的持久洪涝和水产养殖用地的大量、持续灌水。

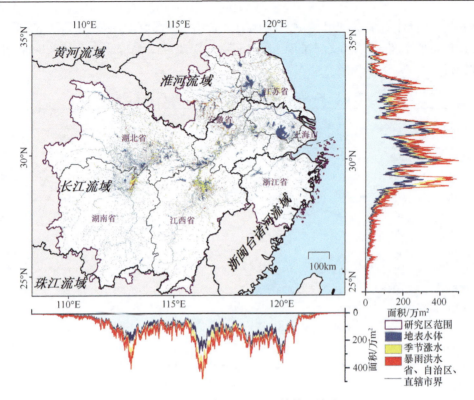

图 6-29　长江中下游地区汛情检测结果

　　长江中下游六省一市 2020 年汛期水体覆盖范围面积统计如表 6-6 和图 6-30 所示。结果表明：①安徽省遭受最严重暴雨洪水灾害，暴雨洪水影响面积达 1749.04km²，

表 6-6　各省市水体面积变化统计

	江苏省	湖北省	安徽省	湖南省	江西省	浙江省	上海市
暴雨洪水面积/km²	740.13	940.81	1749.04	523.99	951.26	110.54	74.75
季节涨水面积/km²	1850.48	1877.90	2011.38	1480.28	2769.08	307.12	34.63
汛期淹没总面积/km²	2590.62	2818.70	3760.42	2004.27	3720.34	417.66	109.38
地表水体占比增幅/%	2.64	1.57	2.74	0.96	2.25	0.43	1.82

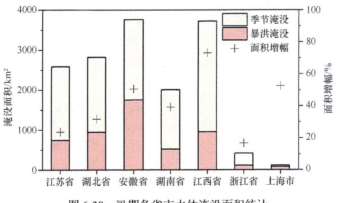

图 6-30　汛期各省市水体淹没面积统计

主要分布在淮河流域的阜南县、颍上县、霍邱县等；安徽省的季节涨水面积为
2011.38km²，主要来自菜子湖、皖河下游湿地、升金湖、白湖等长江连通型湖泊和沿
江河湿地区域。②江西省水体空间扩张最为剧烈，与汛期前相比，水体覆盖范围面
积增长幅度达 73.14%；其中，74.43%的增长来自季节涨水，主要是因为鄱阳湖水体
覆盖范围的罕见、持续扩张。③湖北省被称为"千湖之省"，密集水系的扩张使淹没
总面积达 2818.7km²，其中季节涨水主要发生在碾子湾、沙滩子、中洲子等长江故道，
以及仙桃五湖、沉湖、通顺河、府澴河等沿江湖湿地。④湖南省汛情主要发生在洞
庭湖流域。

除了淹没范围调查和淹没面积核算以外，淹没区土地的覆盖类型也是洪水灾害损失
定量评估的必要条件，有必要获取淹没前的土地覆盖类型。因此，研究采用了 V2020
版 GlobeLand30 产品作为土地利用覆盖类型输入数据，反演 2020 年汛期被淹没土地覆
盖类型以及被淹没面积。长江中下游地区六省一市的陆域不含苔原、冰川和永久积雪，
其余陆域土地利用覆盖面积统计如表 6-7 所示。

表 6-7　各省市土地覆盖面积统计　　　　　　　　（单位：km²）

土地覆盖类型	江苏省	湖北省	安徽省	湖南省	江西省	浙江省	上海市
耕地	64675.09	79727.57	79581.32	64161.07	44099.08	27691.73	2737.12
森林	2397.73	84549.16	36171.95	119499.84	97097.46	57027.22	93.17
草地	656.92	5861.52	3117.34	16562.21	11138.86	3641.50	97.62
灌木地	1.36	2.15	0.00	0.00	84.96	250.89	0.98
湿地	391.18	475.69	540.52	464.92	165.04	19.91	8.13
水体	12940.97	7623.66	6640.74	6783.59	8011.64	3583.74	299.00
人造地表	19841.79	8556.26	14086.38	5908.78	6281.48	9590.34	3034.86
裸地	7.28	110.82	45.45	17.35	162.29	4.82	0.00
总计	100912.32	186906.83	140183.70	213397.76	167040.82	101810.15	6270.88

通过空间叠加分析，长江中下游地区六省一市 2020 年汛期淹没土地覆盖面积统计
如表 6-8 所示。主要结果有：①耕地是受洪涝灾害最为严重的地类，2020 年汛期长江
中下游地区总共被淹耕地面积达 6948.1km²，其中安徽省被淹耕地面积占总被淹耕地
的 37.24%。②GlobeLand30 产品使用的 Landsat 影像的采集时间集中于夏季，因此产
品中的水体类别涵盖了季节涨水的范围，而洪水监测时间横跨整个汛情周期，才得以
准确提取季节涨水的范围。综上，由于长江中下游地表水体具有季节变化特征，从
GlobeLand30 产品中得到的夏季水体覆盖范围和 SCAWE 提取的汛期前水体覆盖范围
在空间上存在较大的差异，从而造成淹没地类中出现了"淹没水体"现象，"淹没水体"
现象一般发生在吞吐型湖泊，如鄱阳湖、洞庭湖等，这些湖泊也是季节水体。江西省
和湖南省的"淹没水体"面积分别为 2254.24km² 和 1218.97km²，与表 6-6 中江西省、湖
南省统计的 2020 年季节涨水面积（2769.08km²、1480.28km²）相比，说明 2020 年的
季节涨水范围远大于一般年份的季节涨水范围。③从湿地类别来看，湖南省和江西省
被淹没的湿地面积比例最高，分别为 51.25%和 48.74%，说明 2020 年汛情对湿地生态

系统的扰动效应强度更大。④汛情也造成了人造地表的淹没，但面积占比并不高，其中江西省最高为 0.65%。

表6-8 各省市淹没土地覆盖面积 （单位：km²）

土地覆盖类型	江苏省	湖北省	安徽省	湖南省	江西省	浙江省	上海市
耕地	1335.70	1436.21	2587.26	324.79	1045.41	149.54	69.19
森林	11.23	151.57	142.47	124.84	142.35	40.25	0.44
草地	36.95	67.11	88.47	60.44	110.57	13.67	1.07
灌木地	0.00	0.00	0.00	0.00	0.13	0.50	0.00
湿地	20.97	137.65	142.23	238.25	80.45	4.28	0.06
水体	1055.19	926.46	667.66	1218.97	2254.24	177.44	15.18
人造地表	112.07	48.25	77.61	26.18	41.33	28.71	23.17
裸地	1.08	29.86	18.79	0.18	27.12	0.30	0.00

2. 长江中下游地区汛情时空过程分析

长江中下游地区 2020 年汛期水体覆盖面积时序变化如图 6-31 所示，区域从 5 月就开始普遍持续的涨水过程，直至 8 月中旬，局部区域仍有涨水现象发生。具体而言：①6 月 7～19 日是地表水体覆盖范围扩张的第一个波峰，其间涨水面积为 19.55 万 km²，主要扩张范围在空间上分布在鄱阳湖、洞庭湖和石臼湖等与长江自由连通的湖泊以及皖河入江段。②7 月 1 日～8 月 6 日长江中下游地区地表水体连续高强度扩张，其中 7 月 13～25 日涨水面积为整个汛期的最大值，达到 21.25 万 km²。③长江中下游地区的水体扩张强度在 7 月 25 日～8 月 6 日后显著减小，并在 8 月 6～18 日水体覆盖达到 2020 年总体上的最大范围。

退水监测结果表明：①长江中下游地区地表水体自 7 月 13 日开始至监测期结束退水仍在成规模的发生。②退水强度虽在 9 月 11～23 日略有减小，但在整体上呈现出持续增加趋势。③8 月 18 日后退水主导了全区域的水体覆盖变化趋势，此后长江中下游地区地表水体覆盖范围总体呈现持续下降趋势。综上，2020 年长江中下游地区汛情在时空上整体表现出入梅早、出梅晚、淹没范围广、持续时间长、极端性强等特征。

不同流域的水文、水系特征以及地理条件不同，导致应对降水不均匀气候以及极端气候产生的洪水时，不同流域呈现出不同的时空特征和应洪模式。长江中下游地区主要包含长江流域、淮河流域、浙闽台诸河流域三大流域，其水体变化面积如图 6-32 所示。总体上，长江中下游地区水体面积变化量依次是长江流域、淮河流域、浙闽台诸河流域。长江流域的水体覆盖范围扩张速率在 2020 年汛期形成了两个波峰：6 月 7～19 日和 7 月 1～25 日，其间涨水面积分别为 1867.22km²，3360.25km²。长江流域洪水持续时间长，10 月 5 日后才出现规模化的退水。淮河流域的涨水过程在 7 月 13 日～8 月 6 日形成 2020 年汛期的单波峰。随后水体扩张强度显著减小，而出现了持续至 10 月的缓慢退水。浙闽台诸河流域涨水强度整体较低，最大涨水范围为 6 月 7～19 日的 28.76km²。

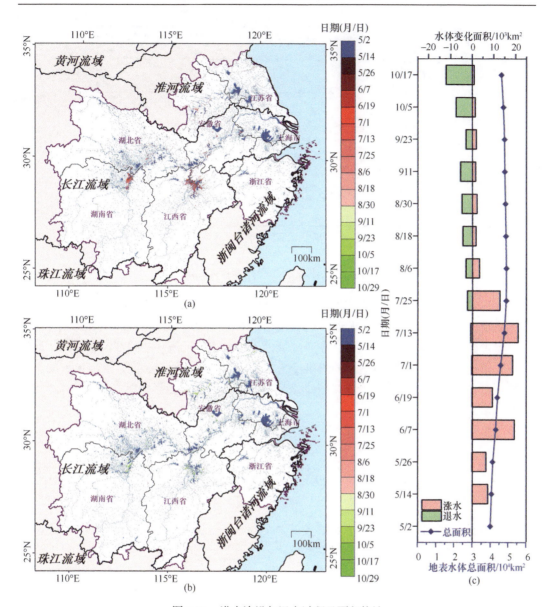

图 6-31　洪水淹没与退水过程及面积统计
（a）涨水过程；（b）退水过程；（c）面积统计

　　长江流域与淮河流域的汛情发展在时间线上的差异表现为：①长江流域涨水期更早，5 月底就开始了第一波水体大范围扩张，7 月出现了第二波大扩张；淮河流域汛情在 7 月中旬后才出现了第一波显著扩张。②长江流域涨水持续时间更长，水体扩张期为 5 月中旬至 8 月中旬；而淮河流域涨水过程主要集中在 7 月中旬至 8 月上旬。③长江流域退水开始时间更晚，10 月 5 日后开始规模化的退洪；而淮河流域继第一波洪峰后即开始了缓慢退洪。综上，长江流域洪水稳定性更高，总水量自 5 月起涨，在汛期一直维持着相当高的水平，10 月后逐渐减小；淮河流域洪峰突发性更强，总水量起涨时间晚，退水时间早，洪水维持时间短。

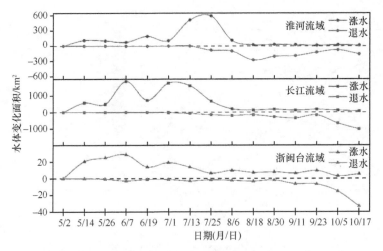

图 6-32　三大流域 2020 年汛期水体变化面积

　　长江流域拥有大面积的与长江连通的天然吞吐型湖泊，这些湖泊承担了重要的蓄洪、防洪任务，使得长江中下游地区拥有较充裕的空间和时间来防范和疏导洪水，从而减小洪灾带来的经济和生态损失。淮河流域由于黄河夺淮入海历史造成河槽淤塞、河床抬升、水系紊乱，使淮河中下游的泄洪能力难以应对暴雨洪水。因此，淮河流域的年降水虽不及长江流域，但更易发生暴雨洪涝灾害，严重威胁居民生命财产安全。

参 考 文 献

Ansari H, Zan F D, Bamler R. 2018. Efficient phase estimation for interferogram stacks. IEEE Transactions on Geoscience and Remote Sensing, 56(99): 4109-4125.

Baumgartner W, Wei P, Schindler H. 1998. A nonparametric test for the general two-sample problem. Biometrics, 54(3): 1129-1135.

Berardino P, Fornaro G, Lanari R, et al. 2002. A new algorithm for surface deformation monitoring based on small baseline differential SAR interferograms. IEEE Transactions on Geoscience and Remote Sensing, 40(11): 2375-2383.

Brisco B. 2015. Mapping and Monitoring Surface Water and Wetlands with Synthetic Aperture Radar. Boca Raton: CRC Press.

Cao N, Lee H, Jung H C. 2015. Mathematical framework for phase-triangulation algorithms in distributed-scatterer interferometry. IEEE Geoscience and Remote Sensing Letters, 12(9): 1-5.

Cao N, Lee H, Jung H C. 2016. A phase-decomposition-based PS InSAR processing method. IEEE Transactions on Geoscience and Remote Sensing, 54(2): 1079-1090.

Chen Y, Remy D, Froger J L, et al. 2017. Long-term ground displacement observations using InSAR and GNSS at Piton de la Fournaise volcano between 2009 and 2014. Remote Sensing of Environment, 194: 230-247.

deVries B, Huang C, Armston J, et al. 2020. Rapid and robust monitoring of flood events using Sentinel-1 and Landsat data on the Google Earth Engine. Remote Sensing of Environment, 240: 111664.

Du P, Wang X, Chen D, et al. 2020. An improved change detection approach using tri-temporal logic-verified change vector analysis. ISPRS Journal of Photogrammetry and Remote Sensing, 161: 278-293.

Ferretti A, Prati C. 2000. Nonlinear subsidence rate estimation using permanent scatterers in differential SAR interferometry. IEEE Transactions on Geoscience and Remote Sensing, 38(5): 2202-2212.

Ferretti A, Prati C, Rocca F. 2001. Permanent scatterers in SAR interferometry. IEEE Transactions on

Geoscience and Remote Sensing, 39(1): 8-20.

Ferretti A, Fumagalli A, Novali F, et al. 2011. A new algorithm for processing interferometric data-stacks: SqueeSAR. IEEE Transactions on Geoscience and Remote Sensing, 49(9): 3460-3470.

Fornaro G, Verde S, Reale D, et al. 2015. CAESAR: an approach based on covariance matrix decomposition to improve multibaseline–multitemporal interferometric SAR processing. IEEE Transactions on Geoscience and Remote Sensing, 53(4): 2050-2065.

Guarnieri A M, Tebaldini S. 2008. On the exploitation of target statistics for SAR interferometry applications. IEEE Transactions on Geoscience and Remote Sensing, 46(11): 436-3443.

Guo S, Bai X, Chen Y, et al. 2019. An improved approach for soil moisture estimation in gully fields of the Loess Plateau using Sentinel-1A radar images. Remote Sensing, 11(3): 349.

Hooper A, Segall P, Zebker H. 2007. Persistent scatterer interferometric synthetic aperture radar for crustal deformation analysis, with application to Volcán Alcedo, Galápagos. Journal of Geophysical Research: Solid Earth, 112(B7): B07407.

Hooper A. 2008. A multi-temporal InSAR method incorporating both persistent scatterer and small baseline approaches. Geophysical Research Letters, 35(16): 96-106.

Hooper A, Bekaert D, Spaans K, et al. 2012. Recent advances in SAR interferometry time series analysis for measuring crustal deformation. Tectonophysics, 514: 1-13.

Huth J, Gessner U, Klein I, et al. 2020. Analyzing water dynamics based on Sentinel-1 time series-a study for Dongting Lake Wetlands in China. Remote Sensing, 12(11): 1761.

Jiang M, Ding X, Hanssen R F, et al. 2015. Fast statistically homogeneous pixel selection for covariance matrix estimation for multitemporal InSAR. IEEE Transactions on Geoscience and Remote Sensing, 53(3): 1213-1224.

Jiang M, Miao Z, Gamba P, et al. 2017a. Application of multitemporal InSAR covariance and information fusion to robust road extraction. IEEE Transactions on Geoscience and Remote Sensing, 55(6): 3611-3622.

Jiang M, Yong B, Tian X, et al. 2017b. The potential of more accurate InSAR covariance matrix estimation for land cover mapping. ISPRS Journal of Photogrammetry and Remote Sensing, 126: 120-128.

Jiang M. 2020. Sentinel-1 TOPS co-registration over low-coherence areas and its application to velocity estimation using the all pairs shortest path algorithm. Journal of Geodesy, 94(10): 1-15.

Kaplan G, Avdan U. 2018. Monthly analysis of wetlands dynamics using remote sensing data. ISPRS International Journal of Geo-Information, 7(10): 411.

Kositsky A P, Avouac J P. 2010. Inverting geodetic time series with a principal component analysis-based inversion method. Journal of Geophysical Research: Solid Earth, 115: B03401.

Li S, Zhang S, Li T, et al. 2021. An adaptive phase optimization algorithm for distributed scatterer phase history retrieval. IEEE Journal of Selected Topics in Applied Earth Observations and Remote Sensing, 14: 3914-3926.

Li Y, Niu Z, Xu Z, et al. 2020. Construction of high spatial-temporal water body dataset in China based on Sentinel-1 archives and GEE. Remote Sensing, 12(15): 2413.

Liang J, Liu D. 2020. A local thresholding approach to flood water delineation using Sentinel-1 SAR imagery. ISPRS Journal of Photogrammetry and Remote Sensin, 159: 53-62.

Lin Y N N, Kositsky A P, Avouac J P. 2010. PCAIM joint inversion of InSAR and ground-based geodetic time series: application to monitoring magmatic inflation beneath the Long Valley Caldera. Geophysical Research Letters, 37: L23301.

Lu S, Jia L, Zhang L, et al. 2017. Lake water surface mapping in the Tibetan Plateau using the MODIS MOD09Q1 product. Remote Sensing Letters, 8(3): 224-233.

Martinis S, Kuenzer C, Wendleder A, et al. 2015. Comparing four operational SAR-based water and flood detection approaches. International Journal of Remote Sensing, 36(13): 3519-3543.

Martinis S, Rieke C. 2015. Backscatter analysis using multi-temporal and multi-frequency SAR data in the context of flood mapping at River Saale, Germany. Remote Sensing, 7(6): 7732-7752.

Mason D C, Dance S L, Cloke H L. 2021. Floodwater detection in urban areas using Sentinel-1 and

WorldDEM data. Journal of Applied Remote Sensing, 15(3): 32003.

Otsu N. 1979. A threshold selection method from gray-level histograms. IEEE Transactions on Systems, Man, and Cybernetics, 9(1): 62-66.

Papoulis A, Pillai S U. 2002. Probability, random variables, and stochastic processes. Boston: Tata McGraw-Hill Education.

Parizzi A, Brcic R. 2011. Adaptive InSAR stack multilooking exploiting amplitude statistics: acomparison between different techniques and practical results. IEEE Geoscience and Remote Sensing Letters, 8(3): 441-445.

Remy D, Froger J L, Perfettini H, et al. 2014. Persistent uplift of the Lazufre volcanic complex(Central Andes): new insights from PCAIM inversion of InSAR time series and GPS data. Geochemistry, Geophysics, Geosystems, 15: 3591-3611.

Tsyganskaya V, Martinis S, Marzahn P, et al. 2018. Detection of temporary flooded vegetation using Sentinel-1 time series data. Remote Sensing, 10(8): 1286.

Veloso A, Mermoz S, Bouvet A, et al. 2017. Understanding the temporal behavior of crops using Sentinel-1 and Sentinel-2-like data for agricultural applications. Remote Sensing of Environment, 199: 415-426.

Zhang B, Wang R, Deng Y, et al. 2019. Mapping the Yellow River Delta land subsidence with multitemporal SAR interferometry by exploiting both persistent and distributed scatterers. ISPRS Journal of Photogrammetry and Remote Sensing, 148(1509): 157-173.

Zhao C, Li Z, Tian B, et al. 2019. A ground surface deformation monitoring InSAR method using improved distributed scatterers phase estimation. IEEE Journal of Selected Topics in Applied Earth Observations and Remote Sensing, 12(11): 4543-4553.

Zheng H, Du P, Guo S, et al. 2021. Bi-CCD: improved continuous change detection by combining forward and reverse change detection procedure. IEEE Geoscience and Remote Sensing Letters, 19: 1-5.

Zhu Z, Woodcock C E. 2014. Continuous change detection and classification of land cover using all available Landsat data. Remote Sensing of Environment, 144: 152-171.